미국 남북전쟁사(1861-1865)

미완에서 통합으로

미국 남북전쟁사(1861-1865)
미완에서 통합으로

2015년 6월 1일 초판 인쇄
2015년 6월 5일 초판 발행

지은이 | 임윤갑
펴낸이 | 이찬규
펴낸곳 | 북코리아
등록번호 | 제03-01240호
주소 | 462-807 경기도 성남시 중원구 사기막골로 45번길 14
우림2차 A동 1007호
전화 | 02-704-7840
팩스 | 02-704-7848
이메일 | sunhaksa@korea.com
홈페이지 | www.북코리아.kr
ISBN | 978-89-6324-429-7(93390)

값 15,000원

* 본서에서 별도의 출처가 표기되어 있지 않은 지도는 Hal Jespersen의 www.cwmaps.com에서 내려받기 할 수 있습니다.

미국 남북전쟁사
(1861-1865)

미완에서 통합으로

임윤갑

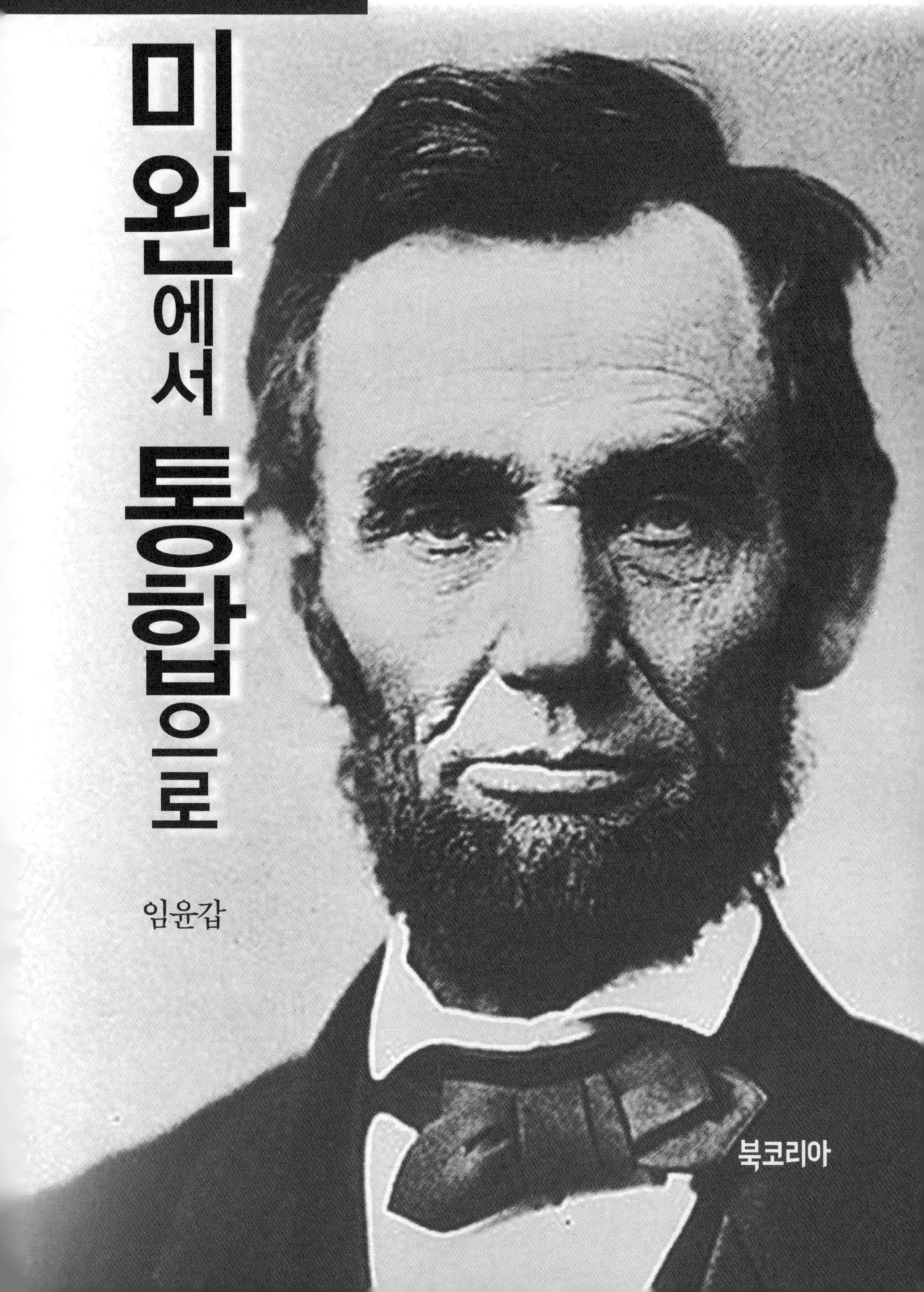

북코리아

저자 서문

미 육군지휘참모대학 유학 시절인 2000년 7월, 필자를 포함한 100여 명의 외국군 장교들은 남북전쟁의 최대 격전지인 펜실베이니아주의 게티즈버그(Gettysburg)를 방문했다. 사전 학습 자료를 통해 충분한 연구를 했는데도 현장은 여전히 낯설기만 했다. 하지만 필자에게는 세 가지 기억이 아직도 뚜렷하게 남아 있다. 1863년 그때의 모습으로 잘 보존되어 있던 전투 현장, 평일인데도 무더운 여름 날씨에 지친 기색 하나 없이 부모의 손을 잡고 호기심 가득한 눈빛으로 현장을 구경하던 어린아이들, 마지막으로 게티즈버그 국립묘지 인근에 있는 링컨 대통령의 연설 장소. 이 세 가지의 기억 속에서 필자는 미국의 과거와 현재 그리고 미래를 보았다.

우리에게 남북전쟁은 여전히 낯설다. 그렇지만 그렇다고 익숙한 노예제의 존폐 여부로만 남북전쟁은 설명되지 않는다. 전쟁으로만 해결될 수 있는 그 무엇을 찾고 싶었던 것이 필자가 남북전쟁을 연구하기 시작한 첫 번째 이유이다. 두 번째 이유는 남북전쟁을 통해 우리의 미래를 바라보고 싶었다. 우리와 미국은 남북으로 갈라져 전쟁을 했지만 전쟁을 했다는 사실만 같을 뿐 그 원인과 배경, 전략과 전술 등 모든 면에서 달랐다. 그럼에도 불구하고 미국은 미완에서 통합으로 가는 길을 찾았고 비로소 강대국으로서의 기반을 다졌다. 반면 우리는 6.25전쟁으로 남북이 분단되어 지금에 이르고 있다. 비록 어설프더라도 남북전쟁을 통해 혹시 모를 전쟁과 그 이후의 평화를 논하고 싶었다. 세 번째 이유는 낯설다는 바로 그 이유였다. 우리는 낯설다는 이유로 미국의 남북전쟁을 그간 지나칠 정도로 외면해왔다. 제 1, 2차 세계대전은 1대 다수 혹은 다수 대 다수가 싸운 전쟁으로 오히려 우리의 현실에는 1대 1의 전쟁이었던 남북전쟁으로부터 얻을 수 있는 교훈이 훨씬 더 많다는 것이 필자의 생각이다.

영국의 전략가 리델하트(B.H. Liddel Hart)는 '전쟁 이전보다 더 나은 상태'를 만드는 것이 전쟁의 목적이라고 했다. 하지만 한 국가가 갈라져 전쟁을 치른 경우, 그 상처를 치유하고 다시 일어서는 것은 단순히 배상금을 부과하거나 군비를 통제하는 것과는 비교될 수 없는 시간과 노력을 필요로 한다. 그래서 우리는 전쟁을 연구해야만 한다. 이것은 필자가 남북전쟁을 연구한 마지막 이유이기도 하다.

육군 중견간부 교육의 요람 자운대에서

임 윤 갑

CONTENTS

CONTENTS

1장

남북전쟁 이전의 아메리카

1.
인디언의 이주와 식민의 시대

아메리카 대륙의 역사는 콜럼버스 탐험 이전부터 시작되었다. 일반적으로 인정되고 있는 학설에 따르면, 아메리카 대륙에 처음 발을 들여놓은 인디언은 시베리아 북동부의 초원지대에 살고 있었다. 그러나 갑작스런 기후 변화로 그들의 생활 터전인 초원이 점차 사라지게 되었고, 새로운 삶의 터전을 향해 험한 산맥이 가로막고 있는 길을 북동쪽으로 돌아 베링(Bering) 해협으로 발길을 향했다. 인디언들은 다행히 얼음으로 덮인 베링 해협 위를 걸어서 이동할 수 있었으나 추위와 싸워야 했고, 온갖 고초 끝에 지금의 알래스카에 도착했다. 그러나 그들은 그곳에만 머물지 않고 더 나은 곳을 찾아 남으로 이동했으며 아메리카 대륙에서 서서히 문명권을 형성해갔다. 12세기경 북미에는 100만 명, 중남미 일대에는 1,500만 명에 이르는 인구가 정착했다. 유럽인들은 이들을 가리켜 '인디언'이라고 불렀다. 그것은 아메리카 대륙이 발견될 당시, 대서양 서쪽에 인도(India)가 있다고 믿었기 때문이었다.

아메리카 대륙에서 아즈텍(Aztec) 문명과 잉카(Inca) 문명이 번영하고 있을 무렵인 15세기경 유럽에서도 새로운 변화가 일고 있었다. 포르투갈을 시작으로 스페인, 영국, 네덜란드가 새로운 항로를 개척하기 시작하면서 유럽을 벗어나 전 세계로 뻗어나가기 시작했다. 1492년 10월 12일 북이탈리아 제노아(Genoa) 출신의 콜럼버스(Christopher Columbus)가 서인도 제도에 상륙한 이후 아메리카 대륙의 역사는 탐험의 시대이면서 또한 식민지 시대이기도 했다.

아메리카 대륙이 발견되고 나서 얼마 되지 않아 아메리카에는 정복자들이 몰려오기 시작했다. 16세기 초 식민지 건설의 주역은 스페인이었다. 15세기 유럽 대륙의 서쪽 끝에 위치한 이베리아(Iberia) 반도에는 포르투갈, 카스티야(Castilla), 아라곤(Aragon), 그리고 반도 남쪽에는 이슬람 국가인 그라나다(Granada)가 있었다. 1469년 카스티야(Castilla)의 이사벨(Isabel) 공주와 아라곤의 페르난도(Fernando) 왕자가 결혼하면서 두 나라는 스페인이라는 하나의 나라로 다시 탄생하였다. 이후 스페인의 남부에 있는 그라나다를 정복함으로써 이베리아 반도에서 이슬람인들을 완전히 몰아내었다. 이를 계기로 스페인은 유럽의 새로운 해상 강국으로 부상하게 되었다.

스페인은 콜럼버스가 만들어 놓은 첫 식민지 산토 도밍고(Santo Domingo)를 기지로 삼아 1509년에는 푸에르토리코(Puerto Rico)를 정복하였고 5년 뒤인 1514년에는 쿠바(Cuba)를 정복하여 그곳의 인디언들을 노예로 만들었다. 스페인은 정복지에서 막대한 양의 금과 은을 빼앗았고 원주민에게는 가혹한 착취가 가해졌다. 결과적으로 이 지역에 거주하고 있던 50여만 명의 인디언들은 정복자들을 피해 자취를 감추기 시작했고 스페인은 첫 식민지를 발판으로 삼아 이후 서인도 제도 지역으로부터 북아메리카로 이동했다.

한편 1519년 4월 스페인의 탐험가 헤르난도 코르테스(Hernando Cortes)는 멕시코의 베라크루스(Veracruz)에 상륙하여 아즈텍의 수도인 테노치티틀란(Tenochtitlan)을 공격하였다. 그는 아즈텍 내부의 알력[1)]을 교묘하게 이용하여 손쉽게 아즈텍을 정복하였고 이를 계기로 스페인의 아메리카 대륙 정복이 본격화되기 시작했다.

스페인에 이어 프랑스가 식민지 건설에 뛰어들었다. 스페인이 푸에르토리코를 점령한 이후 20년이 지난 1534년 프랑스는 탐험가들을 아메리카 대륙에 파견하기 시작했고, 1541년 오늘날 캐나다의 퀘벡(Quebec) 일대를 점령하여 식민지를 건설했다. 그러나 프랑스는 북미 지역의 추위로 식민지 건설의 방향을 남쪽으로 전환해 1555년 브라질 해안 인근에 식민지를 건설했고, 1562년에는 플로리다(Florida) 지역에 요새를 건설했다. 플로리다의 경우, 이미 스페인이 선점하고 있었기 때문에 스페인과의 충돌이 불가피했다. 결국 프랑스는 스페인에 밀리게 되었고 설상가상으로 구교와 신교 간의 종교전쟁으로 더 이상 식민지에 대한 관심을 가질 수 없게 되었다.

프랑스는 종교전쟁이 종결된 이후 다시 아메리카 대륙에 눈을 돌렸고 1604년 로열(Royal) 항구 건설에 이어 오늘날의 미국과 캐나다 국경선을 연하여 식민지를 건설하기 시작했으며 5대호 지방으로 세력을 확장해나갔다. 1609년에는 퀘벡에 식민지가 건설되었고 대륙 남부 지역 미시시피 강 어귀의 뉴올리언스(New Orleans)를 중심으로 식민지를 확장했다.

---

1) 아즈텍 제국의 통치자였던 몬테수마(Motecuhzoma Xocoyotzin) 2세는 백인인 코르테스를 아즈텍 문명의 전설에 나오는 깃털 달린 뱀으로 여겨 환대했으나 왕의 지나친 간섭과 폭정을 핑계 삼아 부족을 규합한 코르테스의 계략으로 1521년 코르테스의 군대에게 정복당한 후 멸망했다.

영국은 15세기 말부터 아메리카 대륙에 관심을 가졌으나 식민지 건설을 위한 실질적인 진출은 16세기 중반 헨리 7세 때에 이루어졌다. 16세기 초까지 영국의 해적들은 아메리카 대륙으로부터 금과 은을 싣고 유럽으로 항해하는 스페인 선박을 공격했고 1588년 이에 격분한 스페인은 마침내 무적함대를 영국으로 보내 이에 보복하려 했으나 영국의 강력한 저항과 폭풍우에 부딪혀 대패했다. 스페인과의 충돌 이후 1590년 당시 영국의 엘리자베스 여왕은 스페인이 정복하지 못한 지역에 식민지 건설을 본격적으로 추진했다. 마침내 오늘날 미국의 노스캐롤라이나 주 해안에 영국의 원정대가 상륙하였고 이를 기념하기 위해 영국 여왕을 찬양하는 의미로 이 지역을 '버지니아'(Virginia)라고 명명했다.

아메리카 대륙에 본격적인 식민지 건설을 위해 영국에서는 합동주식회사(Joint Stock Company)인 런던 회사와 플리머스(Plymouth) 회사가 1606년 조직되었고 버지니아를 필두로 영구적인 식민지 건설이 시작되었다. 수십 년에 걸쳐 메릴랜드(Maryland), 매사추세츠(Massachusetts), 그리고 펜실베이니아 식민지가 차례로 건설되었다.

아메리카 대륙의 영국령 식민지인들은 나름대로의 자치적 의회를 구성하여 운영하기 시작하였고 특히 북부에서는 청교도, 남부에서는 대농장 조직을 중심으로 영국 정부의 지원이나 간섭 없이 독자적으로 영토를 확장해나갔다. 그러나 1660년부터 영국 정부의 대식민지 정책에 변화가 일기 시작했다. 영국은 여러 식민지를 중앙집권적인 체제로 통합하여 대영제국을 건설하고자 했고 이는 식민지인들에게 새로운 정치적 의미를 부여하게 된 계기가 되었다.

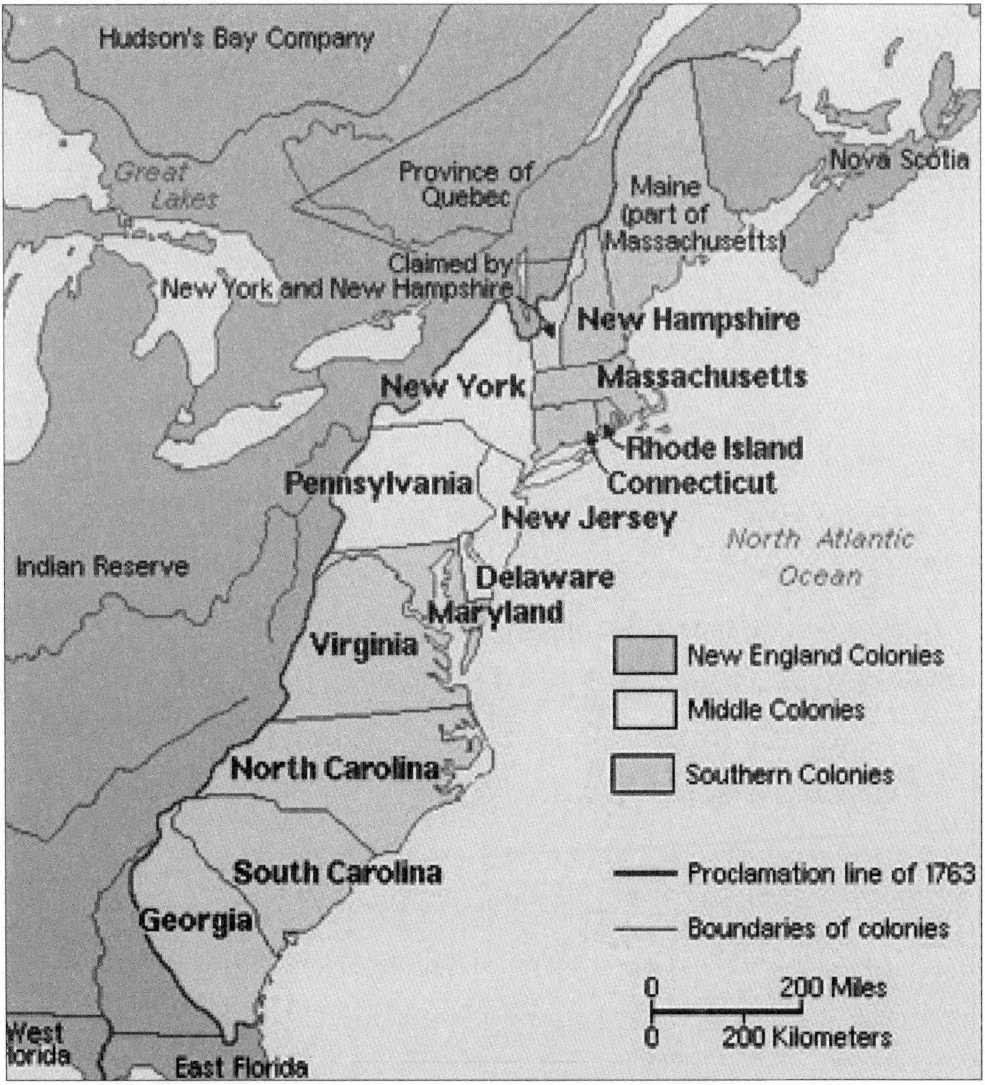

〈1776년 당시 영국의 13개 식민지,[2] 출처: en.wikipedia.org〉

2) 식민지는 북쪽 지역의 뉴잉글랜드 식민지, 중부 식민지, 남부 식민지로 구분되며 뉴잉글랜드 식민지는 뉴햄프셔, 매사추세츠, 로드아일랜드, 코네티컷 등 5개 식민지(주황색), 중부 식민지는 뉴욕, 펜실베이니아, 뉴저지, 델라웨어(엷은 노란색), 남부 식민지는 메릴랜드, 버지니아, 노스캐롤라이나, 사우스캐롤라이나, 조지아이다. 1763년 선포선(Proclamation Line of 1763)은 1763년 10월 7일 당시 영국의 국왕 조지 3세가 선포한 선으로 7년 전쟁과 동시 영국의 식민지 경계선으로 선포한 것이다.

1651년 영국은 식민지에서 생산되는 설탕, 담배, 염료 등과 같은 품목들에 대해 영국과 영국의 식민지에만 판매할 수 있도록 하는 '항해조례'(Navigation Act)를 발표했고 이후 식민지인들의 경제활동에 많은 제약이 가해지기 시작했다. 이러한 상황 속에서도 메릴랜드에서 조지아에 이르는 남부지역에서는 담배, 쌀, 염료재료 등 영국에서 생산되지 않는 농산물이 재배되었고 영국과의 경제적 교류는 더욱 확대되었다.

영국령 식민지의 팽창과 경제적 발전이라는 밝은 일면의 뒤안길에는 적지 않은 어둠의 그림자가 뒤따르고 있었다. 1691년 매사추세츠가 왕령 식민지로 바뀐 이래 13개 식민지 가운데 8개 식민지가 차례로 왕령 식민지가 되었고 본국에서 파견된 총독들은 오로지 본국의 지시에 따라 행동했다. 결국 영국 왕을 대신하는 총독과 식민지를 대변하는 의회 사이에는 빈번한 마찰을 빚었다. 총독은 거부권과 의회 해산권을 무기로 삼았고 의회는 예산권으로 이에 대항했다.

식민지에서 영국에 대한 반감이 고조되고 있는 가운데 영국과 프랑스 사이에서 아메리카 대륙의 지배권 싸움이 시작되었다. 양국은 1754년부터 1756년까지 4차에 걸친 전쟁을 치렀다. 영국은 프랑스에 대항하기 위해 식민지 공동의 문제를 다루기 위한 연합의회 구성을 제의하였으나 식민지에서는 자신들의 주권이 침해당할 것을 우려하여 이를 거부하였고 결국 영국은 1755년 홀로 프랑스와 인디언 연합군과의 마지막 전쟁을 치렀다. 이 전쟁의 승리로 1763년 영국과 프랑스 사이에 '파리조약'(Treaty of Paris)[3]이 체결되었고 영국은 이를 계기로 북아

3) 1756년부터 1763년까지 유럽에서 7년 전쟁의 결과로 1763년 2월 10일 영국, 프랑스, 스페인이 '파리조약'을 맺었다. 오스트리아 왕위 계승 전쟁으로 프로이센에게 슐레지엔을 빼앗

〈보스턴 차 파티 사건, 출처: en.wikipedia.org〉

메리카 대륙의 지배를 위한 발판을 마련할 수 있었다.

네 차례에 걸친 전쟁으로 불어난 국가 채무로 인해 영국 정부는 부담이 늘게 되었고 식민지에 채무의 일부를 부담할 것을 요구했다. 이를 위해 1764년 '설탕법(Sugar Acts)'을 제정하였고 1765년에는 '인지세법(Stamp Acts)'을 제정했다. 이어 1767년에는 영국으로부터 수입하는 유리, 종이, 잉크, 페인트, 납, 차 등에 대해 관세를 부과하고 그

긴 오스트리아의 마리아 테레지아는 이를 탈환하기 위해 200년 동안 적대관계인 프랑스와 동맹을 맺었고 이어 스페인과 동맹을 맺었다. 프로이센은 영국과 동맹을 맺었다. 프로이센이 전쟁에서 승리하게 되었고 이로써 슐레지엔은 프로이센의 영토가 되었다. 이 전쟁의 결과로 체결한 파리조약에 따라 영국은 프랑스로부터 캐나다와 미시시피 강 동쪽의 루이지애나를 받고 스페인으로부터는 플로리다를 얻었다. 스페인은 프랑스로부터 미시시피 강 서쪽의 루이지애나를 받았다. 특히 7년 전쟁 기간 중 영국과 프랑스는 북아메리카에 대한 패권을 놓고 한바탕 충돌을 벌였는데, 이것이 프렌치 · 인디언 전쟁이었다. 1763년 유럽에서 7년 전쟁의 종식과 더불어 체결된 이 조약으로 프랑스는 북아메리카에 대한 모든 기득권을 포기했으며, 영국은 캐나다와 인도에 대한 독점적인 우위권을 확보하고 유럽 강대국으로서의 지위를 강화했다.

수입의 일부로 식민지 총독 및 관리의 월급을 지급한다는 '타운센트 법'(Townshend Acts)이 제정되었다. 영국에 대한 식민지 반감이 격화된 사건은 1773년 제정된 '차 세법'(Tea Acts)이었다. 이 법을 통해 영국의 동인도회사는 아메리카 대륙에 대한 차 수출의 독점권을 얻은 것이나 다름없었다. 결국 이 법으로 인하여 식민지에서는 차 불매운동이 일어나게 되었고 마침내 보스턴에서 1만 8,000톤에 이르는 차를 바다에 버린 '보스턴 차 사건'(Boston Tea Party)이 발생했다.

이러한 상황 속에서 식민지가 반란의 상태에 이르렀다고 판단한 영국 의회는 1775년 2월 6,000명의 증원군 파견을 국왕에게 건의했다. 같은 해 4월 18일 마침내 영국군과 보스턴 민병대 사이에서 충돌이 벌어지게 되었고 200여 명의 사상자가 발생하면서 영국과 식민지 간의 상황은 극에 달하게 되었다.

영국과 식민지 사이의 사태가 심각해지자 1775년 5월 필라델피아에서 식민지 주 대표들로 구성된 '대륙회의'(Continental Congress)가 개최되었다. 그러나 한 달이 채 지나지 않은 6월 다시 민병대와 영국군이 충돌하였고 이 전투에서 영국은 1,500명의 병력 중 1,000명 이상의 장병을 잃게 되었다. 사태가 심각해지자 대륙회의는 우선 대륙군(Continental Army) 창설에 관한 규정을 정하고 사령관으로 버지니아의 대농장주 조지 워싱턴(George Washington) 대령을 임명했다. 급기야 영국 정부는 식민지의 반란상태를 선포하고 3만여 명의 증원군을 추가적으로 파견했다. 1776년 1월 열린 대륙회의에서 처음으로 독립문제가 공개적으로 논의되었고 13개 식민지는 개별적으로 독립정부를 구성하기 시작했다.

1776년 6월 열린 대륙회의에서는 독립선언에 관한 구체적인

〈미국의 독립선언, 출처: en.wikipedia.org〉

문제를 논의했다. 여기서 토머스 제퍼슨(Thomas Jefferson)을 중심으로 5인 위원회[4]를 구성하고 독립선언서를 작성하게 했다. 6월 28일 제퍼슨이 작성한 초안에 벤저민 프랭클린(Benjamin Franklin)이 약간의 수정을 가한 위원회 초안이 제출되었다. 7월 2일 이 초안을 독립선언으로 가결하였고 재차 수정을 거쳐 7월 4일 정식으로 영국에 대한 독립을 선언했다.

4) 1776년 6월 11일 대륙회의는 독립선언서 초안을 만들기 위한 5인 위원회(Committee of Five)를 발족시켰다. 5인 위원회는 매사추세츠의 애덤스(John Adams), 펜실베이니아의 프랭클린(Benjamin Franklin), 버지니아의 제퍼슨(Thomas Jefferson), 뉴욕의 리빙스턴(Robert R. Livingston), 그리고 코네티컷의 셔먼(Roger Sherman) 등으로 구성되었다.

2.
영국과의 독립전쟁[5)]

독립선언서를 발표한 이후 식민지인들에게 남은 문제는 어떻게 독립을 쟁취하느냐 하는 일이었다. 그러나 각 주의 대표자가 모여 대륙회의가 열리긴 했지만 통일된 중앙정부가 없었기 때문에 영국과의 전쟁을 수행하는 데 필요한 강력한 통제기구가 없었고 군대를 모집하고 훈련시킬 수 있는 여건도 마련되지 못했다. 당시만 해도 병사는 복무기간이 채 수개월이 안 되는 단기복무 형태로 자기 고장이 위험에 직면했을 경우에만 소집되는 일종의 민병대(Militia)였다. 설상가상으로 식민지 내 일부 왕당파[6)]가 영국군에 가담함으로써 식민지는 내외부적으로 전쟁을 치러야만 했다.

1776년 독립전쟁이 시작된 이래 1781년 10월 요크타운 전투에서 영국군이 항복할 때까지 5년여 동안 미국은 절대적인 병력의 열세

5) 미국의 독립전쟁은 영문으로는 'American Revolutionary War'로 표기된다. 이는 미국의 독립전쟁이 영국의 식민지 정책을 거부하고 제도의 개혁을 통한 혁명을 의미했기 때문이다. 물론 혁명전쟁의 궁극적인 목표는 독립이었다.

6) 왕당파(Loyalists)는 식민지에서 영국의 왕실을 옹호하는 세력을 말하며 이에 반해 당시 독립을 원하는 세력은 애국파(Patriots)로 불렸다.

에 있었기 때문에 총사령관에 임명된 워싱턴 장군은 영국군과의 정면 대결을 회피하는 소모전략을 추구했다. 독립전쟁은 주로 북부의 뉴욕 주과 뉴저지 주, 남부의 버지니아 주와 노스캐롤라이나 주 지역에서 치러졌으며 이 기간 중 결정적인 전투는 1777년 뉴욕 북쪽의 사라토가(Saratoga) 전투와 1781년 버지니아 주의 요크타운(Yorktown) 전투였다.

반면 영국은 해상권을 지배하고 있었을 뿐 아니라 상대적으로 대규모의 정규군으로 구성된 육군을 보유하고 있었기 때문에 자신감에 차 있었다. 영국은 당시 미국의 중심도시인 뉴욕과 북서쪽의 뉴잉글랜드 지역을 장악하는 데 노력을 기울였다. 특히 영국군이 뉴욕의 허드슨 강 일대를 완전하게 확보할 경우, 식민지는 양분되어 결정적인 타격을 입을 수 있었다.

이에 착안한 영국군 총사령관 하위(William Howe) 경[7]은 할리팩스(Halifax)에서 해로로 진격하여 뉴욕 항을 점령한 다음 허드슨 강을 거슬러 올라가고 다른 한편으로 샘플레인(Champlain) 호수[8]를 따라 남하하여 알바니(Albany)를 거쳐 허드슨 강에 합류하여 남과 북 양방향으로 공격하는 계획을 수립했다. 이때 클린턴(Henry Clinton) 장군이 이끄는 부대는 남부지역 사우스캐롤라이나 주 찰스턴(Charleston)에 상륙하여 이 지역의 왕당파를 규합하고자 했다.

그러나 클린턴 장군의 부대는 대륙군의 맹렬한 포격으로 막대

7) 1729년 8월에 태어났으며 20세가 되던 1749년 군에 입대했다. 1756년 영미전쟁에 참가하여 주로 캐나다 지역에서 전투를 치르며 명성을 얻게 되었다. 영국에서는 미국의 독립 문제를 평화적으로 해결하고자 하는 온건파에 해당한다. 1776년 4월 총사령관으로 임명되었으며 1778년 영국으로 복귀했다.

8) 미국의 뉴욕 주와 버몬트 주, 그리고 캐나다의 퀘벡 주 사이에 위치한 호수. 프랑스 명칭은 샹플랑 호수임.

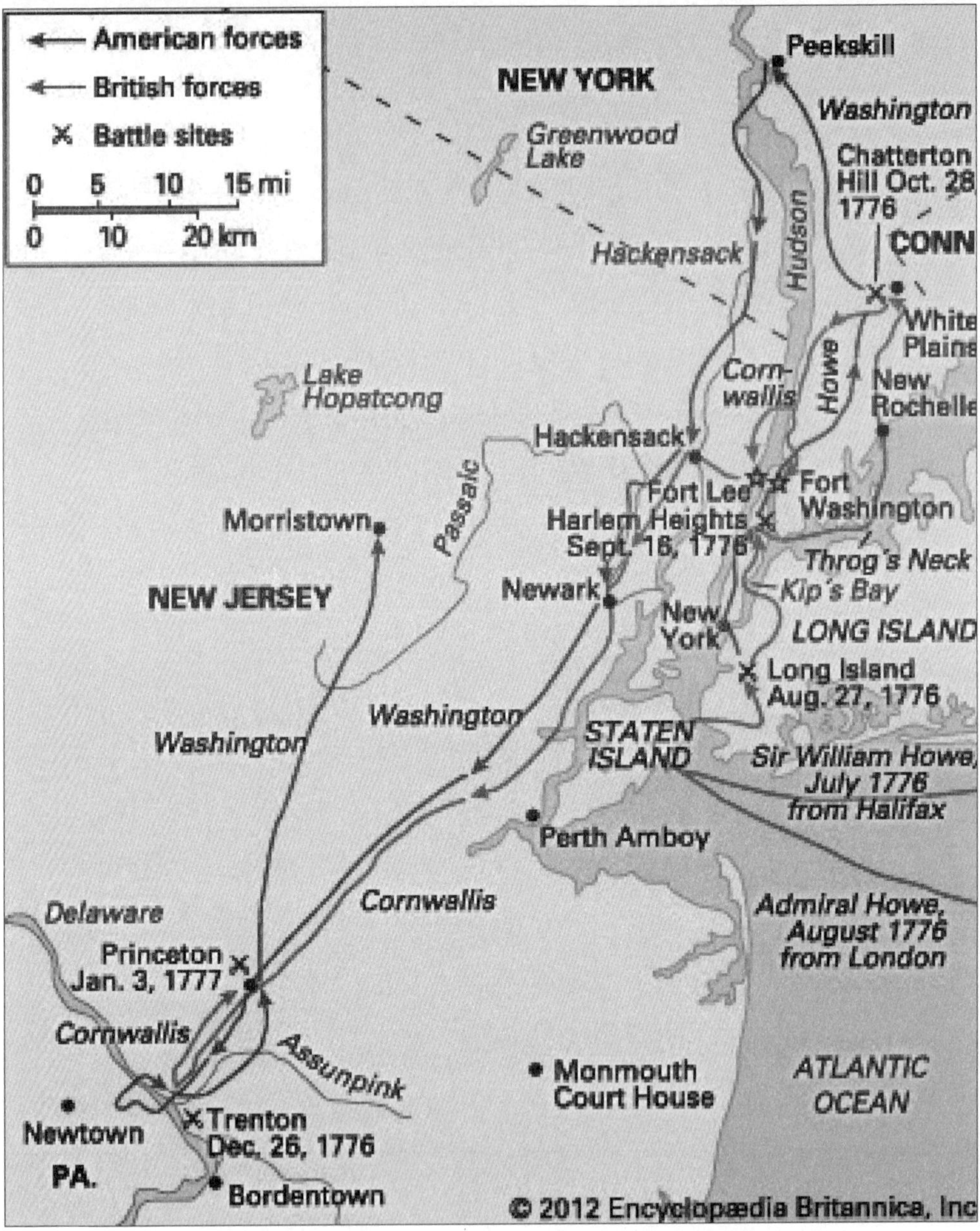

〈영국군과 무력충돌, 1776년, 출처: Encyclopedia Britannica, Inc.〉

한 사상자가 발생하게 되었고 찰스턴 상륙에도 실패했다. 결국 클린턴 장군은 상륙을 포기하고 뉴욕으로 후퇴하여 하위 장군의 부대와 합

〈허드슨 강변의 워싱턴 요새, 출처: en.wikipedia.org〉

류했다. 한편 대륙군 사령관[9] 워싱턴 장군도 허드슨 강 일대의 중요성을 알고 있었기 때문에 1776년 4월 육로로 보스턴으로부터 뉴욕으로 남하하여 사령부를 설치했다. 이와 더불어 허드슨 강 입구를 방어하기 위해 워싱턴 요새와 리 요새(Fort Lee)[10]를 구축했다.

9) 영국군에 대항하는 미국의 군대를 말하는 것으로 대륙군이라는 용어가 사용된 것은 대륙회의의 결정에 따라 창설되었기 때문이다.

10) 'Ft. Lee'의 원래 명칭은 'Ft. Constitution'이었다. 그런데 이 지역을 담당했던 리(Charles Lee) 장군이 자신의 성을 따라 리 요새로 변경했다. 미군의 경우 'Fort'는 비교적 영구적인 기지를 의미하는 것으로 주로 미국 본토 내 요충지에 건설되었다. 반면 Camp는 임시적으로 비교적 단기간 동안 주둔하는 일종의 전초기지였다. 현재 미국 본토의 Fort는 여러 개의 부대가 주둔하는 거대한 기지로 발전되었으며 주로 남북전쟁 당시의 장군의 성을 따라 명명하고 있다. 반면 해군 및 공군은 기지를 의미하는 'Base'를 사용한다.

하위 장군은 뉴욕에 도착한 이후 그의 군대를 맨해튼 섬 아래 남쪽에 위치한 스테이튼(Staten) 섬으로 상륙시켰다. 하위 장군은 8월 27일 야음을 틈타 그의 병력의 절반을 이끌고 롱아일랜드를 가로질러 시가지를 제압할 수 있는 요충지인 브루클린으로 공격을 개시했다. 이 기습공격으로 영국군은 2,000여 명의 사상자가 발생하여 일단 후퇴했다. 당시 맨해튼에 위치하고 있었던 대륙군도 영국군의 상륙을 저지할 수 있는 능력이 부족하였으나, 하위 장군이 평화적 해결을 위해 브루클린 전투에서 포로로 잡혀 있던 설리번(John Sullivan) 장군을 대륙회의로 보내 평화적 해결책을 타진하도록 하였기 때문에 뉴욕 시내의 대륙군은 숨을 돌릴 수 있었다.

대륙회의도 평화를 원하고 있었기 때문에 먼저 영국이 식민지 주들의 독립을 승인할 것을 요구했다. 하지만 하위 장군에게는 이에 대한 결정권이 없었으므로 협상은 중단되었다. 이러한 와중에 영국군은 군대의 일부를 맨해튼 동쪽 해안에 상륙시킴으로써 대륙군의 퇴로를 차단할 수 있었으나 대륙군 4,000여 명은 영국군이 휴식을 취하는 동안 기회를 틈타 탈출했다. 워싱턴 장군은 영국군의 공격을 회피하면서 북부로 이동하기 위해 병력의 대부분을 허드

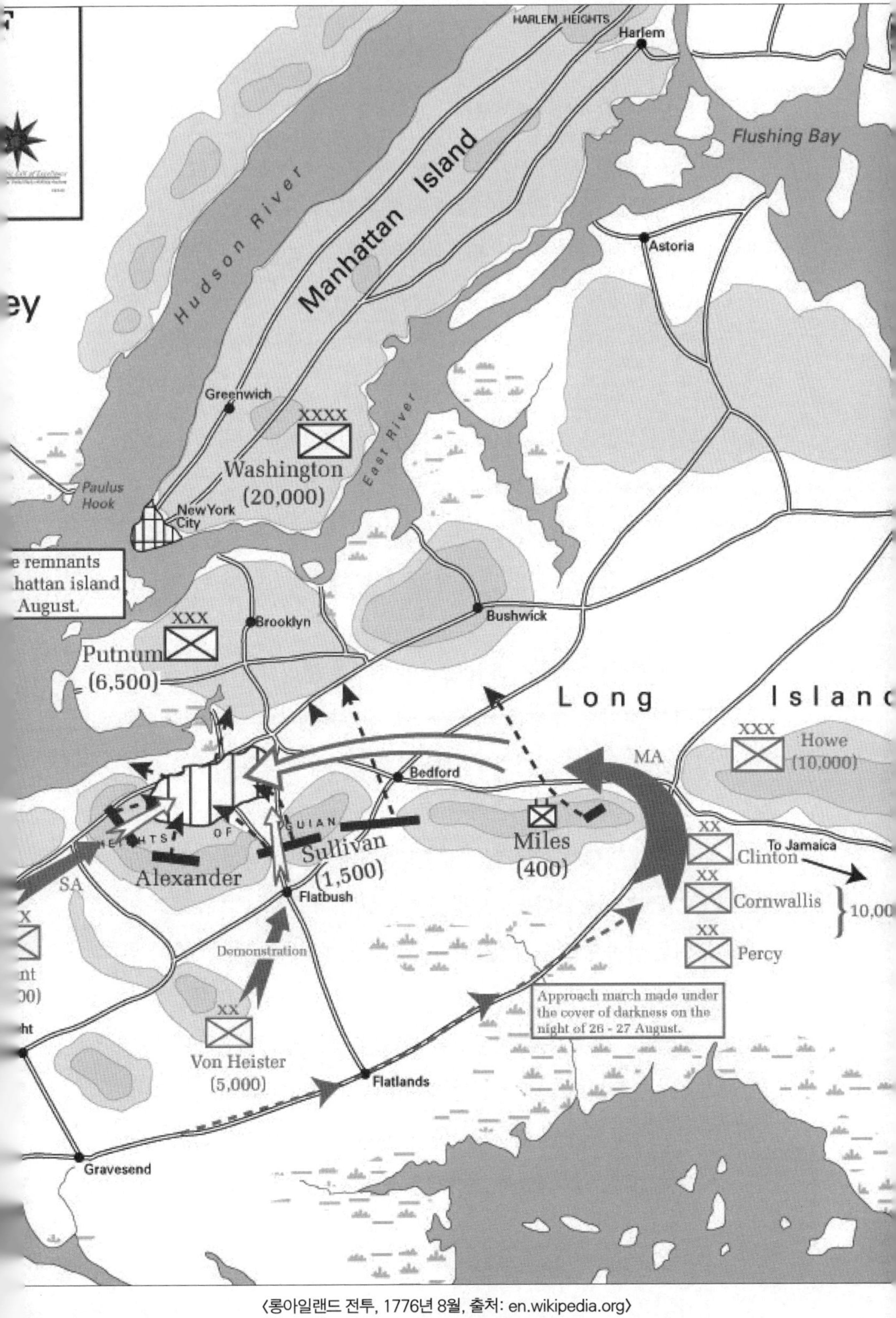

〈롱아일랜드 전투, 1776년 8월, 출처: en.wikipedia.org〉

은 강 우측 언덕을 따라 배치했다. 그러자 하위 장군은 작전을 변경하여 이번에는 맨해튼을 우회한 다음 북쪽의 워싱턴 요새를 공격하여 약 3,000명의 병사, 대포, 폭약 등을 노획했다. 이제 대륙군은 허드슨 강을 건너 뉴저지를 가로지르는 퇴로를 확보하는 방법만이 남게 되었다.

그러나 대륙군에는 난국을 타개할 대안이 없었고 병사 대부분은 징집기간이 만료되어 돌아가야 했으며, 뉴저지 주의 왕당파들이 대륙군이 패전했다고 선전하는 바람에 장병의 사기마저 저하되었다. 당시 워싱턴 장군은 겨우 4,000명의 장병을 지휘했다. 이에 7,000명의 병력을 지휘하고 있던 허드슨 강 북방 리 요새에 주둔하고 있던 리(Charles Lee) 장군에게 자신과 합류할 것을 명령했으나, 총사령관 자리를 노리며 워싱턴 장군과 사이가 좋지 않았던 리 장군은 그와의 합류를 주저했다.

이에 워싱턴 장군은 하위 장군의 추격을 뿌리치기 위해 북쪽으로 이동하여 화이트 플레인(White Plains)에 진지를 구축했다. 그러나 병력이 열세한 상황에서 진지가 피탈될 위기에 처하게 되자 다시 북쪽으로 이동해 픽스킬(Peekskill) 인근에서 델라웨어(Delaware) 강을 건너 펜실베이니아 주로 후퇴했다. 워싱턴 장군은 강 건너 추격을 피하기 위해 모든 선박을 끌고 이동했다. 하위 장군은 워싱턴 장군에 대한 추격을 멈추고 부대를 남쪽으로 돌려 맨해튼의 대륙군 잔류부대를 소탕하기 위해 이동했다.

펜실베이니아 주로 이동했던 워싱턴 장군은 전열을 가다듬은 후 뉴욕을 재탈환하기 위해 허드슨 강 서쪽 헤켄색(Hackensack) 강을 따라 남으로 이동했다. 워싱턴 장군의 이동에 관한 정보를 입수한 하위 장군은 언제든지 대륙군을 섬멸하고 전쟁을 조기에 종결시킬 수 있을 것으로 확신한 나머지 최소한의 부대로 워싱턴 장군의 부대를 추격하도록 하는 한편 자신을 포함한 대부분의 부대는 뉴욕에 잔류시켜 성탄절을 보내도록 했다. 이와 더불어 영국군 사령부가 위치한 트렌톤(Trenton)에는 독일 용병만 남아 방어하도록 했다. 이때 워싱턴 장군은 하위 장군과 영국군 주력부대가 뉴욕에 남아 있다는 정보를 입수하게 되었다.

하위 장군의 이동 정보를 획득한 워싱턴 장군은 대담한 작전을 구상했다. 작전은 성탄절 다음날인 1776년 12월 26일 실시되었다. 트렌톤을 방어하고 있던 독일 용병의 경계는 허술했고 델라웨어 강은 유빙으로 뒤덮여 있었다. 워싱턴 장군이 델라웨어 강을 건너 먼저 롤(Jonathan Rall) 대령의 수비대를 격파하고 트렌톤을 점령하자 추격해오던 영국군의 콘월리스(Cornwallis) 경이 트렌톤을 탈환하기 위해 공격해왔다. 이때 워싱턴 장군은 델라웨어 강을 건너지 않고 곧바로 북동쪽으로 기동하면서 콘월리스의 공격을 유인했다. 그리고 영국군의 배후를 돌아 프린스턴(Princeton)에 진지를 구축하고 영국군의 후방을 위협했다. 궁지에 몰린 콘월리스 경은 배후가 차단될지 모른다는 판단 아래 급히 부대를 후퇴시켜야만 했다. 한편 하위 장군은 사령부를 트렌톤으로부터 북쪽의 뉴저지 주 모리스타운(Morristown)으로 이동시켰다.

트렌톤 전투 이후 워싱턴 장군은 다시 델라웨어 강을 건너 펜실베이니아 주로 이동하여 차후 작전을 준비했다. 대륙회의는 대륙군이 영국군 정규군을 격파했다는 사실에 더욱 자신감을 가지게 되었고 장병의 모집에 박차를 가했다. 전투에 참전했던 장병들 또한 영국군과 독일 용병에 대한 두려움을 떨쳐버릴 수 있게 되었다. 이 전투는 소모전략을 추구해왔던 워싱턴 장군이 기회를 틈타 대담한 작전에 의해 영국군에 뜻하지 않은 일격을 가한 전투가 되었다.

트렌톤 전투에서의 패배와 더불어 미국과의 독립전쟁이 2년 가까이 계속되자 영국 정부는 전쟁계획을 재검토하기 시작했다. 영국 정부의 새로운 계획은 우선 13개 식민지 주로부터 뉴잉글랜드[11]를 고립시키는 것으로 정리되었다. 즉, 독립에 대한 여망이 강한 뉴잉글랜드를 직접 공략하기보다는 영국 정부에 비교적 협조적인 중부와 남부의 식민지 주를 완전하게 장악하여 이들로부터 뉴잉글랜드를 고립시킨다는 것이었다.

이에 따라 영국군은 세 방향에서 동시에 압박하기 위해 북쪽에서는 버고인(John Burgoyne) 장군의 부대가 캐나다의 몬트리올로부터 남하하고 하위 장군은 남쪽에서 허드슨 강을 따라 북상하여 뉴욕 방향으로, 서쪽에서는 세인트 레저(Barry St. Leger) 대령의 부대가 현재의 캐나다 온타리오로부터 뉴욕 주의 모호크(Mohawk) 강을 따라 공격하는 계획을 수립했다.

이들의 최종 계획은 뉴욕 주의 알바니(Albany)에서 합류하여 뉴잉글랜드와 나머지 식민지 주를 완전하게 분리시키는 것이었다. 알바니는 뉴욕의 북쪽 허드슨 강변에 위치한 교통의 요충지로 북으로는 몬트리올이 동으로는 보스턴이 위치하고 있었다. 그러나 이 계획은 험한 지형으로 인한 부대 기동의 어려움과 보급 문제로 인해 하위 장군이 이끄는 부대가 알바니에 합류하지 못하고 레저 대령의 부대 또한 기동이 지연되어 최초의 계획과는 달리 버고인 장군의 부대만이 알바니로 이동하고 있었다.

---

11) 뉴잉글랜드(New England)는 미국의 북동부에 위치한 메인 주, 매사추세츠 주, 뉴햄프셔 주, 버몬트 주, 로드 아일랜드 주, 코네티컷 등 6개 주를 포함하는 지역으로 1620년 청교도들이 초기에 정착한 지역을 말한다. 독립전쟁 이후부터 문화적 연대만 유지하고 있을 뿐 행정적 관계는 존재하지 않는다.

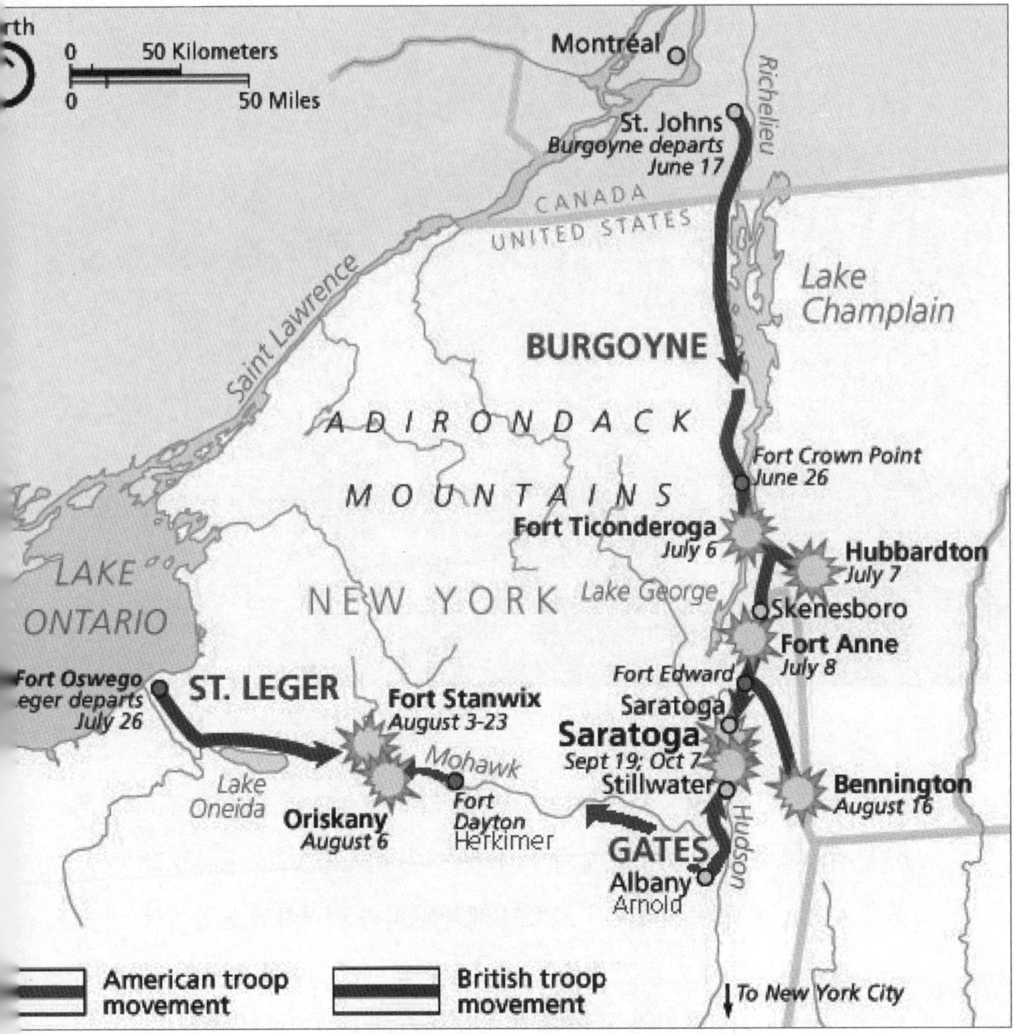

〈사라토가 전투, 출처: en.wikipedia.org〉

이때 대륙군은 북부지역을 담당하고 있던 게이츠(Horatio Gates) 장군의 부대가 알바니 북쪽의 스틸워터(Stillwater)에 위치하고 있었다. 게이츠 장군은 버고인 장군의 부대가 이동 중에 있다는 정보를 입수하고 스틸워터 북쪽에 위치한 사라토가(Saratoga)에 방어진지를 편성했다.

한편 이러한 상황을 알지 못한 버고인 장군의 영국군이 사라

〈영국군 버고인 장군의 항복, 1777년, 출처: en.wikipedia.org〉

토가에 거의 도달했다. 이 기회를 놓치지 않고 게이츠 장군은 영국군이 포위망에 완전히 들어올 때까지 기다렸다가 아놀드(Benedict Arnold) 장군이 이끄는 부대가 서쪽에서 모호크 계곡을 따라 공격하고 동쪽에서는 뉴잉글랜드의 대륙군 민병대, 그리고 남쪽에서는 게이츠 장군이 직접 이끄는 부대가 동시에 세 방향으로 공격하여 버고인의 부대를 포위하였다. 마침내 1777년 10월 17일 버고인 장군의 부대는 항복하고 5,000명의 부대는 무장해제 되었다.

3.
프랑스의 개입과 독립국가로의 출발

버고인 장군의 항복은 과거 파리조약으로 영국에 굴욕을 당한 바 있던 프랑스에게 새로운 기회를 제공했다. 조약 이후 표면적으로 우호적인 관계를 유지하고 있었던 프랑스는 영국을 약화시킬 틈을 노리고 있었다. 사실 미국은 독립을 선언하기 이전부터 프랑스에 이를 공식적으로 승인해줄 것을 요청했으나 프랑스는 시간을 끌며 좀처럼 행동으로 옮기지는 않았다. 그러나 사라토가 전투에서 버고인 장군이 항복한 이후 프랑스의 태도가 변하기 시작했다. 프랑스는 이제 미국의 독립전쟁을 지원할 가치가 있다고 생각하여 1778년 2월 미국의 독립 승인과 전쟁 지원에 대한 내용을 골자로 하는 동맹조약을 체결했다. 상황이 이렇게 되자 1778년 3월 영국은 프랑스에 선전포고를 했다.

프랑스에 이어 스페인과 네덜란드가 미국에 차관을 제공하였고, 러시아 또한 우호적인 태도를 보이기 시작했다. 이러한 상황의 변화를 인식한 영국은 전쟁을 신속하게 종결하고자 했다. 결국 그간 뚜렷한 성과를 내지 못한 하위 장군이 소환되고 그 후임으로 1778년 3월 클린턴(Henry Clinton) 경이 임명되었다. 같은 해 5월 25일 미국에 도착한 그는 필라델피아에 있는 육군과 해군의 협공으로 뉴욕을 점령했다. 당시 워싱턴 장군은 허드슨 강변의 뉴욕 북쪽 웨스트포인트(West Point)에 사령부를 설치하고 영국의 클린턴 장군의 부대 움직임을 지켜보며 부대 확장과 훈련에 집중했다.

영국은 미국과의 독립전쟁을 시작하면서 전쟁 첫해에는 전쟁을 치르고 있다는 인식보다는 식민지 내에서 발생한 국지적인 반란을 제압한다는 인식이 팽배했다. 미국 또한 이 시기에는 조직적인 전쟁을 수행하기에는 병력 및 장비 면에서 영국에 비해 턱없이 열세했다. 만약 영국이 초기 전투에서 결정적인 실수를 저지르지 않았다면 아마도 쉽게 반란을 진압시킬 수 있었을지도 모른다. 초기의 전술적 실패 이후 영국은 1778년부터 2년 동안 사우스캐롤라이나 주, 노스캐롤라이나 주, 그리고 조지아 주 등 남부 식민지 주에서 소규모 반란 진압을 위한 작전에 주력하며 전열을 가다듬었다. 1780년 7월에 이르자 프랑스는 본격적으로 로샹보(Comte de Rochambeau) 백작이 이끄는 부대를 보내 로드아일랜드 주 뉴포트(Newport)에 상륙시켜 워싱턴 군과 합류하도록 했다. 이때 워싱턴 장군은 뉴욕이 식민지의 전략적 요충지이므로 뉴욕을 먼저 공격하고자 했고 반면 로샹보는 남쪽의 버지니아 주 요크타운에 주둔하고 있던 영국의 콘월리스 부대를 먼저 공격하고자 했다. 영국의 클린턴 장군은 워싱턴 장군이 뉴욕에서 일전을 치를 것이라는 판단 아래 노스캐롤라이나 주 윌밍턴(Wilmington)에 있던 콘월리스 장군에게 뉴욕으로 이동하여 방어를 강화하도록 지시했다.

워싱턴 장군은 시종일관 뉴욕에 대한 공격을 주장했다. 반면 로샹보 장군은 드 그라세(de Grasse) 제독이 서인도 제도에서 이동하여 접근하기 가장 용이한 곳이 버지니아 주임을 강조하며 요크타운을 공격하자는 주장을 굽히지 않았다. 결국 요크타운을 공격하자는 로샹보 장군의 제안이 채택됨에 따라 미불 연합군은 필라델피아와 볼티모어를 거쳐 남진을 시작했다. 이때 드 바라스(De Barras) 제독이 이끄는 프랑스 해군도 뉴포트를 출발하여 대서양을 통해 요크타운 방향으로 항해를 시작했으며 프랑스의 라파예트(Marquis de Lafayette) 장군이 이끄는 28척의 전함과 1,000여 명의 병력이 체사피크(Chesapeake) 만에 상륙했다.

클린턴 경은 대륙군이 뉴욕을 공격할 것이라는 그의 예측이 빗나가게 되자 콘월리스 장군의 병력을 버지니아 주의 요크타운 항구로 집결시키는 한편 뉴욕에 위치한 그레이브스(Graves) 제독의 함선을 요크타운으로 이동시켰다. 한편 북진하던 콘월리스 장군은 미불연합군이 버지니아 주 프레데릭스버그(Fredericksburg)방향으로 남서진하자 이에 맞서기 위해 북진하던 중 4월 25일 리치먼드 남쪽 피터스버그 인근에서 대륙군과 최초 교전을 벌였다. 하지만 별다른 성과를 거두지 못하고 요크타운 방향으로 철수했다.

워싱턴 장군과 로샹보 장군이 이끄는 미불연합군의 육군은 계속해서 요크타운 방향으로 공격하고 체사피크 만과 대서양에서 해군이 접근하게 되자 영국군은 사라토가 전투에 이어 또 다시 요크타운에서 포위되었고 1781년 10월 19일 항복했다.

요크타운에서의 항복은 영국에게 결정적인 타격을 가한 것은 아니었지만 이 전투의 패배로 인해 영국의 여론은 전쟁을 반대하는 쪽으로 기울기 시작했다. 결국 1782년부터 양국 간의 협상이 시작되었다. 협상 과정에서 미국 측은 식민지 독립과 배상금, 캐나다의 영유, 서부 국경의 확정, 어업권의 확정 문제 등을 주요 의제로 제시했다. 그러나 이 협상안은 같은 해 영국 의회에서 부결되었다.

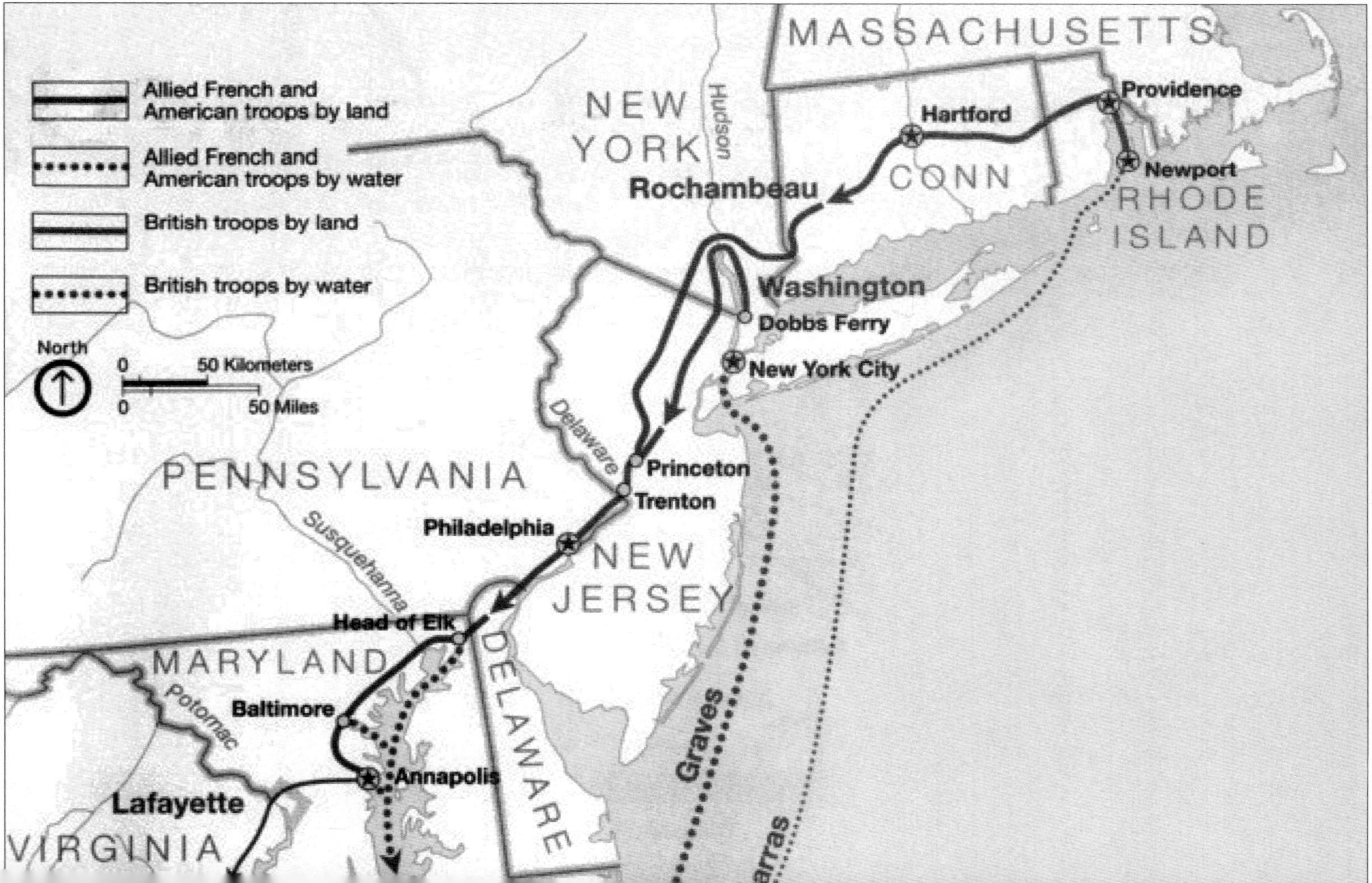

Allied French and American troops by land
Allied French and American troops by water
British troops by land
British troops by water
North
0
50 Kilometers
0
50 Miles
MASSACHUSETTS
NEW YORK
Hudson
CONN
RHODE ISLAND
Providence
Hartford
Newport
Rochambeau
Washington
Dobbs Ferry
New York City
Delaware
PENNSYLVANIA
Princeton
Trenton
Philadelphia
NEW JERSEY
Susquehanna
Head of Elk
MARYLAND
DELAWARE
Potomac
Baltimore
Annapolis
Lafayette
VIRGINIA
Graves
arras

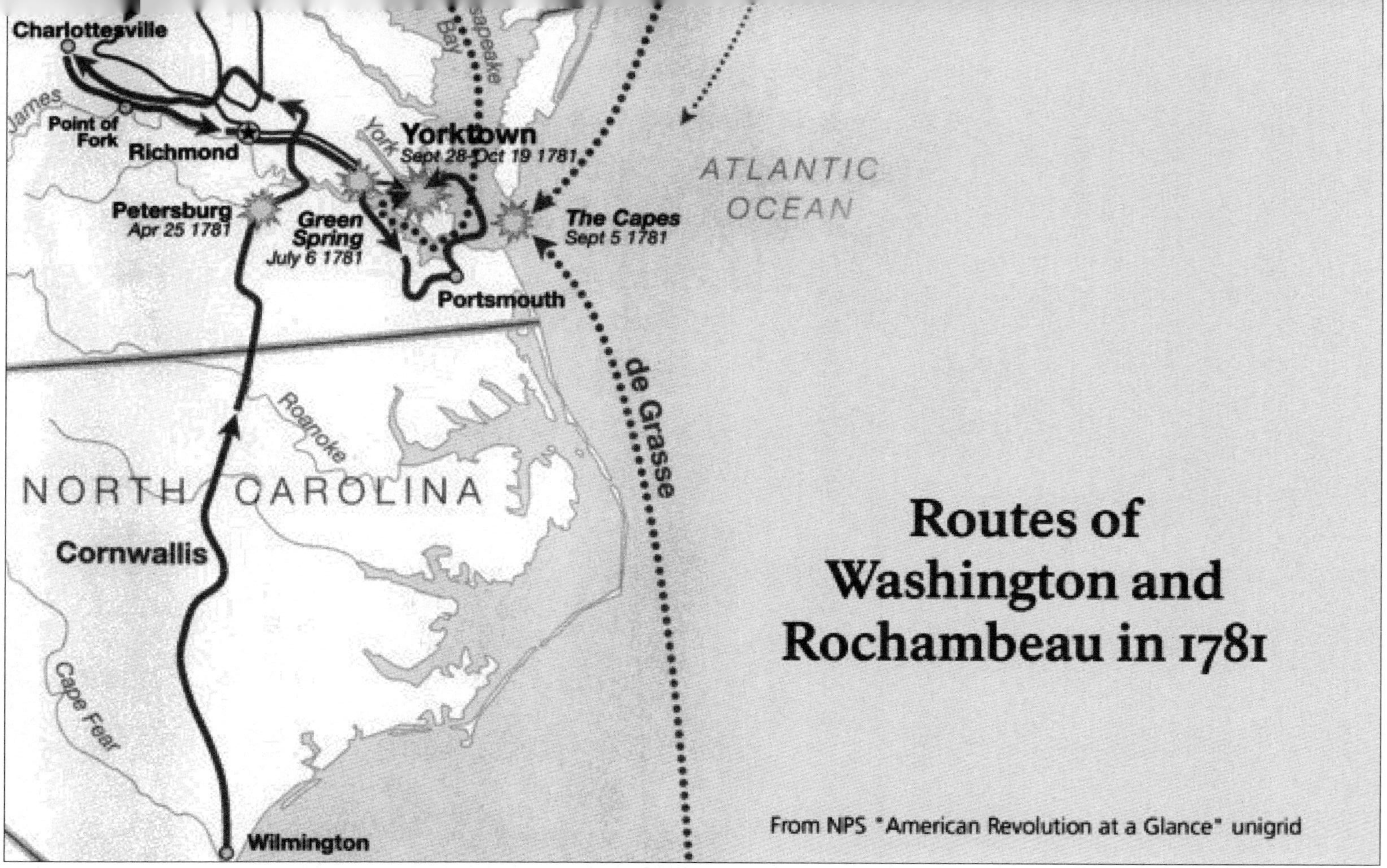

〈1781년 요크타운 전투, 출처: en.wikipedia.org〉

영국에서 자유당 내각이 출범하자 협상은 재개되었고 마침내 1782년 12월 5일 미국의 독립을 승인했다. 이어 1783년 9월 파리에서 평화조약이 체결되었다. 1776년 7월 4일 대륙회의를 통해 만장일치로 식민지의 독립을 가결하고 독립을 선포하여 13개 주가 되었고 1781년 '연합헌장'(Articles of Confederation)이 채택되기까지는 다시 5년이 걸렸다. 연합헌장에서 13개 주는 미 합중국(The United States of America)이라는 명칭을 처음으로 사용하면서 주권국가로 출범하게 되었지만 영국이 독립을 승인하기까지는 다시 1년이 더 걸렸다.

하지만 당시 미국의 경제는 외국과의 무역에 의존하고 있었고 특히 독립 이후 영국과 프랑스와의 특혜관계를 청산하고 세계 시장에서 자력으로 경제 대국들과 경쟁을 해야 했다. 더욱이 북미 대륙에는 5대호 남쪽에 영국군이 여전히 주둔하고 있어 서부 진출을 가로막고 있었으며 스페인군은 미국의 미시시피 강 유역의 통행을 금지하고 있었다. 동맹국인 프랑스도 미국을 단지 영국을 견제하기 위한 수단으로 여기고 있었다. 이러한 국내외의 여러 문제 속에서 미국이 살아남을 수 있는 길은 오직 강력한 통일정부를 수립해야 한다는 공감대가 형성되어가고 있었다.

4.
연방정부의 출범과 영토 확장

독립전쟁 이후 1787년 5월 25일부터 9월 17일에 걸쳐 필라델피아의 정부 청사에서 '제헌회의'(Philadelphia Convention)가 개최되어 새로운 헌법을 만들기 위한 준비에 들어갔다. 이 회의에서 조지 워싱턴이 의장으로 선출되었다. 그러나 실질적으로 제헌회의를 주도한 사람은 뉴욕 대표인 알렉산더 해밀턴(Alexander Hamilton)과 버지니아 대표 제임스 매디슨(James Madison)이었다. 특히 해밀턴은 독립된 각 주의 특권은 마땅히 축소되어야 하고 중앙정부가 강화되어야 한다고 주장했다.

이러한 분위기 속에서 어떤 형태의 연방정부를 세울 것인가 하는 문제에 대한 논의의 기초가 된 것은 랜돌프(Edmund Randolph)가 제출한 이른바 '버지니아 안'과 패터슨(William Paterson)의 '뉴저지 안'이었다. 버지니아 안의 골자는 입법, 사법, 행정부 등 3권 분립의 연방정부 구성과 상·하원의 양원제, 인구비례에 의한 의원 선출을 골자로 했다. 이에 반해 뉴저지 안은 기존의 연합헌장체제를 보완하여 유지하고 단원제 의회를 구성하며 각주는 인구비례와 상관없이 동일한 수의 의원을 선출하자는 것이었다.

강력한 연방정부를 지지하는 '연방파'와 각 주의 자치를 최대한 보장하자는 '반연방파'의 논쟁이 지속되는 가운데 마침내 1788년 6월 21일 새로운 헌법이 채택되었다. 7개 조항으로 구성된 '미합중국 헌법'(Unites States Constitution)은 상하 양원으로 구성되는 입법부를 조직하되, 상원은 모든 주가 동일하게 2명을 선출하고 하원은 각 주의 인구비례에 따라 의원수를 결정하고 행정부의 권한을 연방과 각 주에 균등하게 배분하여 그 어느 쪽도 마음대로 할 수 없게 했으며 행정부의 수반인 대통령은 각 주의 상 · 하원 의원을 합한 수만큼의 선거인들이 모여 선출하되 선거인의 선출방식은 각 주의 의회에서 결정하는 내용을 골자로 했다. 이와 더불어 노예제도는 1808년까지 존속하기로 했다. 1790년 5월 로드아일랜드 주가 비준(Ratification)을 마침으로써 영국의 식민지로서의 종속적인 지위에서 연방국가로서의 독립적인 지위를 확립한 정치적 전환이 마침내 종지부를 찍게 되었다.

새로운 헌법에 따라 1789년 1월 총선이 실시되어 연방 의회가 구성되었고 이어 4월 30일 아침 조지 워싱턴이 초대 대통령에 취임했다. 연방정부 수립과 더불어 국무부, 재무부, 법무부 등이 설치되어 행정조직이 기틀을 잡아가기 시작했고 연방 대법원과 각 주의 법원이 설치되었다. 정치적 당파의 발생과 당파간의 대립으로 인한 시련 속에서도 미국은 서서히 정치적 발전을 이룩했고 워싱턴과 애덤스(John Adams)에 이어 제퍼슨 행정부가 들어선 이후 본격적인 서부 개척과 대외 통상이 확대되기 시작했다.

3대 대통령 제퍼슨의 가장 뚜렷한 업적은 영토 확장이었다. 그는 미국의 선박들이 북아프리카의 튀니지, 알제리 등지에 기지를 둔 해적들로부터 잦은 공격을 받게 되자 1803년부터 함대를 파견하여 해적을 소탕했다. 이와 더불어 같은 해 루이지애나(Louisiana)[12]라고 불리던 미시시피 강 서쪽의 광대한 영토를 프랑스로부터 매입했다. 1801년 프랑스는 스페인으로부터 다시 이 지역을 되찾았으나 영국과의 전쟁이 예상되는 상황에서 미국과의 우호관계를 염두에 두고 이 땅을 팔아 전비를 조달하고자 했다. 결국 이러한 의도를 간파한 미국은 1803년 1,500만 달러를 지불하고 루이지애나를 매입했다. 이후 제퍼슨은 로키 산맥 일대와 콜롬비아 강에서 태평양 연안에 이르는 지역으로 영토를 확장해 나아갔다.

1820년대 이후부터 미시시피 강을 넘어 서쪽으로의 영토 확장은 미국이 텍사스에 발을 들여놓기 시작하면서 본격화되었다. 당시 텍사스는 미국인들이 스페인으로부터 독립한 멕시코 정부로부터 개척지를 만들 수 있는 권리를 얻어낸 곳이었다. 개척지에는 농민과 목축업자들이 모여들기 시작했고, 특히 산타페(Santa Fe)에는 멕시코와의 무역거래소가 마련되어 수많은 미국인들이 이곳으로 모여들었다.

멕시코 정부는 텍사스로 이주해 오는 미국인들에게 처음에는 호의적이었다. 그러나 1827년에 이르자 멕시코인에 대비 미국인의 비율이 10배 가까이 증가하게 되었고 점차 미국인들에 대해 경계하기 시작했다. 결국 멕시코는 미국인의 텍사스 이주를 금지했고 이주지역에서 멕시코의 법률을 따르도록 했다. 그러나 미국인 이주자들은 그러

12) 루이지애나는 루이 14세의 이름에서 유래했으며 미국은 1803년 프랑스로부터 이 땅을 1,500만 달러에 사들였다. 당시 프랑스의 나폴레옹은 루이지애나를 기반으로 아메리카 대륙에 식민지를 건설하여 강력한 프랑스의 재건을 꿈꾸고 있었다. 그러나 카리브 해의 아이티에서 발생한 반란을 진압하는 과정에서 전염병으로 인해 프랑스 군 3,000명이 사망했고 더 이상 주둔할 수 없게 된 상황에 이르게 되었다. 결국 나폴레옹은 아메리카 대륙에 식민지 건설을 포기했고 유럽 대륙에서 영국과의 전쟁에 필요한 전비를 마련할 목적으로 이 땅을 미국에게 팔았다.

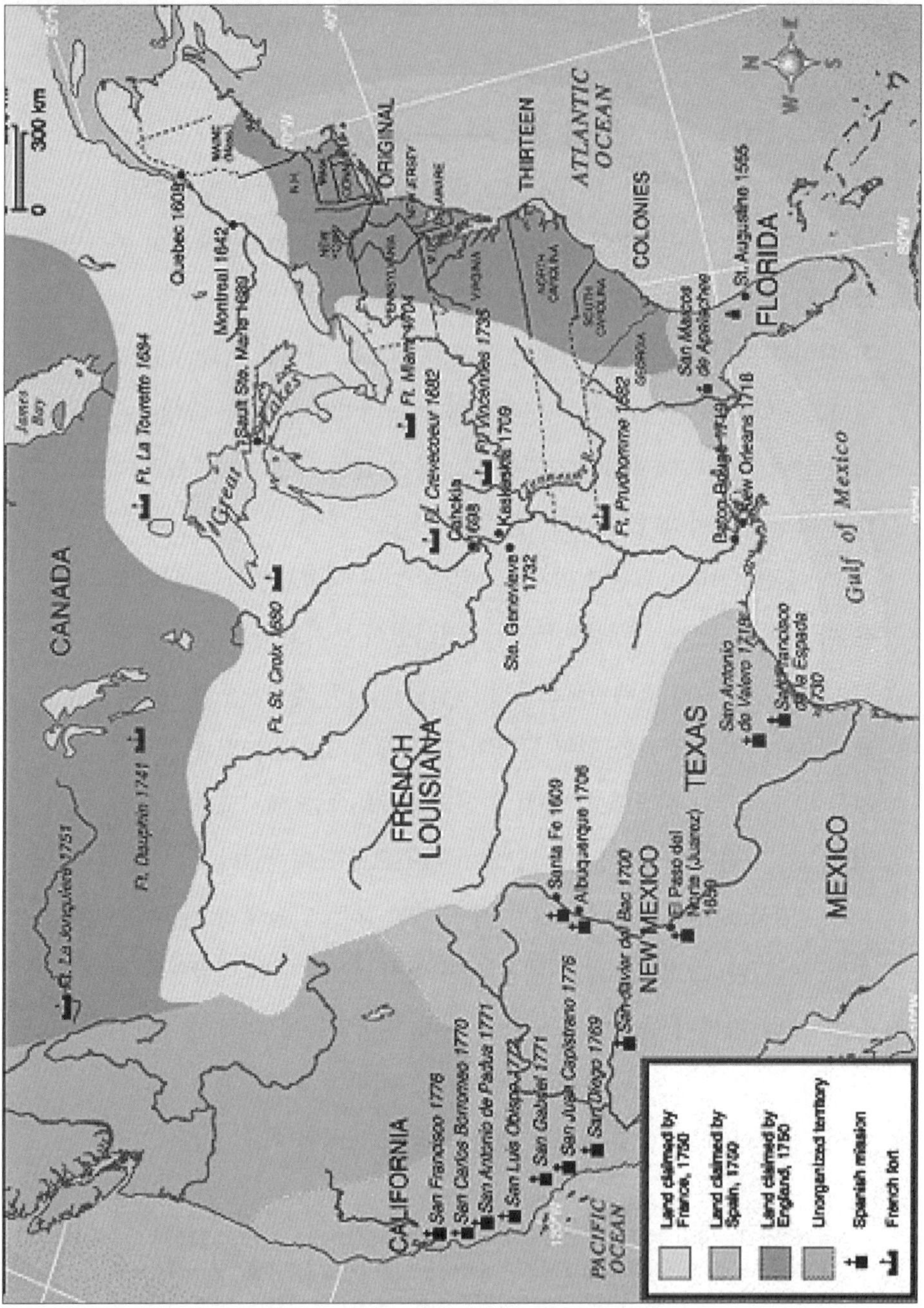

〈미국의 영토 확장[13], 출처: en.wikipedia.org〉

한 조치에 아랑곳하지 않고 이주를 계속하여 1835년에는 약 3만여 명이 텍사스로 이주해 왔다. 상황이 이렇게 되자 멕시코 정부는 이 지역

〈알라모 요새, 출처: en.wikipedia.org〉

으로 유입되는 모든 상품에 관세를 부과했다.

멕시코 정부의 강경한 정책으로 인해 텍사스 거주 미국인들과의 관계는 점점 악화되었고 1836년 텍사스인들은 독립을 선언하게 되었다. 이에 멕시코 정부는 텍사스에 군대를 파견하였으며 여기서 멕시코 정부군과 텍사스인들 사이에서 알라모(Alamo) 요새[14] 전투가 치러

13) 엷은 주황색으로 표기된 지역이 1750년 프랑스가 주장한 루이지애나(French Louisiana) 영토이고 녹색은 스페인, 파란색은 영국의 13개 식민지, 그리고 짙은 주황색의 캘리포니아 북쪽지역은 1750년 당시까지 어느 국가에도 점유되지 않은 영토였다. 각 지역에는 스페인 선교지(Spain Mission)와 프랑스 요새(French Fort)가 중요한 지역에 설치되었다. 특히 스페인 선교지는 후에 스페인 군의 기지가 되기도 했다.

14) 알라모는 원래 스페인의 종교 전도소로 1718년 설립되었으며 19세기 초반 스페인군 기병대가 이곳에 주둔하게 되었다. 알라모 전투는 멕시코 정규군 1,000여 명과 텍사스 주민

졌고 이 전투에서 멕시코가 승리하게 되었다.

그러나 텍사스는 샘 휴스턴(Sam Houston) 장군[15]의 지휘 아래 멕시코 군과 맞서 싸웠고 남부 텍사스 휴스턴 북방의 산 야킨투(San Jacinto) 전투에서 멕시코 군을 대파하고 멕시코 대통령을 포로로 잡았다. 이 전투를 계기로 리오그란데(Rio Grande) 강을 국경선으로 하는 텍사스 공화국을 승인하는 '벨라스코 조약'(Treaties of Velasco)이 5월 14일 체결되었고 텍사스는 미국 연방정부에 가입을 요청하는 법안을 제출했다.

텍사스의 연방 가입은 또 하나의 노예 주가 늘어나는 것을 의미했기 때문에 이를 환영하는 사람들은 주로 남부지역이었다. 반면 북부에서는 노예제를 반대하는 운동이 일어나기 시작했고 논란 끝에 텍사스의 합병안은 1844년 상하원 합동회의를 통해 통과되었다. 텍사스 합병이 멕시코를 자극한 것은 당연한 결과였다. 멕시코는 즉각 항의 성명을 발표했고 미국 주재 멕시코 대사를 소환함으로써 미국과의 공식적인 관계를 단절했다.

사태가 점점 악화되자 미국의 포크(James Polk) 대통령은 테일러(Zachary Taylor) 장군을 멕시코에 급파하여 텍사스 문제뿐만 아니라 뉴멕시코, 캘리포니아 매입 문제까지 논의토록 했다. 그러나 멕시코 정부는 이를 거부했고 양국 간의 갈등은 최고조에 이르렀다. 마침내 1846년 4월, 멕시코 군의 일부 부대가 리오그란데 강을 건너 공격하자 미국의 의회는 5월 12일 멕시코를 상대로 선전포고를 결정했고 양국 간

186명이 벌인 전투이다. 멕시코 군은 13일 동안의 포위 끝에 이 요새를 공격했고 텍사스 주민들은 끝까지 싸웠다. 이 전투에서 살아남은 텍사스 주민은 단 2명이었다.

15) 현재 텍사스 주에 미 육군의무사령부가 위치한 기지의 명칭이 그의 이름을 딴 샘 휴스턴 기지(Ft. Sam Houston)이다.

의 전쟁이 시작되었다. 이를 계기로 캘리포니아에 거주하고 있던 미국인들도 전쟁에 가담하게 되었고 멕시코는 점점 곤경에 빠지게 되었다.

1846년 가을 무렵, 마침내 미국은 캘리포니아를 점령했고 2년 후인 1848년 미국은 멕시코와 '과달루페-히달고 조약'(Treaty of Guadalupe-Hidalgo)을 체결했다. 이 조약으로 미국은 오늘날의 캘리포니아, 네바다, 유타, 애리조나, 뉴멕시코 영토를 손안에 넣는 대신 이에 대한 대가로 멕시코 정부에 대한 미국인들의 채무를 대신 갚아주기로 합의했고 이 지역에 거주하고 있던 스페인 주민들을 받아주기로 합의했다. 하지만 미국이 이처럼 광대한 영토를 얻은 대신 노예제에 대한 남북 간의 갈등은 더욱 깊어갔다. 멕시코와의 전쟁 이후 영토 확장과 더불어 새로운 영토에서 노예제 문제가 다시 불거지기 시작했다. 노예제 찬반을 두고 격렬한 논쟁 끝에 켄터키 주 출신의 상원의원 클레이(Henry Clay)가 제출한 법안인 1850년 타협안(Compromise of 1850)[16]이 같은 해 9월 의회에서 통과되었다.

타협안에 따라 당시 자유 주 및 영토(Free States and Territories)는 미국 동부의 북부지역인 메인, 뉴햄프셔, 버몬트, 매사추세츠, 뉴욕, 로드아일랜드, 코네티컷, 뉴저지, 델라웨어, 메릴랜드, 펜실베이니아 주, 중부지역은 위스콘신, 미시건, 아이오와, 일리노이, 인디애나, 오하이오 주, 서부의 캘리포니아 주가 되었다. 연방에 가입하지 않은 영토는 오리건과 미네소타 영토였다. 노예 주(Slavery States)는 버지니아, 노스캐롤라이나, 사우스캐롤라이나, 조지아, 플로리다, 켄터키, 테네시, 미시시피, 앨라배마, 미주리, 아칸소, 루이지애나, 텍사스 주 등이었다. 서

16) 타협안은 텍사스의 뉴멕시코 영토 포기, 캘리포니아 주의 자유 주 인정 및 연방가입, 유타와 뉴멕시코 영토의 향후 문제, 워싱턴 D.C.에서 노예 거래 금지 등을 골자로 하였다.

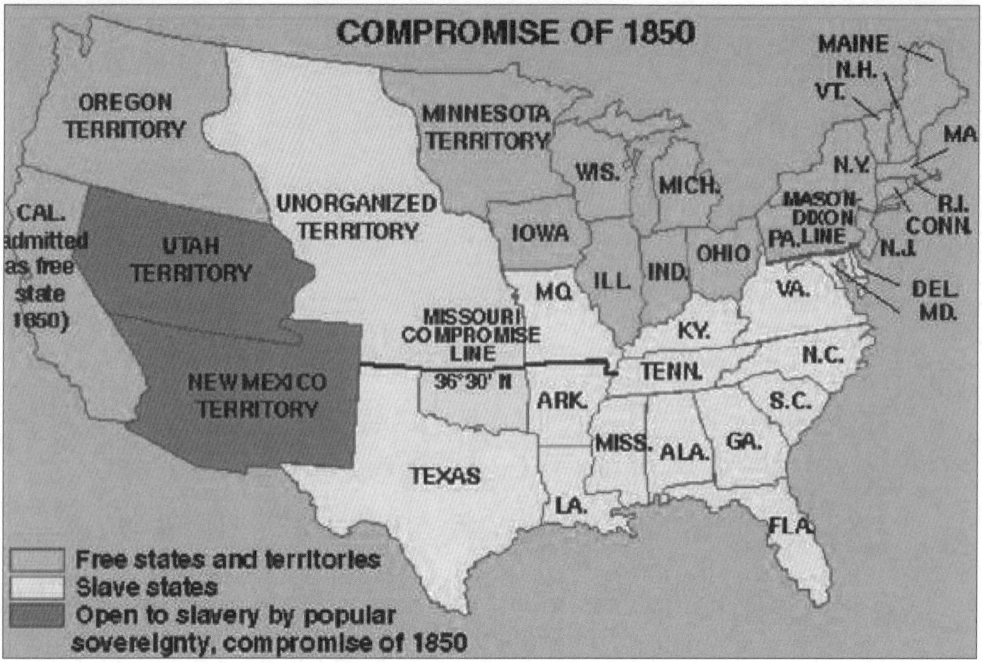

〈1850년 미주리 타협선과 연방 주 현황, 출처: en.wikipedia.org〉

부의 유타(Utah)와 뉴멕시코 영토는 주민들의 자유의사에 맡겨졌다. 미주리 타협선 북쪽지역(현재의 캔자스, 네브래스카, 노스다코타, 사우스다코타 등)은 당시 주나 영토로 조직화되지 않은 영토(Unorganized Territory)였다. 멕시코와 전쟁 이후 캘리포니아가 연방에 가입함으로써 1850년 미합중국은 1850년 31개 주가 되었고, 이 중 자유 주는 18개, 노예 주는 13개였다.

한편 1850년대 백인 정착지의 경계선은 이미 미주리 주, 아이오와 주, 그리고 미네소타 주 경계를 넘어 거대한 평원으로 확장되기 시작했다. 그곳은 한때 백인들이 경작에 부적절하다고 믿었던 곳이었다. 이처럼 서부로 영토가 확장되자 대륙횡단 철도 건설의 문제가 불거지기 시작했다. 특히 미시시피 강 동쪽의 기존 철도망과 어느 지점에서 연결하고 철도의 동부 종착지를 어디로 정하느냐 하는 문제를 두고 격론이 벌어지게 되었다. 남부인들은 세인트루이스나 멤피스(Mem-

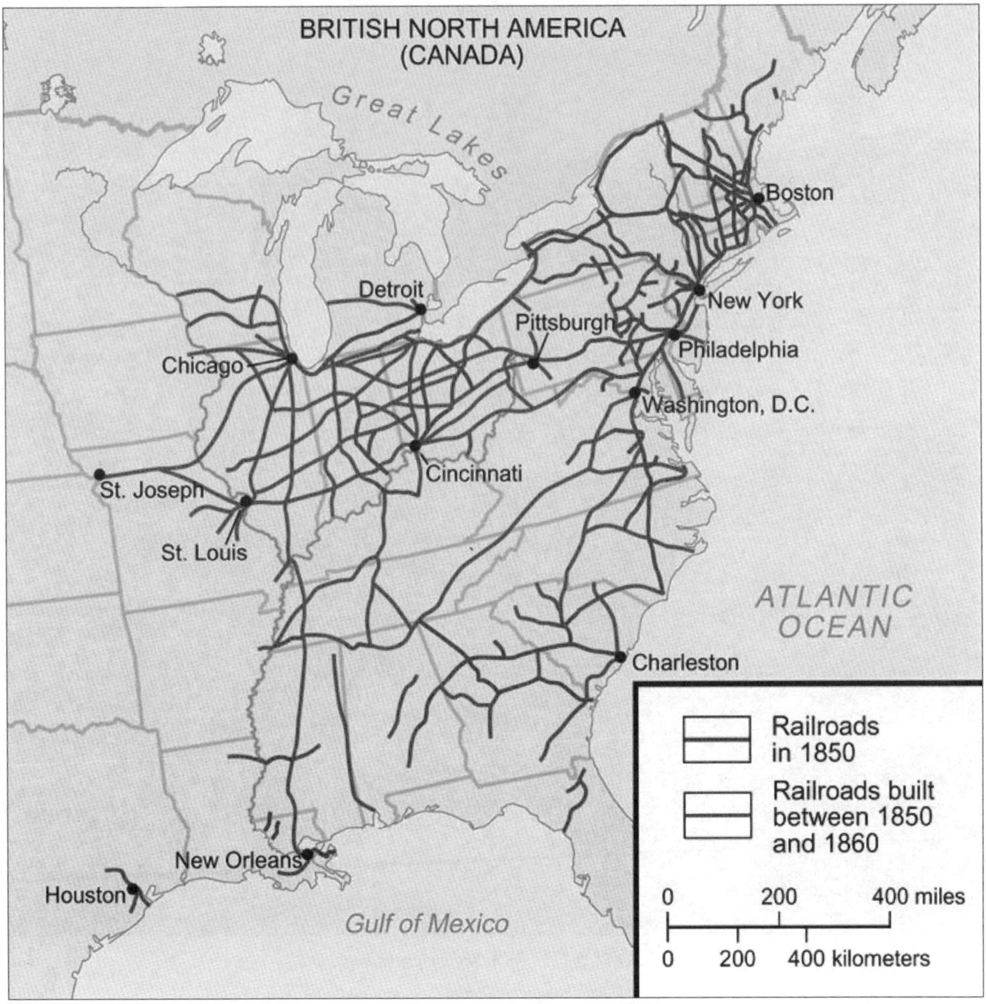

〈1850-1860 미국의 철도망[17], 출처: en.wikipedia.org〉

phis) 혹은 뉴올리언스를 선호했고 북부인들은 시카고를 경유하는 노선을 선호했다. 남부로 철도가 통과할 경우 멕시코의 영토를 통과해야 하는 문제점이 있었고 북부로 철도를 건설할 경우, 인디언이 많이 거주하는 지역을 통과해야 하는 문제점이 있었다.

17) 빨간색이 1850년 철로이며 파란색은 1850년부터 1860년 사이에 건설된 철로이다.

〈유혈의 캔자스, 출처: en.wikipedia.org〉

결국 일리노이 주 출신의 상원의원이었던 더글러스(Steven Douglas)에 의해 1854년 3월 '캔자스-네브래스카(Kansas-Nebraska) 법안'이 제출되었다. 이 법안은 북부노선으로 철도를 건설하되 아이오와 주와 미주리 주의 서부, 즉 네브래스카로 알려진 지역을 새로운 주로 만든다는 내용으로 새로 만들어지는 캔자스 주와 네브래스카 주가 자유 주가 될 것인지, 아니면 노예 주가 될 것인지의 여부는 전적으로 그 지역 주민의 의사에 따른다는 것이었다. 그러나 북부의 노예폐지론자들은 캔자스와 네브래스카 영토가 1820년 미주리 타협(Missouri Compromise)[18]에서 정한 북위 36도 30분 선 북쪽에 있기 때문에 당연히 노예제는 폐지되어야 한다고 주장했다.

논란 끝에 4년 후인 1854년 1월 법안이 통과되자마자 백인 정착자들이 캔자스 주로 이주하기 시작했다. 1855년 캔자스 주 의회의 의원선출을 위한 선거가 실시되었다. 당시 캔자스 주의 인구는 1,500여 명이었으나 미주리 주에 거주하는 백인들이 대거 이주하여 6,000여 명이 투표에 참여했으며 결국 캔자스 주 의회는 노예제도를 합법화했다. 이 과정에서 분노한 노예제 폐지 세력이 다시 캔자스 주 지역으로 이주를 시작했고 이주민 사이에서 갈등은 결국 노예제를 반대하는 주민이 이를 찬성하는 정착민 5명을 살해하는 이른바 '포타와토미 학살사건'(Pottawatomie Massacre)으로 이르게 되었고 이 사건은 주민들 간의 무력갈등으로 확산되어 '유혈의 캔자스' 사태를 빚게 되었다.

1789년 워싱턴 행정부의 출범을 계기로 미국은 독립국가로서 국가적 기틀을 다지며 꾸준한 정치적 발전을 이룩했으며 제퍼슨 행정부 이후 서부 개척을 통한 영토의 확장과 경제적 자립 기반을 다져나갔다. 그러나 1850년대에 노예제도를 둘러싼 갈등으로 미국은 새로운 국면을 맞이하게 되었다. 물론 노예제 존폐를 두고 타협안과 해결책을 만들어내려는 꾸준한 노력이 있었다. 그러나 남부와 북부의 노예제도에 대한 입장은 여전히 요지부동이었고 결국 이러한 갈등은 남부를 연방 탈퇴의 막다른 골목으로 밀어 넣고 있었다. 1860년대에는 어떠한 정당도 국민적 지지를 이끌어낼 만한 대통령 후보를 내지 못하면서 점

18) 미주리 타협은 1820년 프랑스로부터 사들인 이전의 루이지애나 영토에서 북위 36도 30분 선 위 지역에서 노예제를 금지한 법안이며 예외적으로 미주리 경계선은 제외시켰다.

차 남북 간의 갈등으로 깊이 빠져들기 시작했다. 공화당은 일리노이 주 출신의 링컨(Abraham Lincoln)을 대통령 후보로 지명했다. 그는 2년 전 연방 상원의원 선거에서 노예제도를 비난해 주목을 끌었던 무명의 정치인이었다. 민주당은 분열되어 북부 지구당과 남부 지구당에서 각기 다른 후보를 지명했다. 링컨은 선거에서 쉽사리 승리했지만 총 유권자의 40퍼센트도 득표하지 못했다. 링컨이 승리하자마자 남부는 연방 탈퇴를 준비하기 시작했다.

2장

남북전쟁

1.
노예제도와 남북의 분열

남북전쟁은 미국 역사상 가장 많이 피를 흘린 아픈 사건이면서도 전쟁을 치르지 않고는 진정한 의미에서 합중국으로 갈 수 없었던 전환기 시대의 전쟁이었다. 남북전쟁 이전 미국의 북부와 남부는 서로 다른 방향으로 가고 있었다. 그 근본 원인 중 하나는 산업화가 진행되고 있었던 북부지역과 대규모 농장을 중심으로 여전히 농경사회에 머물고 있었던 남부지역의 간극이었다. 특히 남부지역의 경우 농장의 농업체계는 주로 노예에 의존하고 있었다. 이 같은 체제의 핵심은 면화생산에 있었으며 노예의 노동력은 다음과 같은 이유로 농장주들에게는 매우 매력적일 수밖에 없었다. 첫째, 면화 재배는 노동집약적인 농업이었다. 그런데 문제는 노동에 대한 급료를 지불할 경우 생산 단가를 낮출 수 없다는 것이었다. 따라서 급료를 지불할 필요가 없는 노예와 같은 노동력을 필요로 했다.

둘째, 남부 농장주의 경우는 자금 운용과 관련된 문제로 인해 만성적인 고통을 겪고 있었다. 왜냐하면 면화 생산은 면화를 판매하는 경우 한꺼번에 목돈을 마련할 수 있었기 때문에 면화 생산만으로는 일

정한 수입의 보장이 되지 못했다. 반면 북부지역에서는 노예 노동이 그다지 매력적이지 않았다. 즉, 노예들은 급료를 지급받지 않았기 때문에 주인의 눈에 벗어나지 않을 정도에서 노동을 제공했다. 따라서 이들에게는 동기부여도 되지 않았을 뿐더러 효율성을 기대하기는 어려웠다. 이는 기업의 성공 여부가 효율적인 생산으로 측정될 수밖에 없는 산업화된 환경에서는 수용할 수 없는 현상이었다.

노예제도의 폐지를 주장하는 사람들의 목소리는 높았지만 그 수는 많지 않았으며 이들의 정치적 영향력도 그리 크지 않았다. 따라서 노예제도는 사악한 것이었음에도 불구하고 단지 불행한 제도 정도로 인식될 뿐이었다. 정치적으로 보면 링컨은 노예제도의 폐지를 주장한 인물은 아니었다. 그러나 대통령이 되는 과정에서 그는 보다 급진적 성격의 노예제도 폐지론자의 도움을 받은 바 있었다. 결국 링컨 자신도 개인적으로는 노예제도가 불쾌한 형태의 제도이지만 헌법으로 보호받고 있는 사안이라고 생각했다.

북부와 남부는 노예제도뿐만 아니라 또 다른 분야에서도 서로의 문화를 만들어 가고 있었다. 소수의 농장주를 제외하고 여전히 가난한 백인이 남부의 대다수를 차지하고 있었지만 남부의 농장주는 정치, 경제 그리고 사회적 측면에서 지역을 주도하던 엘리트였다. 따라서 농장주들은 자신들이 누리는 혜택을 유지하고자 하는 보수적인 성향을 띠게 되었다. 반면 북부는 유럽의 이민자들이 점차 증가하면서 산업사회로 가는 길목에 있었다. 산업화는 도시근로자, 상인 그리고 기업가를 출현시켰으며 이러한 현상은 남부와는 매우 대조적인 모습이었다.

남부 11개 주의 탈퇴 문제가 제기될 당시 남부에서는 중앙정부

〈남부의 노예, 출처: en.wikipedia.org〉

가 지나친 권력을 보유해서는 안 되며 따라서 주요 정치적 권한은 각 주에 넘겨주어야 한다는 정서가 팽배했다. 반면 북부의 경우 근대 산업사회의 과정 속에서 자신들의 기업을 보호하고 지속적인 경제 성장을 위해 높은 수준의 관세를 주장하는 등 국가의 전반적인 정책을 조정할 능력을 보유한 강력한 형태의 중앙정부를 선호했다. 결국 병행적으로 발전해가던 두 개의 문화는 어느 측이든 양보하지 않으면 안 되는 충돌 직전의 상황에 이르게 되었다.

한편 공화당은 대부분의 경제문제에 대해 적어도 표면적으로는 한 목소리를 냈지만 노예제 문제만큼은 의견이 대립되었다. 펜실베이니아 출신의 하원의원 스티븐스(Thaddeus Stevens)와 오하이오 출신의 웨이드(Benjamin Wade) 등이 주도했던 급진파는 노예제의 즉각적이고 완전한 폐지를 주장했다. 하지만 보수파는 그나마 연방에 남은 일부 노예

주를 달래기 위해 좀 더 신중한 정책을 펼쳐 나가고자 했다. 논란 끝에 의회는 1861년 '반란'을 목적으로 동원된 모든 노예를 자유인으로 간주할 수 있다는 '압류법'(Confiscation Act)[1]을 통과시켰다.

1) 1861년 제1차 불런(Bull Run) 전투 이후 북부는 이 전투에 남부가 많은 노예를 동원했다는 사실을 알게 되었다. 북부는 그대로 두게 되면 전쟁에도 영향을 미칠 것을 우려, 남부군에 가담한 노예는 연방의 재산이기 때문에 압류가 가능하다는 해석을 내렸다. 이는 노예가 더 이상 전쟁에 동원되지 않도록 하기 위한 북부의 의도가 반영된 결과였다. 링컨은 다음해인 1862년 이 법안에 서명했다.

2.
링컨의 등장과 남부의 연방 탈퇴

1809년 켄터키 주 변경에서 빈농의 아들로 태어난 링컨은 7살 때 인디애나 주로 이사했다. 당시 그의 하루 일과는 마당을 쓸고 잡초를 뽑으며 곡식을 거두어들이는 것이 전부였다. 청년 시절 그는 매우

〈1862년 전투현장의 링컨 대통령과 맥클렐런 장군, 출처: en.wikipedia.org〉

말랐으나 힘이 세고 유머 감각도 뛰어나 사교적인 인물로 유명했다. 1832년에는 주 의회 의원에 출마했으나 패배의 쓰라림을 경험했다. 그 뒤 링컨은 이웃사람과 가게를 경영했으나 1년 만에 빚에 허덕이기도 했다.

1834년 링컨은 다시 일리노이 주 의회 의원으로 출마하여 당선된 후 네 번이나 의원직을 역임했고 1842년 결혼했다. 의회에서 그는 개인적으로 상당한 인기를 얻었으나 정치적 영향력은 그다지 크지 못했다. 포크 대통령 시절에 그는 미국이 멕시코와 불필요한 전쟁을 시작했다고 생각하여 반전론을 폈으나 대중의 지지를 얻지 못해 1848년 선거에서 패배했다. 이후 수년 동안 그는 변호사 일에만 몰두했다. 1854년 '캔자스-네브래스카 법' 파동이 일 무렵 정계로 다시 들어와 2년 후인 1856년 공화당 창당에 기여했다. 링컨은 그의 소신 있는 행동과 착실한 정계활동으로 1860년 공화당 전당대회에서 마침내 대통령 후보로 지명되었고 햄린(Hannibal Hamlin)이 부통령으로 지명되었다. 당시 가장 큰 정치적 문제로 대두된 노예문제에 대한 링컨의 견해는 가능한 한 빠른 시기에 폐지되어야 한다는 것이었지만 비교적 온건한 입장을 유지했다. 따라서 향후 새로이 만들어지는 주에 대해서는 노예제도를 허용하지 않고 이미 노예제도를 수용하고 있는 주는 당분간 그 상태로 두자는 것이었다. 이러한 배경에는 노예제도의 채택 여부가 헌법의 해석에 있어 연방정부가 정할 수 없었기 때문이었다.

1860년 선거에서 민주당은 남과 북으로 분열되었다. 남부는 노예제도의 유지를 주장한 데 반해 북부는 주민의 의사에 따르기로 했다. 결과적으로 북부 민주당과 남부 민주당은 각기 다른 후보를 내세웠다. 선거 결과 링컨이 당선되었다. 하지만 대통령에 취임하는 것은 이듬해 3월 4일이 되어야 했다. 따라서 링컨이 대통령에 당선되기는 했으나 여전히 민주당의 뷰캐넌(James Buchanan)이 대통령직에 있었다. 그런데 노예제도 문제에서 비롯된 남과 북 사이의 긴장이 절정에 이른 시점에서 현직 대통령 뷰캐넌은 아무런 대책을 강구하지 못했고 링컨에게는 아직 대통령으로서의 권한이 없었기 때문에 어떠한 조치도 취할 수 없었다.

이러한 와중에 1860년 12월 뷰캐넌 대통령은 연방 의회에서 "어떤 주도 연방에서 탈퇴할 권리가 없지만, 설사 탈퇴한다 하더라도 연방정부가 이를 막을 권한은 없다"는 취지의 연설을 했고 결과적으로 1860년 12월 20일 오랫동안 남부 분리주의의 온상이었던 사우스캐롤라이나 주가 최초로 연방을 탈퇴했다.

링컨이 취임할 무렵에는 미시시피 주, 플로리다 주, 앨라배마 주, 조지아 주, 루이지애나 주 그리고 텍사스 주가 연방을 이탈했다. 이어 1861년 2월에는 연방을 탈퇴한 7개 주 대표자들이 앨라배마 주의 몽고메리(Montgomery)에 모여 새로운 국가, 즉 '남부연합'(CSA, Confederate States of America)을 결성했다. 1861년 3월 4일 링컨은 미국의 16대 대통령으로 취임했다. 그는 취임 연설에서 '연방'이 '헌법'보다 역사가 깊은 이유를 설명하고 탈퇴한 주의 영원한 분리는 불가능함을 강조하면서 남부연합 측에 타협을 호소했다. 링컨 취임 이후 당면한 문제는 섬터(Sumter) 요새였다. 당시 남부에 위치한 연방의 재산이나 요새는 모두 남부연합에 몰수되었고 사우스캐롤라이나 주 찰스턴(Charleston) 항구의 한 섬에 자리한 섬터 요새와 플로리다 주 펜서콜라(Pensacola) 항구에 있는 피큰스(Pickens) 요새만이 연방의 손에 남아 있었다. 이 중 가장 중요한 요새는 앤더슨(Robert Anderson) 소령이 소규모 병력으로 지키고 있

〈섬터 요새, 출처: en.wikipedia.org〉

던 섬터 요새였다. 링컨은 연방 탈퇴를 위해 병력이나 폭력을 사용하는 것은 곧 반란이며 정부는 탈퇴한 주에 있는 연방 정부 재산 즉, 섬터 요새를 '보유하고, 점유하고, 소유할 것'임을 분명히 했다.

섬터 요새의 연방 병력은 보급품이 얼마 남지 않은 상황이었다. 이때 국무장관을 비롯한 각료들은 섬터 요새를 포기하는 것이 불가피하다는 의견을 제시했다. 그러나 만약 섬터 요새를 포기한다면 그것은 곧 남부연합의 분리를 승인하는 것이며, 아울러 연방정부의 위신도 크게 떨어질 것이 분명했다. 그렇다고 해서 섬터 요새에 지원 병력을 파견할 경우, 남북 간의 무력충돌을 피할 수 없을 뿐 아니라 북부가 남부를 먼저 공격했다는 비난도 받게 될 수 있었기 때문에 링컨 대통령도 쉽사리 결단을 내릴 수 없었다.

오랜 생각 끝에 링컨은 '한 지점에서의 후퇴는 결과적으로 모든 지점에서의 후퇴를 가져오게 될 것'이라는 결론에 이르자 4월 6일 보급품을 공급하기 위한 지원 병력의 이동을 승인했다. 동시에 링컨은 '보급품만을 실은 배를 섬터 요새로 보낼 것이니 남부연합이 이를 방해하지 않는다면 병력이나 군수품은 보내지 않을 것'이라는 뜻을 사우스캐롤라이나 주에 통보했다. 링컨은 만약 지원 병력이 충돌 없이 섬에 도착한다면 문제가 없겠지만, 설사 남부연합이 이를 차단하여 무력 충돌이 발생한다면 남부연합이 먼저 공격했다는 명분을 만들 수 있다고 생각했으나 여전히 전쟁과 평화의 양자택일 앞에 놓인 것은 분명해 보였다.

한편 연방정부와의 충돌을 가능한 한 피하려고 노력해 왔던 남부연합의 데이비스(Jefferson Davis) 행정부는 링컨의 통보를 받은 이후 신중한 협의에 들어갔다. 그러나 전반적인 의견은 강경론으로 기울었고 결국 4월 10일 찰스턴에 주둔하고 있던 남부연합 사령관 보러가드(P. G. T. Beauregard) 장군에게 요새를 장악하라는 명령을 내렸다. 보러가드 장군은 앤더슨에게 요새를 인계할 것을 요구했으나 앤더슨 소령이 이를 거절했고 이윽고 남부연합군은 1861년 4월 12일과 13일 양일간 요새에 포격을 가한 이후 섬을 완전히 장악했다. 남부연합의 공격에 이어 즉각적으로 버지니아 주, 아칸소 주, 테네시 주, 노스캐롤라이나 주가 추가적으로 연방을 탈퇴하여 남부연합에 합류함으로써 남부연합은 11개 주가 되었다. 남아 있던 4개의 노예제 찬성 주 — 메릴랜드, 델라웨어, 켄터키, 미주리[2] — 는 워싱턴으로부터 상당한 압력을 받고 연방에 남았다.

2) 켄터키 주와 미주리 주는 내부적으로는 연방 탈퇴에 대해 여전히 찬반 논쟁이 진행되고 있었다.

3.
유럽과 미국

전쟁 초기 영국과 프랑스의 지배층은 대체로 남부연합에 동정적이었다. 이는 부분적으로 두 나라 모두 남부에서 상당한 양의 면화를 수입했기 때문이기도 했지만 동시에 세계무역에서 점차 강력한 경쟁자로 부상하고 있던 미국이 약화되기를 원했기 때문이었다. 그러나 프랑스는 영국이 먼저 입장을 취하지 않는 한, 전쟁에서 어느 한 편을 택하려 들지 않았다. 영국 정부 또한 국민의 다수가 북부를 지지했기 때문에 행동하는 데 주저했다. 영국의 북부 지지 여론은 특히 자국 내의 거대하고 영향력 있는 노예제 반대 운동에서 비롯되었다.남부연합의 지도자들은 남부의 면화 수입이 영국과 프랑스 방직산업에 결정적이 될 것이라고 주장하며 영국의 노예제 반대 세력의 영향력 약화를 시도했다. 하지만 영국의 제조업자들은 1861년 당시 생면이나 완제품 모두 잉여분을 확보하고 있어서 미국 면화의 일시적인 수입 중단에서 버텨낼 수 있는 능력이 있었다. 후에 면화 공급량이 줄어들기 시작했을 때에도 영국과 프랑스는 이집트와 인도 등지에서 면화를 수입했고 적어도 일부 공장은 계속 가동할 수 있었다.

영국에서는 면화 수입 문제와 더불어 공장의 폐쇄로 직업을 잃게 된 50여만 명의 영국인 방직공들이 계속해서 북부를 지지했다. 결국 유럽의 국가들은 남부연합을 외교적으로 인정하지 않으면서 전쟁에도 개입하지 않으려 했다. 남부연합이 전쟁에서 승리할 가능성이 매우 높지 않는 한, 어느 나라도 미국과 적대하려 하지 않았으므로 잠재적 동맹국들로부터 남부연합이 지지를 끌어내는 것은 쉽지 않았다.

미국과 영국 간에는 상당한 긴장감이 감돌았다. 영국은 남북전쟁이 시작되자 중립을 선언했고 이어 프랑스와 다른 나라들도 같은 입장을 취했다. 중립선언은 갈등 중인 양 진영이 동등한 지위를 가진다는 의미였기 때문에 북부는 이러한 입장에 분노했다. 이에 북부는 연방 탈퇴는 단순한 국내적 반란일 뿐, 합법적인 두 정부 간의 전쟁[3)]이 아니라고 주장했다.

---

3) 이러한 주장으로 인해 남부연합(CSA, Confederates States of America) 정부가 들어섰음에도 불구하고 남북전쟁은 공식적으로 내란(Civil War)이라는 용어를 사용하고 있다. 내란은 동일한 국가 내에서 정치적 당파나 지역 사이의 전쟁을 의미한다(a war between political factions or regions within the same country).

4.
남북의 전쟁 전략

북부의 정치적 목표가 미합중국을 복원하고 노예를 해방시키는 것이었다면, 남부가 추구한 목표는 이와 정반대의 것이었다. 즉, 가용한 모든 수단을 동원해 독립을 유지하고 노예가 해방되는 현상을 방지하는 것이었다. 남부가 자신의 영토를 통제할 수 있고 정부의 기능을 유지할 수 있으며 이를 지지하는 국민이 있는 한 북부는 자신이 추구하고자 하는 정치적 목표를 달성할 수 없었다.

그러나 북부에서 링컨의 목표는 국민들 사이에서 지지가 미약했다. 왜냐하면 노예 해방은 북부인들에게 크게 매력적이지 못했고 노예제도 폐지를 주장하는 사람들을 제외하면 흑인들이 본질적으로 열등하다고 생각했으며 이러한 제도의 폐지를 위해 목숨을 걸고 투쟁할 가치가 있는 것으로 생각하지 않았기 때문이었다. 다만 노예 해방을 정치적 목표로 설정함으로써 국민의 지지를 지속적으로 유지할 수 있는 도덕적 구속력을 다소나마 가지게 되었으며, 인간을 노예로 부리는 개념에 유럽의 어느 국가도 정치적으로 동조할 수 있는 입장이 아니었기 때문에 프랑스와 영국 등이 남부를 지원할 가능성은 감소했다.

한편 북부와는 달리 남부가 추구한 정치적 목표는 북부의 침략 행위로부터 남부를 방어하는 것이었고 그들의 의지대로 정치적 독립과 노예제도를 유지하는 것이었기 때문에 전쟁이 종료될 당시까지도 남부인들로부터 지지를 받았다. 북부가 정치적 목표를 달성하기 위해서는 우선 남부의 군사력을 격멸하고 반란군 정부가 해체되도록 하는 것이었다. 그러나 만약 전쟁이 장기화된다면 전쟁으로 인한 파괴와 대규모 사상자의 발생으로 인하여 국민의 지지가 이탈할 가능성이 있었기 때문에 링컨의 입장에서는 조기에 전쟁을 종결하기 위한 적극적인 공세전략이 요구되었다. 그런데 문제는 당시 북부의 상황이 신속하게 결정적인 목표를 달성할 수 있는 여건이 되지 않았다는 점이었다. 즉, 정규군은 매우 소규모로 변방의 인디언들과 대적할 목적으로 무장되어 있었고 더욱이 육군에서 가장 유능한 장교들 중 대다수가 북부 대신 자신이 속한 남부 주를 지원할 목적으로 전역했다.

이러한 상황에 대처하기 위해 멕시코 전쟁의 영웅이자 당시 총사령관 스콧(Winfield Scot) 장군은 남부의 취약점을 공략하는데 주안을 두고자 하였다. 그는 남부의 경제를 붕괴시키기 위해 남부 해안선을 봉쇄하고 미시시피 강을 점령한다는 계획을 구상했다. 만약 봉쇄가 성공적으로 실시된다면 남부의 산업생산 능력은 크게 제한받게 될 것이 분명해 보였다. 스콧 장군은 봉쇄가 이루어지는 동안 군사력을 점차 증강시킬 수 있는 시간을 확보할 수 있을 뿐만 아니라 최신의 무기와 장비를 공급할 수 있을 것으로 판단했다. 스콧 장군의 계획이 성공하기 위해서는 비교적 시간을 필요로 했던 반면 링컨은 단시간 내에 신속한 승리를 요망했다. 즉, 링컨은 북부의 우세한 자원을 최대한 활용, 남부를 다수의 방향에서 공세적으로 동시에 압박하고자 했다. 이러한

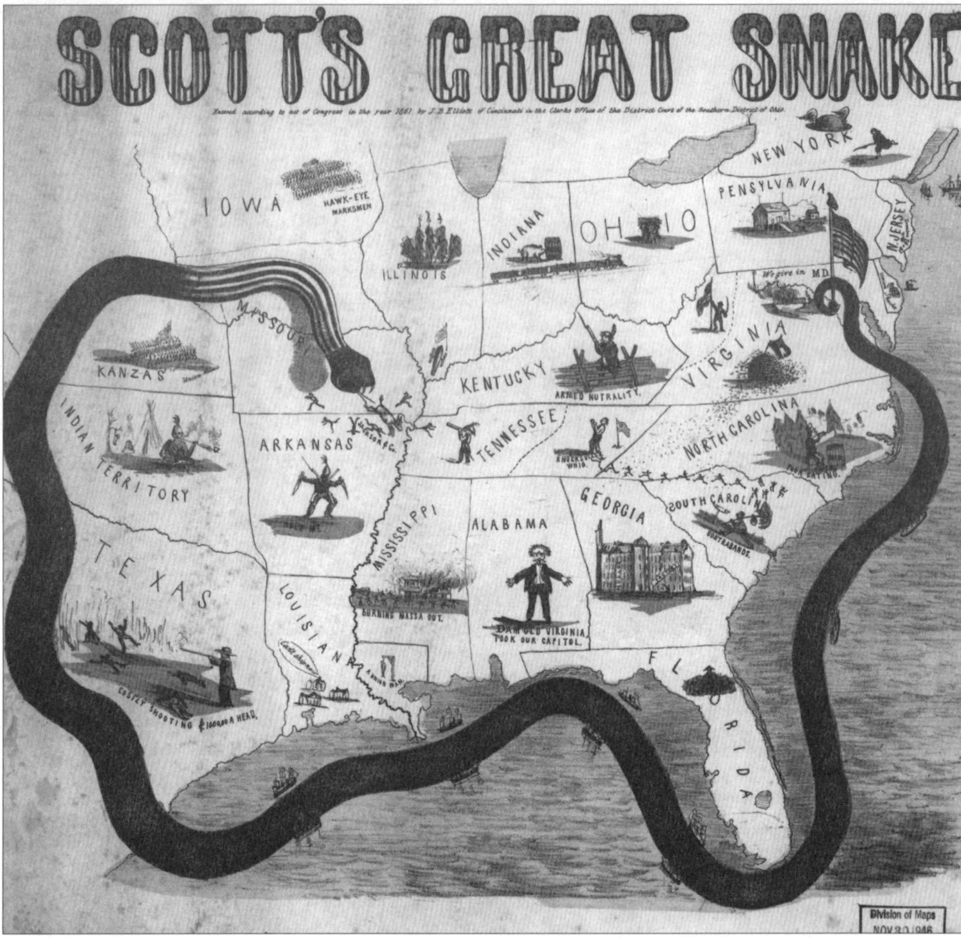

〈스콧 장군의 아나콘다(Anaconda) 전략, 출처: en.wikipedia.org〉

링컨과 스콧 장군의 전략 구상에서의 차이는 전략적 개념보다는 시간에 있었다. 스콧 장군은 링컨의 전략을 실현하기 위해서는 전투력이 대폭 증강되어야만 하기 때문에 좀 더 많은 시간이 필요하다고 생각했다. 결국 스콧 장군의 전략은 링컨의 요구에 부합하도록 시간적 측면에서 압축되었다.

최종적으로 정리된 북부의 전략은 2개의 상이한 전선에서 2개의 독립된 전투를 수행하는 것이었다. 즉, 애팔래치아(Appalachia) 산맥의

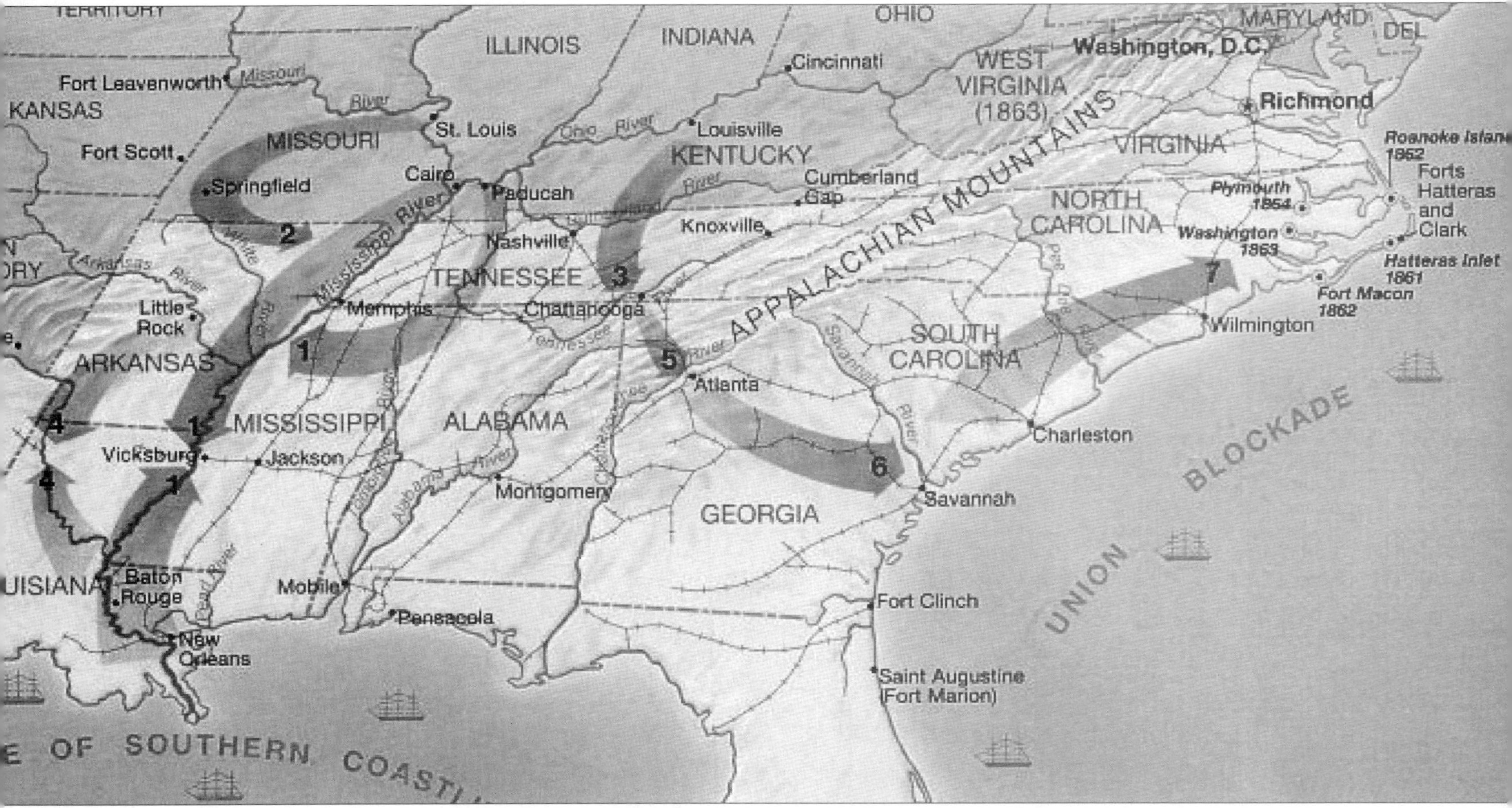

〈수정된 링컨의 전략, 출처: en.wikipedia.org〉

서쪽에서 미시시피 강 일대 전체를 점령하여 남부를 북에서 남으로 양분하고 이후 방향을 돌려 동쪽의 철도 중심지인 조지아 주의 채터누가(Chattanooga)와 애틀랜타(Atlanta)로 공격하는 전략이었다.

위와 같은 북부의 전략을 수행함에 있어 제한사항은 당시 남부의 수도였던 버지니아 주 리치먼드(Richmond)였다. 리치먼드는 워싱턴으로부터 남으로 160킬로미터 남짓 거리에 위치하여 남부가 워싱턴을 목표로 공격을 한다면 심각한 위협이 될 수 있었다. 이러한 우려로 인하여 링컨은 적정규모의 전투력이 워싱턴 일대에서 방어를 수행해야 한다고 주장했다. 이와 동일한 맥락에서 북군도 리치먼드를 공격할 계획을 수립했다. 북부는 조기에 리치먼드를 함락시킨다면 링컨이 바라던 대로 전쟁을 조기에 종결할 수 있을 것으로 판단했다.

한편 남북전쟁 직전 대부분의 산업시설은 북부에 위치하고 있었고 전체적인 인구비율 또한 5 대 2 정도의 수준에서 북부에 비해 남부가 열세했다. 남부가 직면했던 문제 중에서 소수의 전투력으로 방대한 지역을 방어하기 위해서는 영국과 프랑스 등 동맹국을 확보해야만 했다. 그러나 이 국가들이 전쟁에 개입할 명분도 마땅치 않았고 남부가 전쟁에서 패배할 가능성이 농후한 상황에서 쉽사리 지원할 가능성도 희박했다. 따라서 남부는 최소한 자체적으로 방어하면서 제한적인 공격을 통한 군사적 능력을 보여주어야만 했다.

이에 따라 데이비스 대통령과 그의 군사 조언자인 북 버지니아 군 사령관 리(Robert E. Lee) 장군은 전략적으로는 수세이면서도 필요시 공세를 취하는 전략을 추구하고자 했다. 특히 북부지역에 대한 제한된 공격을 통해 남부에 우호적인 외국 정부의 지원을 이끌어내고자 했다. 이와 더불어 남부는 북부에 대한 결정적 승리를 추구하기보다는 패배를 회피하면서 지속적인 소모 전략을 추구하고자 했다. 만약 그러한 전략이 성공하게 된다면 북부의 사상자가 증가하고 국토는 폐허화될 것이며 결국 북부인들의 인내심과 전쟁 혐오심을 자극할 수 있을 것으로 판단했다.

5.
군사력의 동원

링컨은 비록 주 민병대에서 복무한 경험밖에 없었음에도 불구하고 전쟁의 목표를 남부의 영토 장악이 아닌 군사력 격멸에 두었다. 1861년 전쟁이 시작된 이래 링컨은 전쟁을 지휘할 지휘관을 찾는 데 노력을 기울였다. 전쟁 초기에는 멕시코 전쟁의 영웅 스콧(Winfield Scot) 장군이 총사령관으로 임무를 수행했다. 하지만 스콧 장군은 당시 78세에 접어든 나이에 지병으로 인해 전쟁을 수행할 만한 기력이 부족하였다. 게다가 결정적이었던 것은 그가 추구하고자 하는 남부의 해상 봉쇄전략이 비교적 단기간에 지상 작전을 중시하는 링컨의 견해가 달랐다는 것이었다. 이에 따라 스콧 장군은 링컨이 요구하는 바대로 전략을 수정하고 스스로 자리에서 물러나 퇴역했다. 그러자 링컨은 북군의 동부지역 지휘관인 포토맥(Potomac) 군의 맥클렐런(George B. McClellan) 장군을 총사령관에 임명했다. 하지만 맥클렐런 장군은 자존심이 강하고 거만한 데다 전략에 대한 전반적인 이해가 부족하였고 결국 1862년 다시 야전으로 복귀했다. 이에 따라 그해 대부분의 기간 동안 링컨은 총사령관을 공석으로 남겨 두어야만 했다.

〈링컨과 맥클렐런 장군, 출처: en.wikipedia.org〉

링컨은 후에 헨리 핼럭(Henry Halleck) 장군을 총사령관 자리에 임명했으나 그 역시 링컨의 의도를 실현시키기 위한 전략적 식견이 여전히 부족했다. 결국 그랜트(Ulysses S. Grant) 장군이 1864년 3월이 되어서야 총사령관으로 임명되었다.

최고사령관으로 임명된 그랜트는 남부 영토 점령보다 군사력 격멸이 군사작전의 궁극적 목표이며 끈기를 가지고 공세적으로 전투에 임해야 한다는 원칙을 유지했다는 점에서 링컨과 신념이 같았다. 한편 연방 의회 전쟁집행위원회(Committee on the Conduct of War)가 오하이오 주 출신의 상원의원 웨이드(Benjamin Wade)를 위원장으로 1861년 12월에 발족되어 링컨의 전쟁 전략을 지속적으로 점검했다.

〈그랜트 장군과 그의 가족, 출처: en.wikipedia.org 〉

반면 남부의 지휘체계는 육군사관학교 출신인 데이비스 대통령을 중심으로 구성되었고 1862년 초 리(Robert E. Lee) 장군을 자신의 최고 군사고문으로 임명했다. 그러나 사실 데이비스는 누구에게도 지휘권을 위임할 의도가 없었다. 수개월 후 리 장군이 야전에서 군대를 지휘하기 위해 리치먼드(Richmond)를 떠난 뒤로 2년간 데이비스가 혼자서 전략을 수립했다. 1864년 2월, 데이비스는 브래그(Braxton Bragg) 장군을 군사고문으로 임명했지만 브래그 장군은 기술적인 자문 이상은 제공하지 않았다.

〈리 장군(좌)과 브래그 장군(우), 출처: en.wikipedia.org〉

전쟁터의 지휘관은 북부나 남부 모두 유사한 배경을 가진 장교들이 전투를 수행했다. 양 진영의 장교들은 다수가 육군사관학교와 해군사관학교를 졸업했다. 또한 대부분의 야전 지휘관들은 지역의 경제적 · 사회적 지도자들이었으며 스스로 지휘할 병사를 모집했다. 이들 중에는 유능한 지휘관도 있었지만 그렇지 못한 지휘관도 있었다.

1861년 초 미국의 정규군 병력은 1만 6,000여 명에 불과했고 다수의 병력이 인디언으로부터 백인 정착자를 보호하기 위해 서부지역에 주둔했다. 따라서 북부도 남부와 같이 군대를 거의 새롭게 조직해야만 했다. 링컨은 상비군을 2만 3,000명으로 증강할 것을 요구했지만 그 역시 대부분의 전투를 주 민병대가 수행해야 한다는 사실을 알고 있었다. 1861년 7월 소집된 의회가 3년 동안 복무할 50만 명의 지원병 모집을 승인했다. 그러나 이 지원병 모집체계로는 전쟁 초기에 필요한 병력만을 충당할 수 있었을 뿐이었다. 따라서 1863년 3월 의회는 '국민 징집법'(National Draft Law)을 통과시킬 수밖에 없었다. 사실상 젊은 성인 남성 모두가 징집대상이 되었다. 하지만 본인 대신 군대에 갈 사람을 고용하거나 300달러를 정부에 지불하면 병역을 면제받을 수 있었다. 당시 미국인들에게 징집은 낯설었기 때문에 이러한 법에 반대하는 여론이 광범위하게 형성되었고 특히 노동자와 이민자 및 전쟁 자체를 거부하는 민주당원의 반대가 심했다. 이로 말미암아 종종 폭력사태가 발생했다. 1863년 7월에는 징집 반대 시위대가 뉴욕에서 4일간 폭동을 일으켜 100여 명 이상이 사망하는 사건이 발생했다. 이들은 흑인들에게 폭행을 가하고 흑인들의 집과 상점, 그리고 고아원까지 불태웠다. 결국 연방군이 동원되어 폭동을 진압했다.

남부연합의 헌법은 기존의 연방 헌법과 크게 다르지 않았지만 중요한 예외는 있었다. 남부연합 헌법은 개별 주의 주권을 명백하게 인정했고 노예제도를 승인했으며 어느 주에서도 그러한 제도의 폐지가 실질적으로 불가능하도록 했다. 남부연합의 수도인 몽고메리에서 개최된 제헌회의는 미시시피 주의 데이비스(Jefferson Davis)와 조지아 주의 스티븐스(Alexander H. Stephens)를 임시 대통령 및 부통령으로 지명했고 투표를 통해 6년 임기로 선출했다. 전쟁 이전 데이비스는 온건한 연방탈퇴주의자였고 스티븐스는 연방 탈퇴에 반대했다. 남부 연합도 북부 연방정부와 같이 전쟁 기간 내내 중도파 인사들이 정부를 맡았다.

남부연합에는 공식적인 정당은 없었으나 그럼에도 불구하고 의회정치는 물론 대중 정치도 분열되어 있었다. 비록 일부였지만 남부 백인 중에서도 연방 탈퇴나 전쟁을 반대하는 사람들이 있었다. 한편 대다수의 남부인들은 주의 권리를 거의 신앙처럼 믿었다. 따라서 전쟁의 승리를 위해 필요하다고 할지라도 국가 권력을 행사하려는 모든 노력에 사실상 저항했다. 열성적인 주 주권주의자들은 계엄령을 선포하고 '인신보호 영장제'를 중단할 수 있는 대통령의 권한을 거부했다. 남부연합도 처음에는 북부연방군과 같이 지원병제를 실시해 병력을 보충하려 했다. 그러나 1861년 말부터 지원입대가 점차 줄어들자 1862년 4월 '징병법'(Conscription Law)을 제정했다. 이에 따라 18세부터 35세에 해당하는 모든 백인 남성은 의무적으로 3년 동안 군에 복무해야 했는데 군복무를 대신할 인원을 구한다면 의무를 피할 수 있었다. 그러나 징병 대리인의 비용이 비싸 가난한 백인들이 이러한 단서 조항을 반대했고 의회는 1863년 단서 조항을 철회했다. 1862년 말 남부연합군의 병력은 약 50만 명이었다. 이 중에서 노예와 자유 흑인 일부도 남부 연합군에 입대했으나 전투에 참가한 인원은 소수에 불과했다. 1862년 말부터 징집병 수가 현저하게 줄어들었고 남부는 심각한 전투력의 부족에 시달리게 되었다.

북부는 해군력에서도 압도적인 우위에 있었다. 북부의 해군은 남부 해안을 봉쇄하는 임무와 육군을 지원하는 임무 등 전쟁에서 두 가지 중요한 임무를 부여받았다. 전쟁 초기부터 이미 북부연방군은 남부에 대한 봉쇄를 시작해 대양을 오가는 선박들이 남부 항구로 들어오는 것을 차단했다. 서부지역은 거대한 선박 운항이 가능한 큰 강을 끼고 있었기 때문에 북부로서는 이곳이 특히 중요했다. 북부 해군은 군수품과 군대를 수송했고 남부의 군사 요충지 공격에도 합류했다. 남부는 제대로 된 해군력을 갖추지 못했기 때문에 북부 해군의 공격을 효과적으로 막아낼 수 없었다.

6.
지휘체계와 편성

남북전쟁이 시작되던 해인 1861년 북부연방군의 병력은 1만 6,000여 명에 불과했다. 링컨은 전쟁을 치르기 위해 3개월 동안 7만 5,000여 명의 징집을 명령했다. 북부연방군은 징집된 인원 이외에도 자발적으로 군대에 입대한 북부의 인원과 독일과 프랑스로부터 미국으로 이주한 이민자들 중 일정한 수입과 식사가 보장되는 군대로 입대하는 인원으로 구성되었다. 하지만 전쟁이 지속됨에 따라 지원자가 줄면서 강제 징집을 확대해야 했다. 그 결과 전쟁 막바지인 1865년까지 250만여 명의 장병이 입대했고 그중 대다수는 지원자들이었다. 당시 육군사관학교를 졸업한 장교는 출신 주와 자신의 신념에 따라 북군에는 642명, 남군에는 283명으로 나뉘었다. 리 장군의 경우, 남부의 연방 탈퇴를 반대했고 북군의 버지니아 군 사령관직을 제의받았지만 자신의 출신 주인 버지니아에 총을 겨눌 수 없다며 제의를 거절했다. 후에 리 장군은 남부연합군 총사령관에 임명되었다.

북부연방군의 군사조직은 기본적으로 주를 중심으로 한 지리적 영역을 기준으로 위로부터 군사구역(Military Division), 지역(Department),

분구(District)[4], 그리고 군(Army)으로 편성되었고 통상적으로 주 또는 주요 도시나 강의 이름을 붙였다. 예를 들면 미시시피 군사구역, 테네시 지역, 동테네시 분구, 테네시 군(Army of the Tennessee) 등으로 명명되었다. 각 군은 지역이나 분구 내에서 작전을 실시했고 경우에 따라서는 이를 벗어나 작전을 실시하는 경우도 있었다. 북군은 10개의 군이 남북전쟁 기간 동안 전쟁을 수행했고 그중 대표적인 군은 동부지역 전투에서 주로 작전을 수행한 포토맥 군(Army of the Potomac, 지휘관 맥클렐런), 서부지역에는 테네시 군(Army of the Tennessee, 지휘관 그랜트) 버지니아 북부지역의 버지니아 군(Army of Virginia, 지휘관 포프) 등이 있었다.

군의 예하 제대는 군단(Corps)으로, 1군단으로부터 25군단까지 25개 군단과 1개의 기병(Cavalry) 군단이 있었다. 군단은 현재와 유사한 사단(Division), 여단(Brigade)이 편제되었고 여단은 다시 연대(Regiment)나 대대로 편성되었다. 예를 들면 1군단 예하에는 1사단 등 3개 사단이 편제되었고 1사단은 1여단으로부터 4여단까지 4개 여단으로, 1여단은 5개 연대 및 대대급 부대가 있었다. 연대와 대대의 명칭은 제5 뉴햄프셔(5th New Hampshire) 부대, 제6 뉴욕(6th New York) 부대와 같이 지역의 이름을 붙였다.

남북전쟁 이전에는 연방 정규군(Regular Army)으로 '미 육군'(United States Army)이란 명칭을 사용했지만, 양측으로 갈라지면서 북군은 'Union Army', 남군은 'Confederate Army'로 부르기 시작했다. 전쟁 이후에는 다시 미 육군이라는 명칭을 사용했으며 오늘날까지 이어지고 있다. 북군의 총사령관(General-in-Chief)으로는 스콧 장군이 1861

4) 이는 과거 우리나라의 군에 편제되었다가 오래전 폐지된 '관구(관할구역)사령부'와 유사한 개념이라고 볼 수 있다.

〈지원병 모집공고(좌)와 93 뉴욕연대의 부사관(우), 출처: en.wikipedia.org〉

년, 이어 맥클렐런 장군이 1861년부터 1862년까지, 핼럭 장군이 1862년부터 1864년까지 임무를 수행했고 전쟁이 끝날 무렵인 1864년부터 1869년까지 그랜트 장군이 직책을 맡았다.

남부가 연방으로 분리된 이후, 1862년 2월 28일 남부연합 정부의 임시연합의회(Provisional Confederate Congress)는 '임시 지원군'(Provisional Volunteer Army)을 설치하고 각 주의 병력을 효과적으로 통제하기 위해 데이비스 대통령에게 모든 군사작전에 관한 권한을 위임했다. 데이비스는 육군사관학교를 졸업했으며 멕시코 전쟁 당시에는 대령으로 지원군 연대를 지휘했다. 남부연합군의 병력현황은 1865년 리치먼드에 위치한 역사자료실이 파괴되어 자료가 완전하지 않고 일부 손실되어 정확한 규모는 알 수 없으나, 대략 75만 명에서 100만 명 규모로 추산되었다. 북부연방군과 유사하게 남부연합군의 경우도 우선 군(Army)은 보통 2개에서 4개의 군단[5]으로 편성되었고, 군단은 역시 2개에서 4개의 사단으로, 사단은 2개에서 4개의 여단으로 편성되었다. 여단은 4개 이상의 연대로 편성되었지만 이후 병력이 줄기 시작하면서 연대는 여단으로 개편되었다. 연대는 100명의 병력으로 구성된 10개 중대(Company)로 편성되었기 때문에 대략 1,000여 명 정도의 규모였다. 연대는 전투와 보급의 기본 부대였으며 부대의 명칭은 북군과 유사하게 제1 텍사스(Texas) 부대, 제12 버지니아 부대와 같이 숫자와 지역으로 붙여졌다. 남부연합군의 대표적인 부대는 리 장군이 이끌었던 북버지니아 군, 미시시피 군 등 17개 군이 편성되었다.북부연방군과는 달리 남부연합군의 총사령관은 전쟁이 거의 끝나갈 무렵에야 임명되었고 데이비스 대통령이 직접 총사령관으로서 육군과 해군을 지휘했다.

이로 인해 중앙집권적인 통제는 사실상 느슨하게 실시되었고 남부연합군의 취약점이 되기도 했다. 다만 리 장군은 1861년 3월부터 1862년 5월까지 군사작전과 군수지원에 관해 데이비스 대통령을 보좌했으며 6월에는 남부연합군의 가장 중요한 부대였던 북버지니아 군 사령관으로 임명되었다. 1864년부터 1년 동안은 브래그 장군이 남부연합군의 전체적인 군사작전을 책임졌고 1865년 1월에 가서야 리 장군이 공식적으로 총사령관에 임명되었다.

리 장군을 비롯한 대다수의 남부연합군 고위 장교들은 연방 탈퇴에 반대하거나 그렇지 않더라도 심정적으로 동조하지 않았다. 그러나 남부가 연방으로부터 탈퇴하자 이들은 자신들의 출신 주를 지켜야

5) 남부연합의 군단은 최초부터 편성되지는 않았고 전쟁이 진행됨에 따라 군사력의 규모가 확대되어 리 장군이 작전을 보다 효과적으로 통제하기 위해 1862년부터 임시로 편성한 뒤 후에 법적 근거를 마련하여 편제에 반영했다.

〈남부군 장교, 출처: en.wikipedia.org〉

한다는 것 이외에는 선택의 여지가 없다는 생각으로 연방군을 떠나 남부연합군으로 편입하였다. 링컨은 국가를 위해 충성을 하겠다고 하는 고위 장교들이 연방군을 떠나 남부연합군에 합류했다는 보고를 접하자 매우 격노한 것으로 전해졌다.

7. 전술과 무기체계

1860년대 전쟁의 성격을 가장 분명하게 변화시킨 것 중의 하나는 전쟁에 사용되었던 무기였으며 그중 하나가 소화기, 즉 소총이었다. 1835년 콜트(Samuel Colt)가 연발 권총의 특허를 냈지만 군사적 목적으로 사용되기 시작했던 것은 1860년 윈체스터(Oliver Winchester)가 도입한 연발 소총이었다. 또한 철강 기술이 발전함에 따라 대포의 성능도 향상되었다.

남북전쟁 당시 표준형 대포는 6파운드 청동형포와 12파운드 곡사포였다. 당시 포의 사거리가 약 800미터 이내에 불과했으나 적 보병들에 대해서는 매우 효과적인 무기가 되었다. 다만 많은 양의 포탄

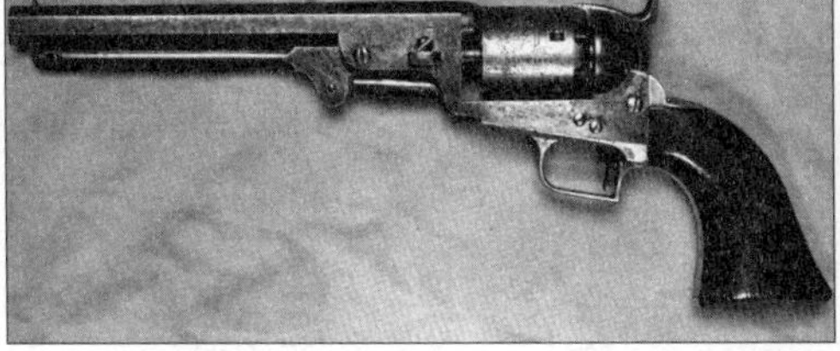

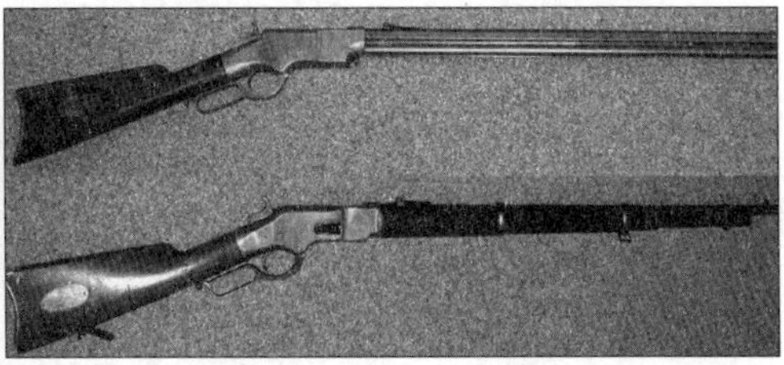

〈콜트 권총과 윈체스터 소총, 출처: en.wikipedia.org〉

〈남북전쟁 당시 전투 모습, 출처: en.wikipedia.org〉

을 한꺼번에 이동시킬 수 없었기 때문에 보병들에게는 포탄이 재보급될 때까지 포격을 피할 수 있는 여유도 있었다.

1855년 육군사관학교 교관과 생도대장을 역임한 하디(William J. Hardee) 장군은 그의 멕시코 전쟁 경험을 토대로 《소총 및 경보병 전술》(Rifle and Light Infantry Tactics)을 발간했다. 그의 전술의 핵심은 당시 최대 사거리가 100미터 남짓에 불과한 활강소총(총열에 강선이 없어 회전력이 없이 발사되는 소총)으로 무장한 보병들이 사거리 내에서 연대 단위로 동시에 사격하고 다시 일거에 전진하는 형태의 전술이었다. 그의 전술은 남북전쟁 당시 전술의 교과서가 되었다. 그러나 남북전쟁이 시작되고 얼마 되지 않아 재장전이 용이하고 소형탄을 사용하여 사거리가 800미터까지 증가된 소총이 등장하게 되었고, 따라서 공격부대는 방어부대의 진지에 도달하기까지 3내지 4회에 걸친 일제사격과 더불어 더욱 신속하게 돌진해 나가야만 했다.

사거리가 증가된 소총의 등장으로 이제 방어가 전장을 지배하게 되었고 원거리 표적을 정확하게 공격할 수 있는 소총을 보병이 사용하게 되면서 18세기 나폴레옹 전쟁 시대에 목격되었던 선형 전술이 더 이상 통할 수 없게 되었다. 즉, 이전의 전쟁과 마찬가지로 전장에서 보병이 일렬로 서서 적군이 물러설 때까지 일제히 사격을 가하는 식으로 전투를 한다면 엄청난 피해를 면할 수 없었다.

이처럼 화력이 발전하면서 사상자 비율이 급격히 높아질 수밖에 없었고 단일 전투에서 80퍼센트 정도가 희생된 경우도 없지 않았다. 오늘날의 기준에서 본다면 이 같은 사상자 비율은 놀라운 수준이었다. 따라서 장병들은 엄호물 뒤로 몸을 낮추고 대기하는 것이 효과적인 전투자세임을 쉽게 터득하기 시작했다. 새로운 무기의 등장으로 치명적인 위력을 알게 된 양 진영은 이제 적의 포격에 대비하기 위해 더욱 정교한 요새를 구축하고 참호를 파는 데 더 많은 시간을 할애했다. 이것은 후에 제1차 세계대전에서 매우 중요한 부분으로 자리 잡게 되는 거대한 참호전의 효시가 되었다.

소총과 같은 개인화기와 더불어 새로운 열기구가 전장에서 간헐적으로 적군의 대형을 공중에서 살피는 데 사용되었고, 초기 형태의 어뢰와 잠수함 기술도 등장해 미래의 혁신무기로 선을 보였지만 남북전쟁에서 역할은 미미했다. 그러나 새로운 기술인 철도와 전신(Telegraph)은 전쟁 수행에서 결정적인 역할을 했다. 특히 철도의 발달로 수백만 명의 병사를 원하는 지점에 동시에 이동시킬 수 있게 되었다. 철도에 비해 전신이 전쟁에 미친 영향은 다소 제한적이었다. 당시 능력 있는 전신기사가 부족했고 전장에서 전신선을 가설하는 데에도 어려움이 따랐기 때문이다. 그러나 스콧(Thomas Scot)과 카네기(Andrew Carnegie)가 경영하는 미국 군사전신회사(U.S. Military Telegraph Corps)가 1,200명이 넘는 인력을 훈련시켜 전신기사로 고용한 뒤로는 상황이 호전되었다. 야전지휘관들은 전투가 실시되는 상황에서도 이제 상호간 긴밀한 연락을 취할 수 있게 되었다.

8.
주요 전투

남북전쟁은 1861년 4월 12일 사우스캐롤라이나 주에 위치한 섬터 요새에 대한 남군의 포격으로부터 시작하여 1865년 4월 11일 동부지역 전투에서 리 장군이 버지니아 주 아포매톡스 법정(Appomattox Court House)에서 항복 문서에 서명하고 같은 해 4월 26일 서부지역 전투에서 존스턴 장군이 노스캐롤라이나 주 베넷 플레이스(Bennet Place) 농장에서 항복 문서에 서명함으로써 대규모 전투는 종결되었다. 이어 1개월여 동안 일부 지역에서 소규모 산병전이 진행되고 있었지만 당시 17대 미국 대통령 존슨(Andrew Johnson)이 5월 9일을 기해 실제적인 군사적 저항이 종결되었음을 선언함으로써 4년 3주 6일 동안의 남북전쟁은 끝이 났다.

남북전쟁 기간 동안 북군 210만 명, 남군 106만 4,000명이 참전했고, 이 전쟁에서 북군 36만 5,000명, 남군 26만 명이 전사했으며, 북군 27만 5,200명, 남군 13만 7,000명이 부상했다. 남북전쟁에서 주요 전투는 버지니아 주와 펜실베이니아 주, 그리고 메릴랜드 주 등 동부지역과 켄터키 주, 테네시 주, 미시시피 주 등 서부지역에서 동시 다발적으로 수행되었다. 1861년에는 섬터 요새 전투를 비롯하여 7개 전투가 수행되었고 1862년에는 앤티탬(Antietam) 전투 등 30개 전투가 치러져 가장 전투가 많았던 해로 기록되었으며 1863년에는 비록 전투는 많지 않았지만 남북전쟁의 획기적인 전환점이 되었던 게티즈버그(Gettysburg) 전투와 빅스버그(Vicksburg) 전투 등 7개 전투가 치러졌다. 이어 1864년에는 북군이 주도권을 완전히 장악한 해로 애틀랜타(Atlanta) 전투 등 15개 전투가 치러졌고, 마지막 해인 1865년에는 5개 전투가 치러져 4년여 동안 총 64차례의 주요전투가 수행되었다.

이 책에서는 주요 전투를 동부지역과 서부지역으로 나누어 다루었고 64개 전투 중에서도 전략적 차원에서 매우 중대한 결과를 초래했거나 전투 그 자체가 전쟁사적 차원에서 연구할 만한 가치가 있는 15개의 전투를 선별했다. 3장의 동부지역 전투에서는 남북전쟁에서 실질적으로 최초의 전투라고 할 수 있는 제1차 불런(Bull Run) 전투로부터 버지니아 주의 셰넌도어(Shenandoah) 계곡 전투, 버지니아 반도 및 버지니아 북부전투, 메릴랜드 전투, 그리고 1863년의 게티즈버그 전투 등 8개 전투를 다루었다. 서부지역에서는 테네시 전투와 켄터키 전투, 그리고 빅스버그 전투, 셔먼의 바다로의 전진 등 7개 전투를 다루었다. 5장에서는 주요 전투는 아니었으나 서부지역의 인디언 영토에서의 전투와 캘리포니아 등 태평양 연안에서의 전투를 포괄적으로 다루었다.

3장

동부지역 전투*

---

* 여기서 동부지역의 정확한 의미는 군사용어인 동부전구(Eastern Theater)를 의미한다. 전구는 '단일의 군사전략 목표를 달성하기 위해 지상, 해상, 공중작전이 실시되는 지역'을 의미하며 이 책에서는 전구라는 용어 대신 지역이라는 용어를 사용한다. 또한 여기서 말하는 전투는 전역(Campaign)을 의미하는 것으로 군사용어로 '부여된 시간과 공간 내에서 전략적 또는 작전적 목표를 달성하기 위해 실시되는 일련의 군사작전'으로 정의된다. 통상 전쟁은 하나 또는 그 이상의 전역이 수행된다. 즉, 남북전쟁은 공간적으로 동부와 서부전구로 구분할 수 있으며 동부전구에서의 전역과 서부전구에서의 전역으로 크게 구분할 수 있다. 다만 이 책에서는 전구 대신 지역을 전역 대신 전투라는 일반적 용어를 사용한다.

1. 개관

동부지역은 남북전쟁의 역사에서 잘 알려진 중요한 전투가 주로 치러진 곳이었다. 이 지역은 남과 북의 수도가 모두 위치하여 전략적으로 중요했을 뿐 아니라 인구가 밀집된 지역으로 주요 신문사가 집결된 곳이기도 했다. 또한 당시 대부분의 사람들에게 이 지역의 전투는 리 장군이 이끌던 남부의 북버지니아 군(Confederate Army of North Virginia)[1]과 북부의 포토맥 군(Union Army of Potomac) 사이의 운명의 결전장으로 여겨졌다.

워싱턴과 리치먼드가 각각 상대방에 의해 포위되기도 했으며 단일의 전투와 하루의 전투에서 인명피해가 가장 많이 발생한 게티즈버그 전투와 앤티탬 전투가 이루어진 곳이기도 했다. 서부지역의 전투가 전략적 측면에서 더욱 중요했다는 논쟁이 줄곧 제기되어 왔지만,

---

1) 남북전쟁 당시 군(Army) 사령관은 통상 소장이, 사단장 및 여단장은 준장과 대령이 임명되었다. 군의 편제는 남북전쟁 초기부터 민병대가 중심이 되어 전쟁이 진행됨에 따라 그 규모가 점차적으로 확대되었기 때문에 수시로 변경되었고 인원 또한 군(Army)마다 달랐다. 따라서 여기서는 중요한 부대를 제외하고 구체적인 사단, 여단의 명칭이나 그 규모는 생략한다.

〈동부지역 요도, 출처: en.wikipedia.org〉

〈북군의 주요 지휘관, 왼쪽부터 그랜트, 맥클렐런, 포프, 번사이드, 미드 장군, 출처: en.wikipedia.org〉

〈남군의 주요 지휘관, 왼쪽부터 리, 보러가드, 롱스트리트, 잭슨, 얼리 장군, 출처: en.wikipedia.org〉

그러나 국민들의 마음속에는 인구가 밀집된 수도권의 전투에서 리 장군의 항복 없이 전쟁을 끝낼 수 있다는 생각은 할 수 없었다.

동부지역 전투는 애팔래치아(Appalachian) 산맥과 대서양 사이의 버지니아 주, 웨스트버지니아 주, 메릴랜드 주, 펜실베이니아 주, 그리고 워싱턴 지역과 노스캐롤라이나 항구지역 일대에서 실시되었으며 대부분의 전투는 160킬로 거리의 워싱턴과 리치먼드 사이에서 이루어졌다. 남군[2]은 서에서 동으로 횡단하는 강들로 인해 방어에 유리한 위치에 있었으며 반대로 북군에게는 강이라는 천연 장애물을 극복해야 하는 어려움과 함께 보급로 차단에 대한 위험도 있었다. 따라서 북군의 입장에서는 보급품을 원활하게 수송할 수 있도록 바다와 주요 강을 반드시 장악해야만 했다.

2) 이하 남부연합군은 남군, 북부연방군은 북군으로 기술한다. 정부 또한 1장에서와 같이 연방정부는 북부, 남부연합 정부는 남부로 약칭한다.

리 장군이 지휘하는 북버지니아 군에 의해 수차례의 전투에서 북군이 쓰라린 패배를 당하게 되자 링컨은 리 장군의 과감한 작전에 대응할 수 있는 동부지역 사령관을 찾기 위해 고심했다. 이에 따라 처음에는 맥도웰(Irvin McDowell) 소장을 임명했고 이어 맥클렐런(George B. McClellan), 포프(John Pope), 번사이드(Ambrose Burnside), 후커(Joseph Hooker)에 이어 미드(George G. Meade) 장군을 차례로 임명했다. 1864년 서부지역에서 지휘하던 그랜트(Ulysses S. Grant) 장군이 북군 총사령관으로 임명되어 리치먼드를 포위한 이후에야 가까스로 버지니아 주를 장악하게 되었다.

남북 간 적대행위가 처음으로 발생한 곳은 버지니아 주의 서부지역이었다. 이 지역은 버지니아 주의 동부지역보다는 지리적으로 유대감이 강했던 펜실베이니아 주와 오하이오 주와 긴밀한 관계를 유지하고 있었다. 이로 인해 버지니아 주의 연방 탈퇴에 대한 반대 여론이 지배적이었다. 버지니아 주 정부가 친 연방정부로 구성되자 링컨 대통령에게 군사적 차원에서의 보호를 요청했다.

버지니아 주 정부의 요청에 따라 오하이오 주에 주둔하고 있던 오하이오 군 사령관 맥클렐런 장군은 제1 버지니아 보병부대장(1st Virginia Infantry) 켈리(Benjamin F. Kelly) 대령에게 버지니아 주의 그래프턴(Grafton) 지역으로 부대의 이동을 명령했다. 남군의 포터필드(George B. Porterfield) 대령은 800명에 불과한 병력으로 그래프턴 남쪽에 위치한 필리피를 방어하고 있었다.

1861년 6월 3일 북군은 3,000명의 압도적인 병력으로 남군을 양쪽에서 포위하여 섬멸시킬 목적으로 기동을 시작했으며 '필리피의 경주'(Philippi's Race)로 명명된 이 전투가 남북전쟁의 첫 번째 지상 전투가

〈1861년 초기 전투 지역, 출처: en.wikipedia.org〉

되었다. 결국 병력의 열세로 조직적인 방어도 실시하지 못한 채 전투에서 패한 남군은 필리피로부터 남쪽으로 45킬로미터 떨어진 허튼빌(Huttonville)로 퇴각했다. 필리피 전투의 첫 승리로 고무된 북부의 주요

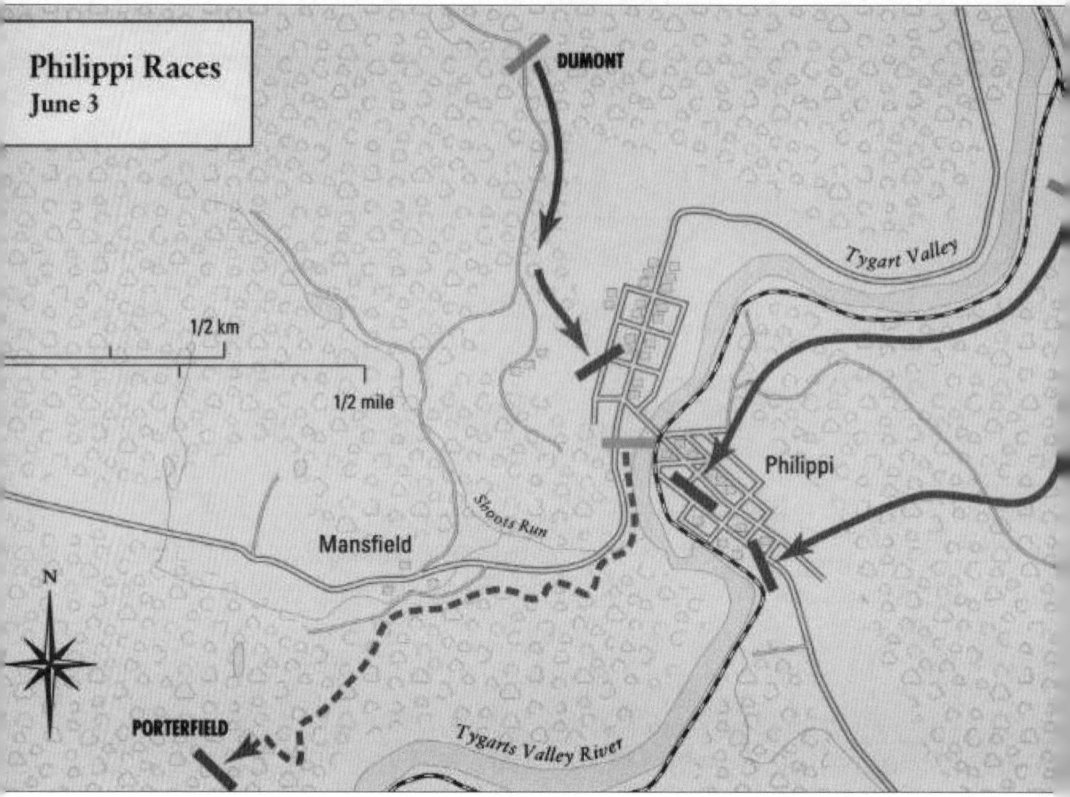

〈1861년 필리피 전투, 출처: en.wikipedia.org〉

신문들은 앞다투어 소식을 전하면서 정치인들이 북군의 과감한 공격을 독려해야 한다고 주장했다. 첫 번째 전투에 이어 1861년 7월 버지니아 주의 리치 산(Rich Mountain) 전투가 벌어졌다. 북군이 5개 여단, 남군이 2개 여단 규모로 투입되었으며 정확한 병력 현황은 알려진 바 없다. 이 전투에서 압도적인 병력의 우세에 있던 북군이 단 2시간의 전투로 승리했다. 맥클렐런 장군은 북부 전체에서 주목을 받기 시작했으며 후에 포토맥 군 사령관에 오르게 되었다.

북군은 계속해서 버지니아 주 남동부 및 노스캐롤라이나의 해안지역과 항구를 확보했다. 셰넌도어 계곡에서는 1862년부터 1864년까지 양측 간 공방전이 치열하게 이어졌다. 한편 리 장군은 전쟁을 종결하기 위해서는 북부의 여론을 돌려놓아야 한다고 판단했다. 이에 따라 1862년 두 차례에 걸쳐 북부로 공격을 실시했으나 큰 성과를 거두지 못했다. 그의 첫 번째 북부 공격은 1862년 가을, 버지니아 주 북쪽의 메릴랜드 주를 향했으며 일련의 전투에서 전술적 승리를 거두었음에도 불구하고 앤티탬 전투를 정점으로 메릴랜드 장악에 실패하게 되었고 링컨을 압박하려 했던 리 장군의 전략적 계획도 좌절되었다.

리 장군의 두 번째 침공은 남부의 가장 북단인 펜실베이니아 주의 게티즈버그에서 1863년 여름에 실시되었다. 리 장군은 3일간의 전투에서 패배했다. 게티즈버그 전투는 서부지역 전투에서 빅스버그 전투와 함께 남북전쟁의 흐름을 바꾸어 놓은 전투가 되었다. 게티즈버그 전투 이후 리치먼드 방향으로 철수하는 리 장군과 이를 추격하는 그랜트 장군 사이에서 치열한 전투가 이어졌고 1864년 리치먼드의 함락과 북군의 셰넌도어 계곡 장악으로 1865년 4월 아포매톡스(Appomattox) 법원에서 리 장군이 항복 문서에 서명함으로써 동부지역 전투는 종결되었다.

2.
제1차 불런 전투[3)]

1861년 이른 여름, 워싱턴 인근에는 맥도웰(Irvin McDowell) 준장이 지휘하는 북동버지니아 군이 주둔하고 있었다. 그는 지원군을 지휘한 적은 있었으나 실제 전투경험은 없는 장군이었고, 그의 병사들도 마찬가지로 이들은 대부분 90일 동안 동원된 인원으로 구성되었다. 북부의 정치인들과 지역의 주요 신문사들은 당시 가장 많은 병력을 보유한 맥도웰 장군으로 하여금 리치먼드를 향해 즉각적인 군사행동을 취하도록 간접적인 압력을 가했다. 이들은 맥도웰 장군이 3만 5,000명의 병력으로 신속하게 공격하여 승리한다면 전쟁이 쉽게 종결될 수 있을 것으로 생각했다. 심지어 링컨 대통령조차 맥도웰 장군에게 즉각적인 공격을 명령했다.

이에 따라 맥도웰 장군은 세 방향에서 남군을 공격하는 계획을 수립했다. 즉, 동측에서는 맥도웰 장군 자신이 3만 5,000여 명

3) 남부에서는 1차 매너서스(manassas) 전투로 불리기도 한다. 북부에서는 전투가 실시되었던 강이나 계곡의 이름을 붙이는 반면 남부에서는 전투가 벌어진 지역의 지명을 따르기 때문이다. 이 전투는 남북전쟁의 첫 번째 주요전투였다.

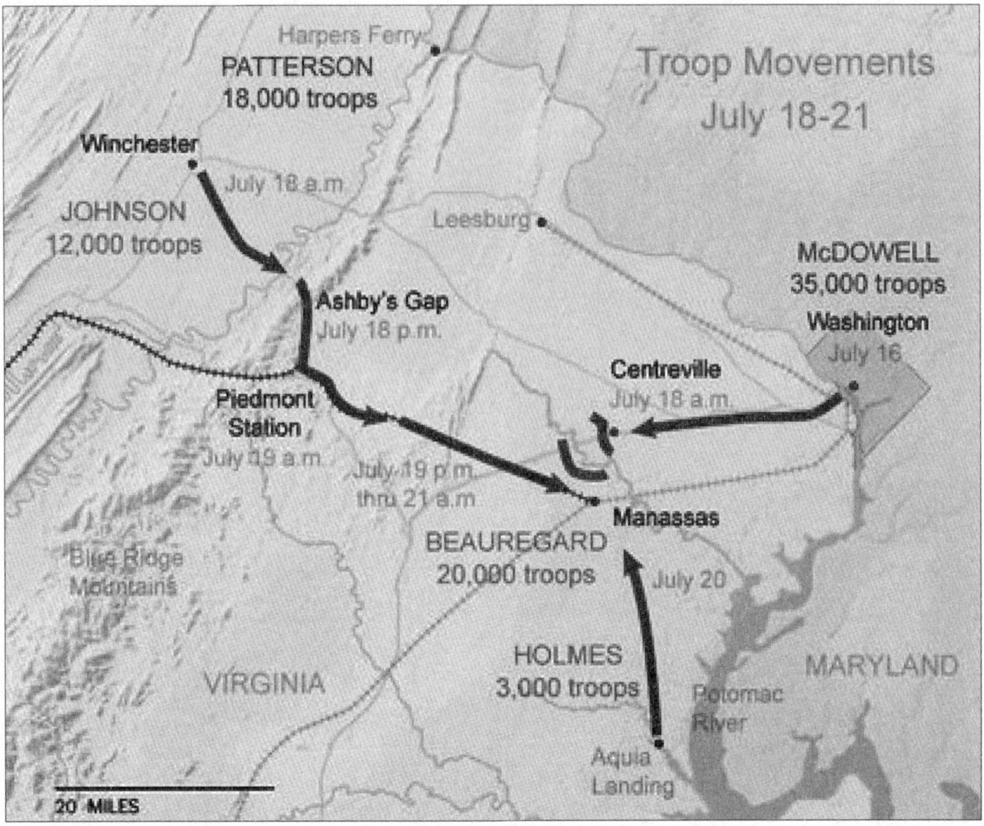

〈맥도웰 장군의 계획〉

의 병력으로 매너서스(Manassas)에 주둔하고 있던 남군의 보러가드(P. G. T. Beuregard) 장군이 지휘하는 2만여 명의 포토맥 군을 공격하여 매너서스와 불런 강 일대에서 격퇴시킨 다음 불런 강 이남의 라파해녹(Rappanannock) 강 일대까지 밀어내는 것이었다. 이와 동시에 서측에서는 하퍼 항구를 장악하고 있던 북군 패터슨(Robert Patterson) 장군 휘하의 셰넌도어 군 1만 8,000명의 병력으로 셰넌도어 계곡을 담당하고 있던 남군의 존슨(Joseph E. Johnson) 장군이 지휘하는 1만 2,000명의 병력을 묶어 놓아 보러가드 장군의 부대를 증원하지 못하도록 하는 것이었다. 이와 더불어 북군의 1개 여단 규모를 보러가드 장군의 부대와 존슨 장군의 부대 사이로 기동한 이후 불런 강 이남으로 침투하여 보러가드 장군의 후방을 차단하고 리치먼드까지 위협하고자 했다.

7월 21일 마침내 맥도웰 장군의 북동버지니아 군은 보러가드 장군의 포토맥 군을 향해 진격했다. 맥도웰 장군은 타일러(Daniel Tyler) 장군에게 우회기동으로 보러가드 장군의 부대 서측을 공격하도록 명령했다. 그러나 타일러 장군은 기동 공간이 예상했던 것보다 매우 협

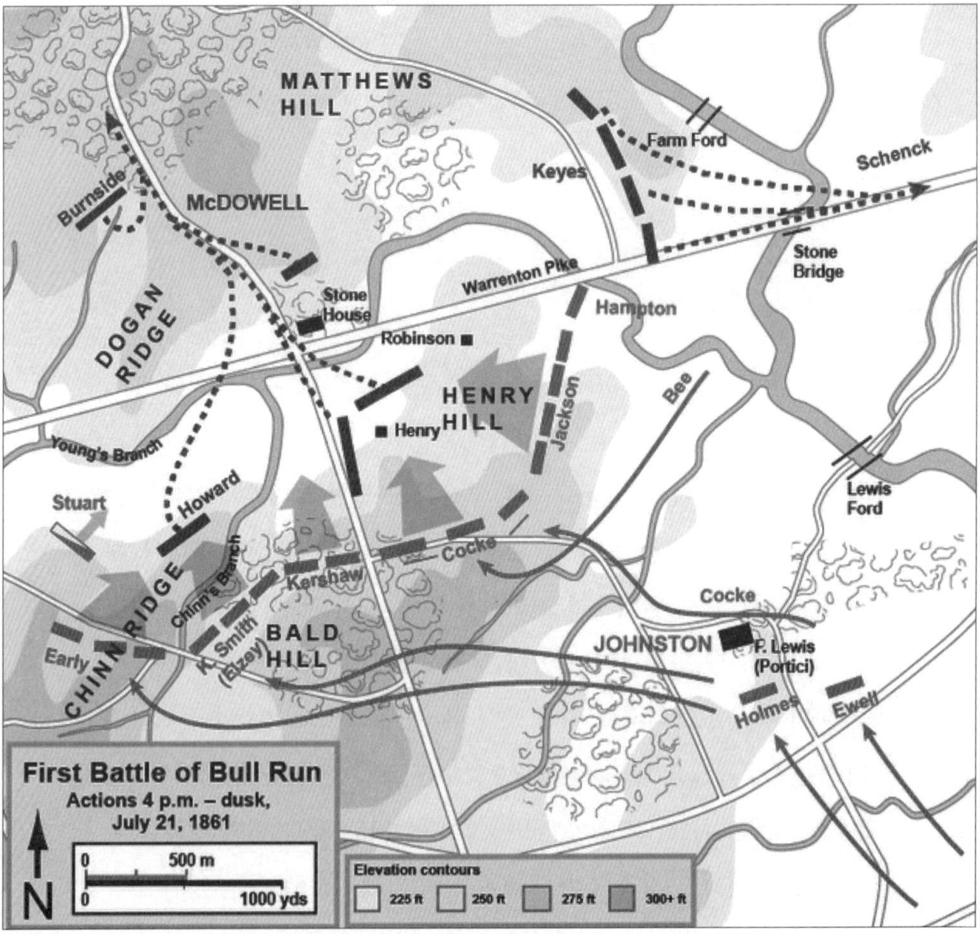

〈7월 21일 오후 상황〉

소하다는 것을 뒤늦게야 알게 되었고 설상가상으로 보급품마저 제대로 지원되지 못했다. 상황이 여의치 않게 되자 맥도웰 장군은 방향을 동측으로 전환했다. 이때 패터슨 장군이 이끄는 부대가 존슨 장군의 부대를 고착시킬 것으로 판단하였으나, 존슨 장군의 부대 일부가 이미 전선을 이탈하여 보러가드 장군과 합류했고 보러가드 장군의 부대와 불런 강 일대에 강력한 방어진지를 편성하게 되었다.

7월 21일 아침을 기해 북군은 남군의 방어진지에 대한 포격을 실시했고 보러가드 장군의 지휘소에도 포탄이 떨어졌다. 하지만 보러가드 장군은 북군이 방어진지에 근접할 때까지 사격을 하지 말고 기다리도록 지시했다. 또한 북군을 기만하기 위해 일부 부대로 허위 공격(Demonstration Attack)을 실시하도록 했다. 오전 내내 친 능선(Chin Ridge), 볼드 고지(Bald Hill), 다지 능선(Dodge Ridge) 그리고 헨리 고지(Henry Hill) 등 방어에 유리한 지형을 활용하여 북군의 맹렬한 공격을 저지할 수 있었다.

오후에 접어들어 우측의 헨리 고지 방어선이 무너질 위기에 처하게 되자 버지니아 여단(Brigade of Virginians)의 여단장 잭슨(Thomas J. Jackson) 준장은 '죽을 각오로 끝까지 지켜내면 우리가 그들을 정복하게 될 것이다'라며 장병을 독려했고 치열한 전투 끝에 마침내 북군의 공격을 격퇴시킬 수 있었다. 이 전투에서 잭슨 장군은 '돌담 잭슨'(Stonewall Jackson)[4]이란 별명을 얻게 되었다. 결국 잭슨 장군의 성공적인 방어로 북군의 피해가 속출하게 되자 맥도웰 장군은 부대의 퇴각을 지시했다. 퇴각하는 북군의 병력 중에는 워싱턴까지 도망친 인원도 있었다. 보러

4) 잭슨 장군은 남군에서 리 장군에 이어 가장 유능한 장군으로 기억되고 있는 인물이다. 그의 조부모는 아일랜드 출신이다. 잭슨 장군은 육군사관학교 입학할 당시 성적이 좋지 않았으나 꾸준한 노력으로 59명 졸업생 중 17등으로 졸업했다. 그는 1863년 동부지역 챈슬러빌(Chancellorville) 전투에서 부상당한 이후 1주일 동안 불면증에 시달리다 사망했다.

〈불런 강과 전투 현장, 출처: en.wikipedia.org〉

가드 장군의 부대는 추격하지 않고 전열을 정비했다. 전투에서 승리할 것이라는 확신을 가졌던 북부의 정치인들은 물론 링컨도 공황에 빠졌다. 사람들 사이에서는 남군이 워싱턴까지 진격할 것이라는 두려움으로 술렁였다. 이 전투를 계기로 북부의 정치인과 군 지휘부는 전쟁이 단기간에 끝나게 될 것이라는 희망을 완전히 버렸다.

북부는 다가올 장기간의 전쟁에 대비하기 위한 준비로 부산해지기 시작했다. 반면 남군의 승리에도 불구하고 남부의 전체적인 분위기는 침울했고 사람들 사이에서는 지금까지의 전투에서 발생한 사상자들보다 앞으로의 전투에서 발생할 수 있는 사상자가 훨씬 많을 것이라는 우려의 목소리가 낮게 퍼져 나갔다.

불런 전투는 미국의 전쟁 역사에서 가장 피를 많이 흘린 전투 중 하나로 기록되었다. 북군 460명, 남군 387명이 전사했고 양측에서

2,600여 명 정도가 부상당했다. 링컨은 전투 직후인 7월 22일 향후 3년 동안 50만 명의 추가적인 동원명령에 서명했다.

3.
제1차 셰넌도어 계곡 전투(1862)

제1차 불런 전투의 패배에도 불구하고 북군은 공격의 고삐를 늦추지 않았다. 1861년 9월 리 장군이 처음으로 직접 전투 지휘에 나선 버지니아 주 북쪽 취트(Cheat Mountain) 산 전투[5)]에서 남군은 소기의 성과를 거둘 수 있었지만 여전히 전선은 리치먼드를 향하여 남쪽으로 점차 내려가고 있었다. 북군은 1861년 겨울부터 훈련에 전념하고 있던 맥클렐런 장군의 포토맥 군을 투입해 공격을 재개했다.

북군의 계획은 리치먼드와 셰넌도어 계곡을 동시에 압박하는 것으로 동쪽에서 맥클렐런 장군의 포토맥 군이 리치먼드로 공격하는 동안 서측에서는 뱅크스(Nathaniel P. Banks) 장군의 셰넌도어 군[6)]이 셰넌도어 계곡 일대에서 공격하는 것이었다. 남군은 이 지역에 매우 익숙한

---

5) 당시 전투는 로링(William Loring)장군이 이끄는 북서부군(Army of Northwest)에 의해 수행되었으며 리 장군은 로링 장군이 전투에서 그의 부대를 지휘하도록 했다.

6) 남군에도 동일한 명칭의 부대가 있었다. 남군의 셰넌도어 군은 제 1차 불런 전투에서 예하 부대의 보러가드 장군이 참전했으며 후에 셰난도어 군은 해체되어 포토맥 군(Army of the Potomac)으로 통합되었다. 북군도 마찬가지 맥클렐런 장군이 이끌던 포토맥 군이란 동일한 명칭의 부대가 있었다.

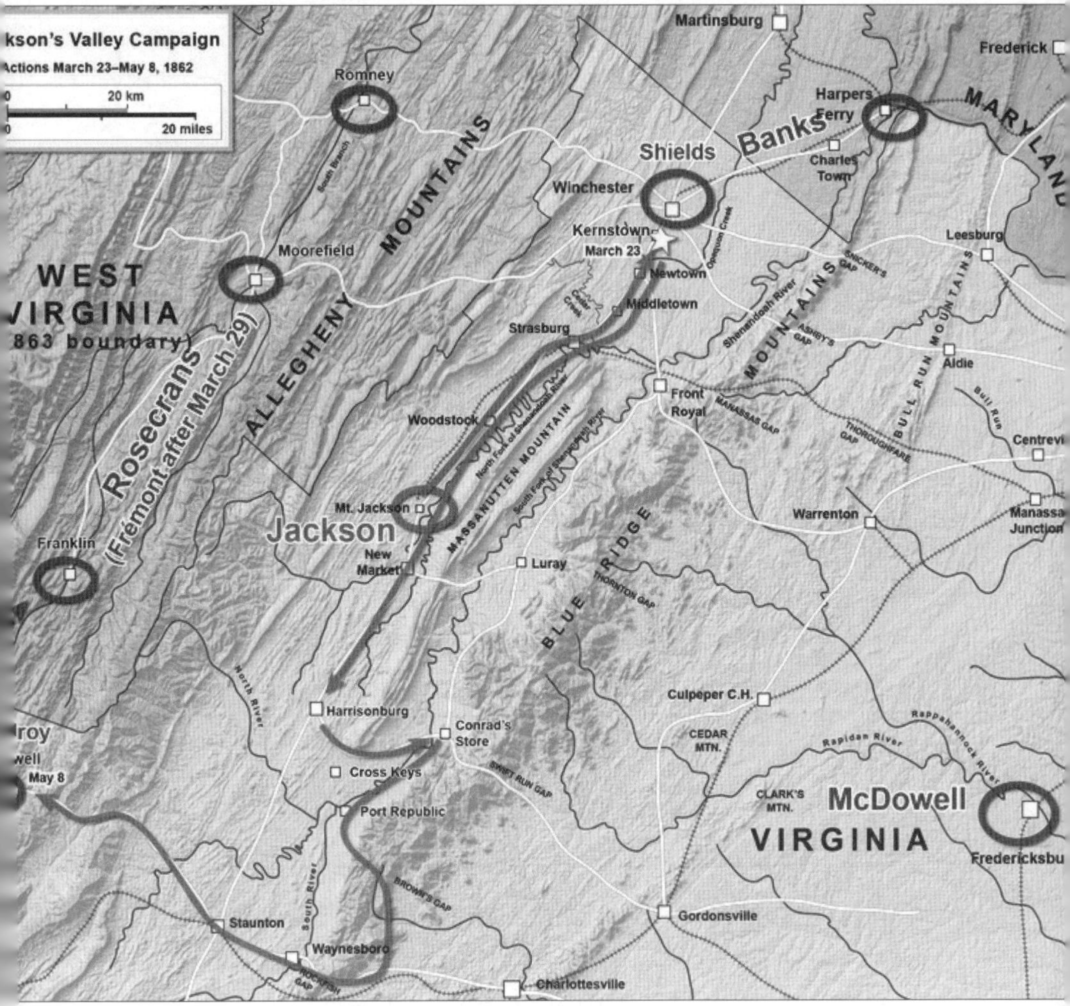

〈셰넌도어 계곡 전투 상황〉

장군으로 지난 1차 불런 전투에서 돌담 잭슨이라는 별명을 얻게 된 잭슨 장군으로 하여금 민병대를 통합하여 셰넌도어 계곡 지역의 방어를 담당하게 했다.

제1차 불런 전투 이후 북군은 셰넌도어 군 사령관 패터슨(Robert Patterson) 장군을 해임하고 후임으로 뱅크스 장군을 임명했다. 뱅크스 장군의 부대가 포토맥 강 이북 하퍼스 페리(Harpers Ferry) 일대에 머물고 있는 동안, 남쪽의 마운트 잭슨(Mt. Jackson)에 주둔하고 있던 잭슨 장군은 제7 버지니아 기병부대를 선두로 북으로 이동하여 3월 23일 윈체스터(Winchester)에 도착했다. 이곳은 오하이오 주로부터 버지니아 주로 이어지는 철도의 중심지이며 포토맥 강과 셰넌도어 강이 연결되는 매우 중요한 지역이었다.

잭슨 장군의 이동에 관한 첩보를 입수한 북군의 뱅크스 장군은 1862년 2월 말 쉴즈(James Shields) 장군의 부대를 하퍼스 페리로부터 포토맥 강을 건너 남쪽으로 이동시켰다. 한편 맥클렐런 장군이 리치먼드를 공격하기 위해 이동을 시작하자 남군의 존스턴 장군이 이끄는 셰넌도어 군은 3월초 매너서스로부터 남서쪽에 위치한 컬페퍼(Culpeper)로 이동했고 존스턴 장군의 서측에서 작전을 수행하던 잭슨 장군은 윈체스터(Winchester)에 홀로 남게 되었다. 3월 12일 뱅크스 장군이 윈체스터를 점령하자 잭슨 장군은 존스턴 장군의 지시에 따라 남쪽으로 후퇴하여 스트라스버그(Strasburg)에 진지를 편성했다. 존스턴 장군은 북군의 전투력이 절대적으로 우세한 상황에서 결정적인 전투를 회피하면서 뱅크스 장군의 부대를 고착하도록 잭슨 장군에게 명령한 바 있었다. 그런데 잭슨 장군의 예하 기병대가 스트라스버그 북방에서 북군의 기병과 조우전을 실시한 이후 퇴각하고 있다는 정보를 잭슨 장군에게 보고했다. 보고를 받은 잭슨 장군은 북군이 퇴각하고 있는 틈을 이용해 3월 23일 윈체스터 북방의 컨스타운(Kernstown)을 공격했다. 하지만 이 전투에서 예상보다 강력한 북군의 저항으로 잭슨 장군은 다시 남쪽의 해리슨버그(Harrisonburg) 방향으로 일단 철수했고 북군은 추격을 시작했다.

이때 존스턴 장군은 프랭클린(Franklin)에 위치한 북군의 프레몬트(John C. Fremont) 장군의 부대가 남진할 것에 대비해 잭슨 장군에게 남

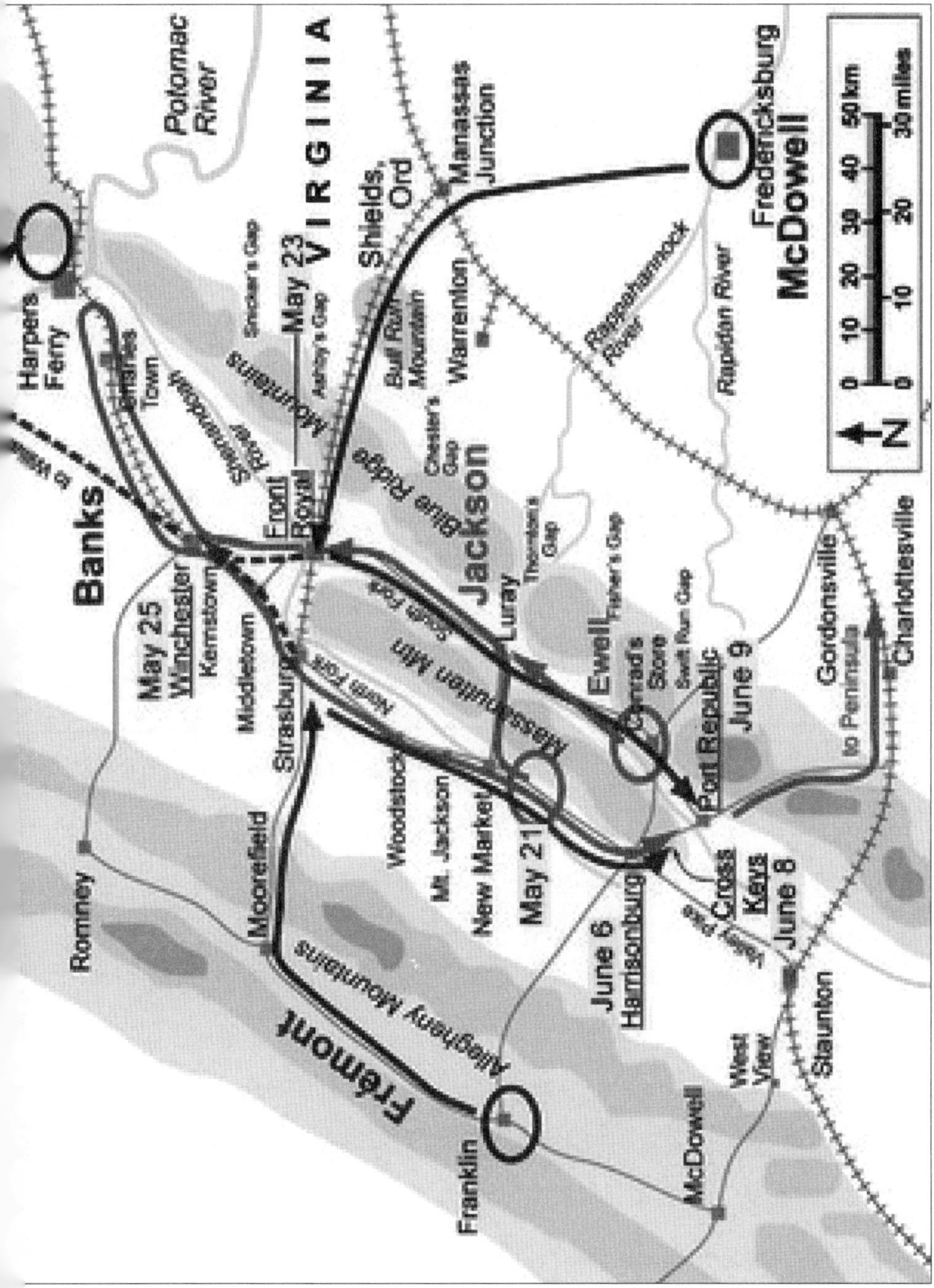

〈세넌도어 계곡 5월 전투 상황〉

쪽 스토우튼(Stauton) 일대를 점령하도록 명령했다. 그런데 이동 중이던 4월 21일 다시 리 장군으로부터 뱅크스 장군의 부대가 동쪽 버지니아 반도 방향으로 전환되지 못하도록 북군을 공격할 것을 명령했다.

병력이 충분하지 않은 가운데 두 가지 다른 명령을 받게 된 잭슨 장군은 일단 자신이 직접 병력의 일부를 이끌고 서쪽의 프레몬트 장군 예하의 부대인 미로이(Miroy) 장군의 부대가 더 이상 남진하지 못하도록 공격하는 한편, 프런트 로열(Front Royal)에 위치하고 있던 예하 어웰(Richard Ewell) 장군의 부대가 북군에 의해 각개격파될 것을 우려하여 어웰 장군의 부대에 그의 대부분의 부대를 증원하도록 했다. 그런데 프레몬트 장군은 잭슨 장군의 부대가 어웰 장군의 부대 방향으로 이동하자 이를 퇴각하고 있는 것으로 오판하여 최소한의 병력을 보내 프랭클린으로부터 맥도웰(McDowell) 방향으로 공격하도록 지시했다. 북군의 미로이 장군의 병력이 소수임을 간파한 잭슨 장군은 5월 3일 공격을 실시했고 북군은 프랭클린 방향으로 철수했다.

북군이 퇴각하자 잭슨 장군은 5월 21일 다시 방향을 돌려 매사누튼(Massanutten) 산을 가로질러 어웰 장군의 부대와 합류한 다음 프런트 로열에 5월 22일 진지를 편성했다. 이곳에서 남진하는 뱅크스 장군의 부대와 5월 23일 교전을 벌였으나 전투력의 열세로 6월 8일 키스(Keys)에서 강을 건너 철수했다. 잭슨 장군은 6월 9일 포트 리퍼블릭(Port Republic)에서 다시 북군에 대한 제한적인 공격을 실시했다. 이때까지 잭슨 장군의 위치를 정확하게 파악하지 못한 뱅크스 장군은 포트 리퍼블릭에서 공격을 실시했으나 잭슨 장군과 어웰 장군의 효과적인 방어 작전으로 많은 사상자가 발생하자 북쪽으로 퇴각했다. 전투 이후 잭슨 장군은 셰넌도어 계곡을 방어하기 위해 1만 4,000명의 병력을 추가적으로 요청했다. 하지만 버지니아 반도 지역에서 맥클렐런 장군의 공격이 본격화 되자 잭슨 장군은 계곡에서 철수하여 리 장군의 부대에 합류, 차후 작전을 준비하게 되었다. 잭슨 장군은 6월 18일부터 이동을 시작하여 버지니아 반도 전투에 투입되었다.

셰넌도어 계곡에서 잭슨 장군의 부대는 48일 동안 5개의 주요 전투에서 제한된 병력으로 북군과 전투를 치렀고 총 기동거리는 1,000킬로미터에 달했다. 잭슨 장군은 뱅크스 장군의 부대를 셰넌도어 계곡에 묶어두는 한편 맥도웰 장군의 북동버지니아 군 3만여 명의 병력이 프레드릭스버그(Fredricksburg)에 잔류토록 강요함으로써 이 부대들이 맥클렐런 장군의 버지니아 반도 전역(Peninsular Campaign)에 결정적인 전투력으로 투입되지 못하게 만든 전략적 승리를 거두게 되었다.

〈셰넌도어 계곡, 출처: en.wikipedia.org〉

이 전투를 통해 잭슨 장군은 남군에서 가장 유능한 장군으로 부상하게 되었고 남부의 사기를 올려놓게 되었다.

4.
버지니아 반도[7] 전투(1862)

셰넌도어 계곡 전투를 관망한 링컨은 센트레빌(Centreville)에 여전히 주둔하고 있는 남군 존스턴 장군의 부대를 주목했다. 센트레빌은 워싱턴으로부터 서쪽으로 불과 50킬로미터 거리에 위치하여 언제라도 수도에 대한 공격이 가능했다. 상황이 이렇게 되자 링컨은 최초 리치먼드를 공격하고자 했던 맥클렐런 장군의 계획을 수정하여 존스턴 장군의 부대 격멸에 우선순위를 두고자 했다. 하지만 맥클렐런 장군은 존스턴 장군의 부대가 상당한 수준의 전투력을 유지하고 있다고 과대평가한 나머지 직접적인 공격보다는 라파해녹(Rappahannock) 강변에 위치한 어바나(Urbanna)까지 수로로 이동하고 이곳으로부터 리치먼드까지는 육로로 이동하여 존스턴 장군이 리치먼드에 방어진지를 편성하기 전에 후방에서 공격할 것을 건의했다. 이러한 멕클렐런 장군의 수로이동 후 육로이동 주장은 그의 부대가 수로로 이동하게 되면 존스턴 장군의 부대도 이에 대비하기 위해 리치먼드 방향으로 분명히 이동하게

7) 버지니아 주 남동쪽에 위치한 반도로 남쪽에는 제임스 강이, 북쪽에는 요크 강이 흐르고 있으며 요크 강으로부터 대서양 쪽으로 나가는 방향이 체사피크 만(Chesapeake Bay)이다.

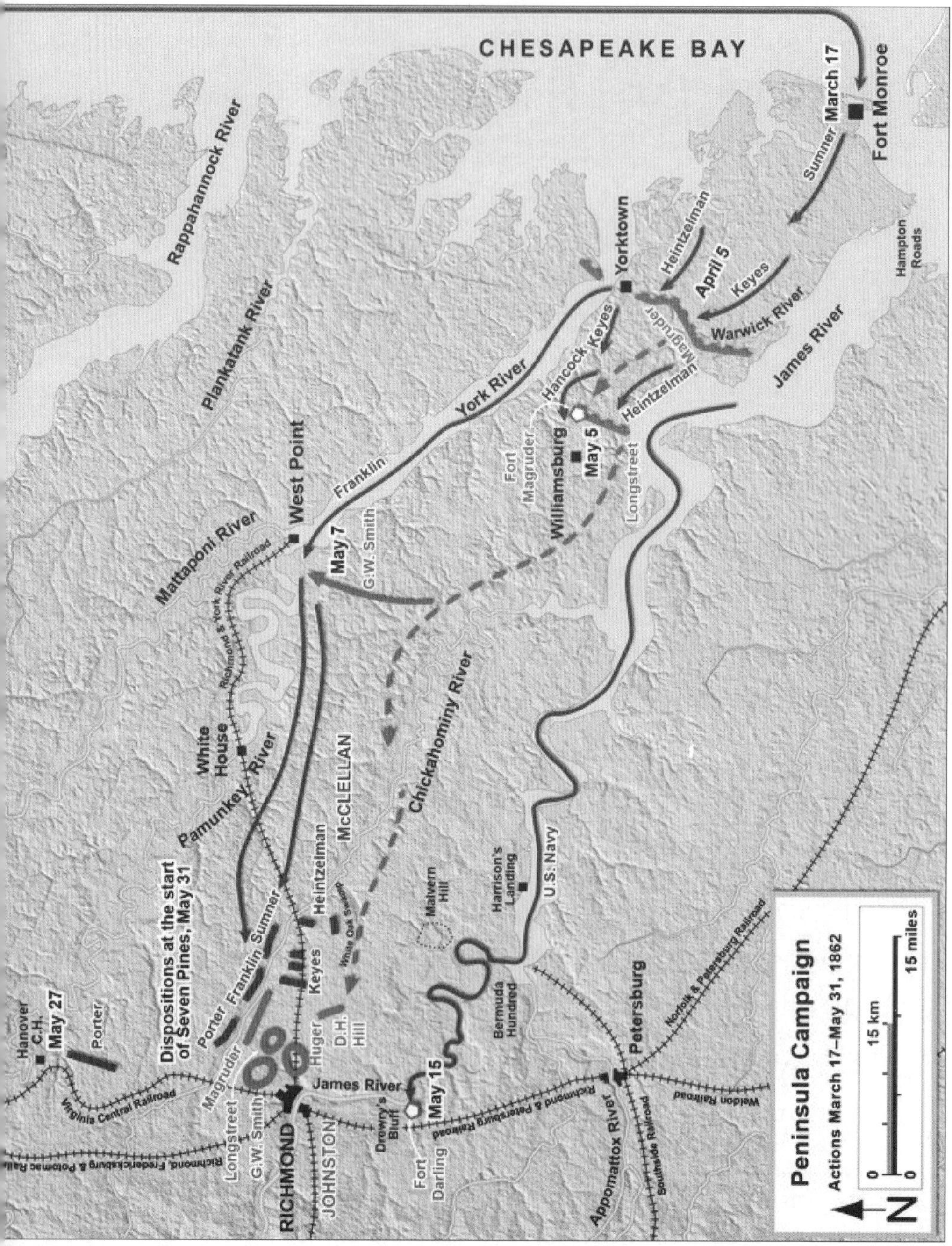
Peninsula Campaign
Actions March 17–May 31, 1862
N
0
0
15 km
15 miles
CHESAPEAKE BAY
Fort Monroe
March 17
Sumner
Hampton Roads
James River
Warwick River
Keyes
April 5
Heintzelman
Yorktown
Magruder
Keyes
Hancock
Heintzelman
Fort Magruder
Williamsburg
May 5
Longstreet
York River
Rappahannock River
Piankatank River
Franklin
West Point
Mattaponi River
Richmond & York River Railroad
May 7
G.W. Smith
White House
Pamunkey River
Chickahominy River
McCLELLAN
Heintzelman
Sumner
Franklin
Porter
Dispositions at the start of Seven Pines, May 31
Keyes
White Oak Swamp
Malvern Hill
Harrison's Landing
U.S. Navy
Hanover C.H.
May 27
Porter
Magruder
Huger
D.H. Hill
Longstreet
G.W. Smith
RICHMOND
JOHNSTON
James River
May 15
Drewry's Bluff
Fort Darling
Bermuda Hundred
Petersburg
Appomattox River
Virginia Central Railroad
Richmond, Fredericksburg & Potomac Railroad
Richmond & Petersburg Railroad
Norfolk & Petersburg Railroad
Southside Railroad
Weldon Railroad

〈버지니아 반도 전투〉

될 것이며 만약 그렇게 된다면 어바나에 상륙한 이후에는 상황에 따라 워싱턴 방향으로 방어를 위한 증원이나 리치먼드 방향으로 공격이 모두 가능하다는 판단에 근거한 것이었다.

그의 계획에 대한 논의가 3개월 동안 계속되었고 링컨은 3월 9일 계획을 승인했다. 그러나 존스턴 장군이 북군 뱅크스 장군의 공격에 대비하기 위해 전선을 조정하여 센트레빌로부터 남쪽의 컬페퍼로 이동하자 맥클렐런 장군의 계획은 수정이 불가피하게 되었다. 이에 따라 맥클렐런 장군은 최초 상륙지점인 어바나 대신 남쪽의 먼로 기지(Ft. Monroe)에 상륙하여 이곳으로부터 제임스 강과 요크 강 사이에 위치한 버지니아 반도의 공격을 건의했다. 3월 17일 맥클렐런 장군의 포토맥군은 수로로 이동 먼로 기지에 도착했다. 이후 요크타운(Yorktown)을 향해 육로로 이동하던 맥클렐런 장군은 남군이 버지니아 반도 전체에 요새를 구축했다는 사실을 발견하자 진격을 멈추었다. 그는 애초 남군이 요크타운 주변에만 요새를 구축할 것으로 판단했던 것이다. 이에 따라 맥클렐런 장군은 일단 4월 5일 요크타운 전방에서 진지를 구축하고 한 달여 동안 전열을 정비했다.

본격적인 요크타운 공격준비에 앞서 맥클렐런 장군은 링컨에게 추가적인 전투력 지원을 건의했으나 얼마 되지 않아 추가적인 전투력은 없을 것이라는 간단한 전갈을 받았다. 맥클렐런 장군이 반도에서 전투를 치르는 동안 워싱턴이 적절하게 방어되어야 하며 셰넌도어 계곡 전투에서 맥도웰 장군의 부대가 잭슨 장군의 부대에 묶여버린 것이 링컨의 이러한 결정의 이유였다. 그런데 이번에는 북군의 상륙을 지켜본 남군의 존스턴 장군이 북군의 공격을 막아내기에는 남군의 방어선이 너무 미약하다고 결론짓고 5월 3일 철수를 준비했다. 사실 존스턴

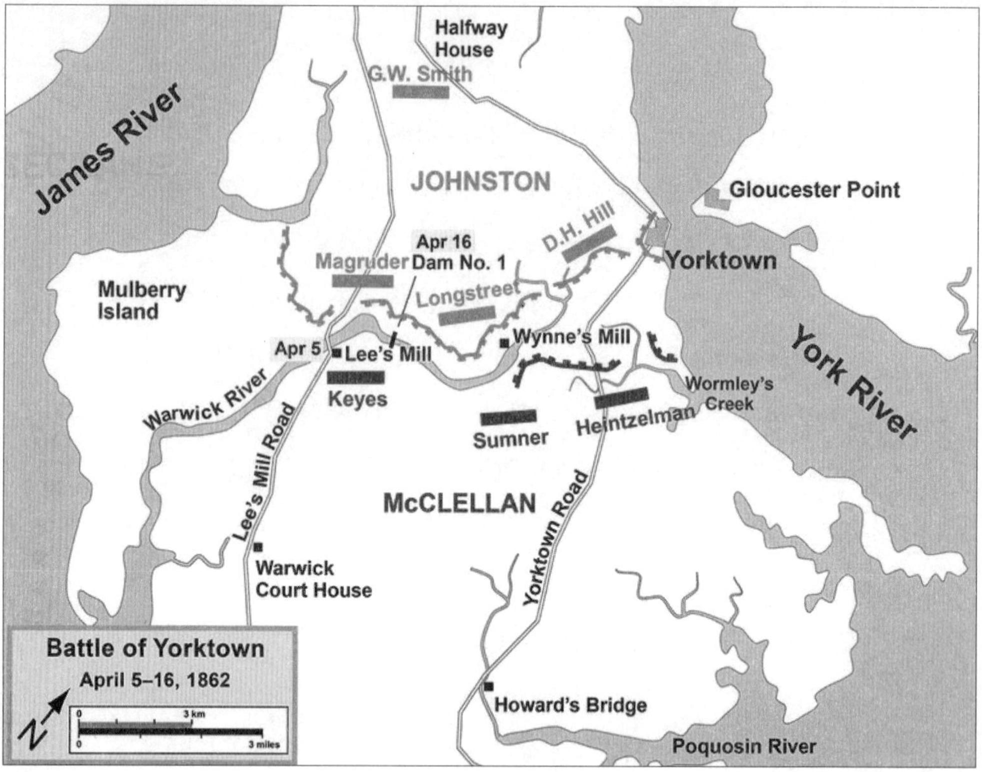

〈요크타운 전투〉

장군은 매우 조심스럽고 소심한 성격의 장군이었다. 남군이 5월 5일 리치먼드 방향으로 철수하기 시작하자 북군은 다시 진격을 시작했다. 요크타운 북서쪽 윌리엄스버그(Williamsburg) 인근에서 하루 동안 전투가 벌어졌으나 양측은 승패 없이 전투를 종결했다.

북군은 5월 말경 리치먼드 인근까지 접근했으나 진격의 속도는 예상보다 더디었다. 맥클렐런 장군은 대량의 무기와 장비를 준비하고 대규모 포위작전을 계획했으나 기상이 악화되고 도로 사정마저 좋지 않아 신속하게 전진할 수 없었다. 더욱이 맥클렐런은 남군의 존스턴 장군과 마찬가지로 매우 신중한 성격의 소유자로, 자신의 병력에 비해 2배 규모가 될 것이라고 판단되는 남군을 공격하는데 민감했다. 사실

그의 판단과 정보가 작전의 실패를 불러온 것이나 다름없었다. 존스턴 장군은 철수하는 동안 철저하게 기만작전을 실시했다. 특히 전쟁 전에 아마추어 배우였던 매그루더(John B. Magruder) 장군으로 하여금 같은 통로를 따라 소수의 병력을 이끌고 수차례 행군을 반복하여 맥클렐런 장군을 속였다.

북군이 리치먼드 외곽방어선으로 진격할수록 치카호미니(Chickahominy) 강으로 인하여 병력이 남과 북으로 양분되었고 이로 인해 북군의 협조된 작전을 더욱 어렵게 했다. 맥클렐런 장군은 대부분의 부대를 강의 북쪽으로 기동시키는 한편 남쪽에는 3군단과 4군단만을 배치했다. 맥클렐런 장군의 판단은 프레드릭스버그에 위치한 맥도웰 장군의 부대가 차후에 증원되면 리치먼드를 양 방향에서 포위가 가능하다는 것이었다. 따라서 강의 남쪽에서는 2개의 군단이 결정적인 전투를 회피하면서 증원이 완료될 때까지 최소한의 선에서 남군을 압박한다는 계획이었다.

한편 북군이 점차 리치먼드를 향해 압박해 오자 데이비스 대통령과 리 장군은 존스턴 장군에게 보다 공세적인 작전을 주문했다. 존스턴 장군의 최초 계획은 치카호미니 강을 건너 강의 북쪽에 위치한 맥클렐런 장군의 측방을 공격하는 것이었다. 그런데 공격 하루 전날인 5월 30일 갑자기 내린 폭우로 인하여 강물이 불어나게 되었고 존스턴 장군은 불가피하게 그의 계획을 변경했다. 그는 강의 북쪽에서 남쪽부대를 지원하기는 어려울 것이라고 판단하고 일단 상대적으로 소규모인 강의 남쪽 북군을 먼저 공격하기로 결심했다. 변경된 계획은 우선 힐(A.P. Hill) 장군과 매그루더 장군이 강 이북의 북군을 견제하는 동안 강 아래 우측에서 롱스트리트(Longstreet) 장군이 공격한다는 것이었다.

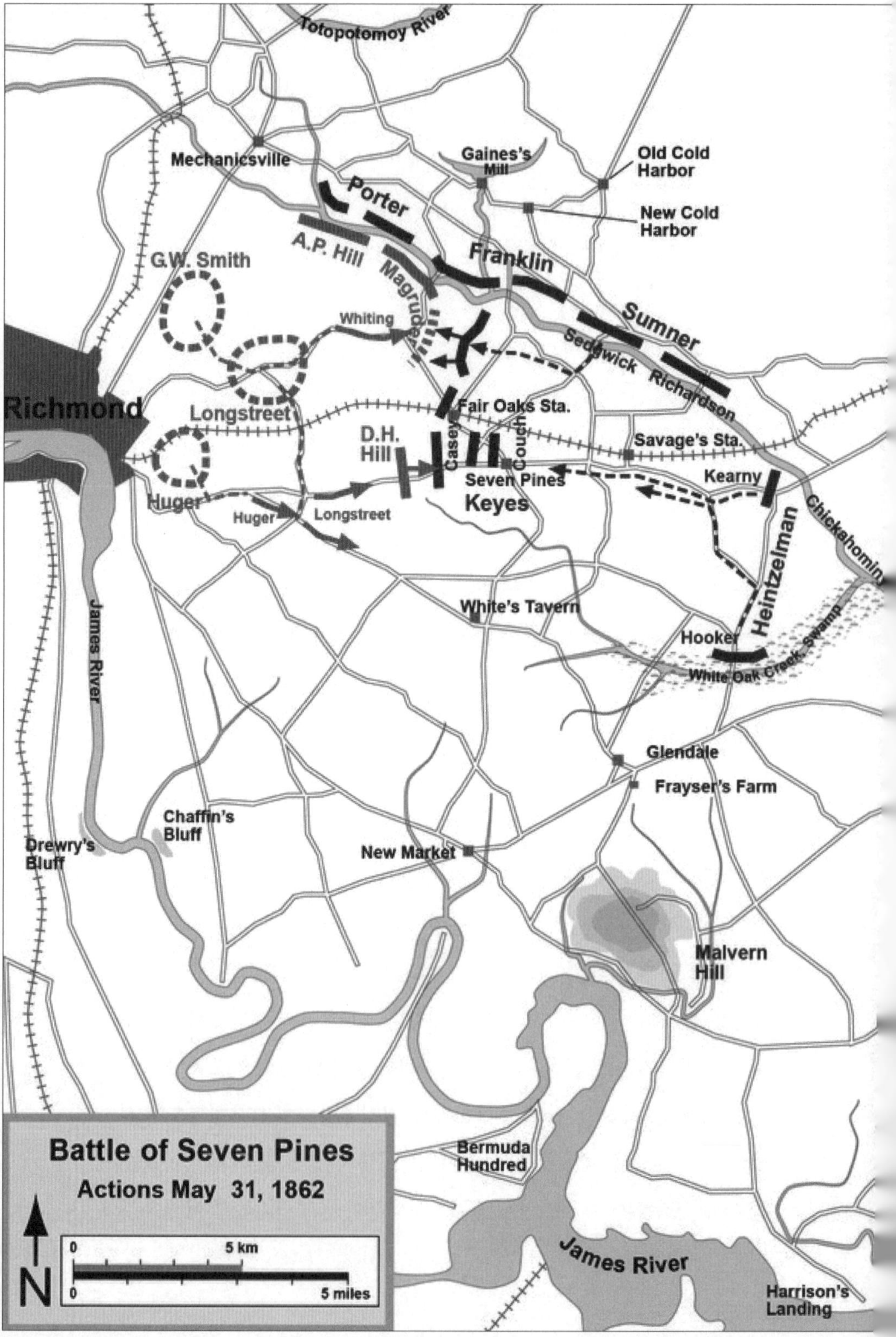

Totopotomoy River
Mechanicsville
Gaines's Mill
Old Cold Harbor
New Cold Harbor
Porter
A.P. Hill
Franklin
G.W. Smith
Magruder
Whiting
Sumner
Sedgwick
Richardson
Richmond
Longstreet
Fair Oaks Sta.
D.H. Hill
Casey
Couch
Savage's Sta.
Seven Pines
Keyes
Kearny
Huger
Huger
Longstreet
Chickahominy
Heintzelman
White's Tavern
Hooker
White Oak Creek Swamp
James River
Glendale
Frayser's Farm
Chaffin's Bluff
Drewry's Bluff
New Market
Malvern Hill
Battle of Seven Pines
Actions May 31, 1862
N
0
5 km
0
5 miles
Bermuda Hundred
James River
Harrison's Landing

〈세븐 파인즈 전투〉

드디어 1862년 5월 31일 리치먼드 동쪽의 세븐 파인즈(Seven Pines) 일대에서 전투가 시작되었다. 그러나 존스턴 장군의 작전은 롱스트리트 장군이 잘못된 지도로 인해 계획했던 기동로를 벗어나 우측에 배치되어 있던 힐 장군의 부대와 겹치게 되면서 차질을 빚기 시작했다. 또한 존스턴 장군의 작전명령 문서를 정확하게 이해하지 못한 예하부대 간의 협조도 제대로 이루어지지 못했다. 게다가 예상과는 달리 북군이 강을 건너 증원해옴으로써 강물이 불어나 도하를 할 수 없을 것이라는 판단도 빗나가 버렸다.

결국 치열한 공방전 끝에 전투는 무승부로 끝나게 되었으나 다소의 전략적 효과는 거두게 되었다. 우선 맥클렐런 장군은 리치먼드를 포위하려던 그의 공격작전을 포기하고 링컨에게 요청한 추가병력을 기다리기로 결심했다. 이로 인해 북군은 전략적 기세를 더 이상 유지할 수 없게 되었다. 이와 더불어 존스턴 장군이 이 전투에서 치명적인 부상을 입어 보다 공격적 성향의 리 장군으로 교체되었다. 세븐 파인즈 전투에서 부상을 입은 존스턴 장군의 지휘권을 인수한 리 장군은 맥클렐런 장군의 진격에 대비해서 거의 한달 동안 리치먼드 방어선을 구축하기 위해 시간을 보냈다. 그는 제임스 강을 따라 리치먼드 남쪽의 피터스버그 인근까지 총 50킬로미터에 이르는 방어선을 구축했다.

한편 맥클렐런 장군은 리 장군을 공격하기 위해 포터(Fitz John Porter) 장군의 5군단만을 강의 북쪽에 남겨놓은 채 전 부대를 치카호미니 강 이남으로 재배치했다. 리 장군은 북군에 비해 전투력이 열세인 상황에서 남군이 장기적인 소모전이나 포위 작전을 수행하기에는 무리가 있다는 판단 아래 정면보다는 북군의 측방을 공격하기 위한 계획을 수립했다. 그는 우선 2개 사단만을 남쪽에 남겨두어 북군을 견제하고 대부분의 부대를 치카호미니 강을 건너 북쪽으로 이동시켰다. 이렇게 되면 리 장군은 강의 북쪽에 북군 3만 명에 대해 6만 5,000명으로 상대적인 집중을 통해 압도적 병력의 우세를 달성할 수 있으며, 남쪽에 잔류한 2만 5,000명의 병력으로 리치먼드를 방어하면서 북군 6만 명을 고착할 수 있다는 것이 그의 계산이었다. 리 장군의 궁극적인 의도는 주력 부대가 우회기동으로 북군을 공격하는 동안 견제하는 부대가 북군 포터 장군의 부대를 공격한 다음 맥클렐런 장군의 부대를 후방에서 차단하는 것이었다.

한편 맥클렐런 장군은 셰넌도어 계곡 전투에 참여했던 잭슨 장군의 부대가 곧 증원될 것이라는 정보를 입수하자 공격을 지체할 경우 상황이 더욱 불리해질 것이라는 판단 아래 6월 25일 먼저 남군에 대한 공격을 시작했다. 이로써 시작된 7일 전투는 북군의 메카닉스빌(Mechanicsville) 일대 공격을 시작으로 이후 반격에 나선 리 장군의 7월 1일 맬번 고지(Malvern Hill)에서 북군에 대한 정면 공격까지 7일 동안 계속되었다. 본격적인 공격에 앞서 리 장군은 6월 13일 남군의 공격방향을 기만하고 포터 장군의 우측이 개방되어 있는지 확인하기 위해 스튜어트(J. E. B. Stuart) 준장이 지휘하는 기병여단을 북군 진지 깊숙이 침투시켰다. 이와 더불어 셰넌도어 계곡에 위치하고 있던 잭슨 장군에게도 버지니아 반도 지역으로 이동할 것을 명령했다. 6월 25일 맥클렐런 장군은 공격에 유리한 지형을 확보하기 위해 치카호미니 강의 남쪽에서 메카닉스빌 일대에서 먼저 공격했다. 그런데 기동로 상의 울창한 산림과 그 사이의 늪지대로 인해 진격의 속도가 떨어지기 시작했고 남군의 효과적인 방어로 인해 북군의 첫 번째 공격은 실패로 돌아갔다.

한편 강의 북쪽에서는 잭슨 장군의 부대가 셰넌도어 계곡에서

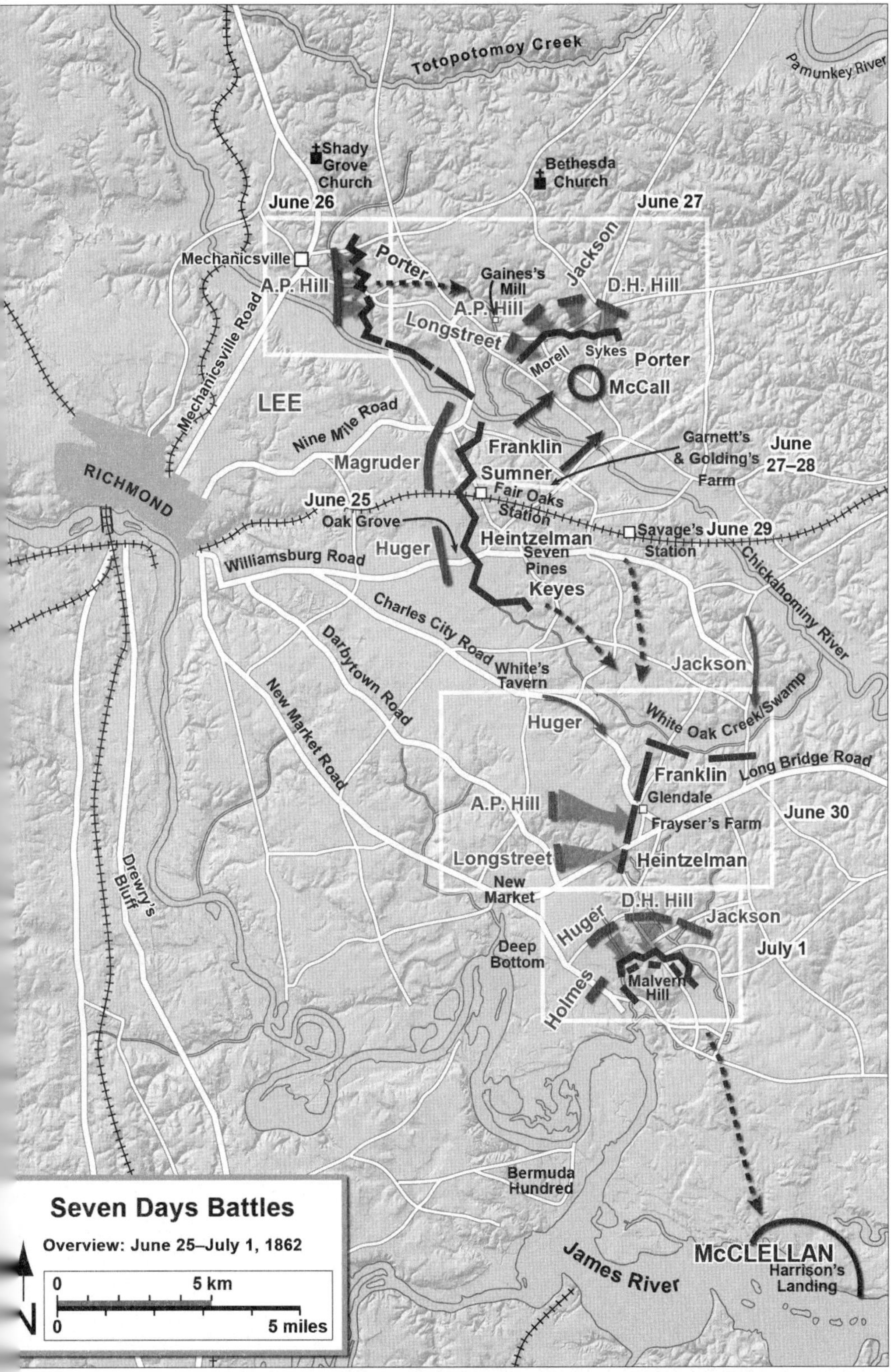
Totopotomoy Creek
Pamunkey River
Shady Grove Church
Bethesda Church
June 26
June 27
Mechanicsville
A.P. Hill
Porter
Gaines's Mill
Jackson
D.H. Hill
A.P. Hill
Longstreet
Morell
Sykes
Porter
McCall
Mechanicsville Road
LEE
Nine Mile Road
Franklin
Garnett's & Golding's Farm
June 27–28
Magruder
Sumner
RICHMOND
June 25
Fair Oaks Station
Oak Grove
Savage's Station
June 29
Huger
Heintzelman
Williamsburg Road
Seven Pines
Keyes
Chickahominy River
Charles City Road
White's Tavern
Jackson
Darbytown Road
New Market Road
Huger
White Oak Creek/Swamp
Franklin
Long Bridge Road
Glendale
A.P. Hill
Frayser's Farm
June 30
Longstreet
Heintzelman
Drewry's Bluff
New Market
D.H. Hill
Jackson
Huger
July 1
Deep Bottom
Holmes
Malvern Hill
Bermuda Hundred
Seven Days Battles
Overview: June 25–July 1, 1862
0
5 km
0
5 miles
James River
McCLELLAN
Harrison's Landing

〈7일 전투〉

이동해 전선에 도착했고 6월 26일 힐 장군과 함께 반격에 나섰다. 리 장군은 힐 장군의 사단이 포터 장군의 전방에서 기만하는 동안 잭슨 장군의 부대가 북군의 후방으로 이동해서 공격하도록 계획했다. 그러나 잭슨 장군의 부대는 지난 전투로 매우 지쳐있는 상태였기 때문에 계획된 장소에 늦게 도착했다. 이에 따라 힐 장군은 단독으로 공격을 실시했으나 북군의 효과적인 방어로 많은 사상자를 남긴 채 1일차 전투는 일단락되었다.

힐 장군이 메카닉스빌 일대에서 전투를 치르고 난후 6월 27일 리 장군은 기세를 다시 이어가기 위해 게인스 밀(Gaines's Mill) 방향으로 공격하도록 명령했다. 이에 따라 힐 장군의 부대가 오전 비버 댐 강(Beaver Dam Creek)을 확보하고 계속 동쪽으로 진격했다. 북군의 포터 장군은 게인스 밀을 사수하라는 맥클렐런 장군의 명령에 따라 이 일대에 방어선을 형성했다. 그러나 강력한 남군의 공격에 포터 장군의 부대가 더 이상 방어가 불가할 것으로 판단되자 맥클렐런 장군은 6월 29일 강의 남쪽으로 철수하여 본대에 합류하도록 명령했다. 추격에 나선 남군의 작전은 긴밀하게 협조되지 못했을 뿐 아니라 북군의 방어선도 만만치 않았다. 결국 하루가 지나서야 리 장군은 북군의 진지를 돌파했고 맥클렐런 장군은 다시 후방으로 철수했다. 이후 이틀 동안 소강상태가 계속되었다. 6월 30일 남군은 공격을 재개했고 글렌데일(Glendale) 전투에서 퇴각하는 북군에 대해 남군의 부대가 집중적으로 공격하여 북군에는 엄청난 사상자가 발생했다. 이 전투에서 리 장군은 마지막으로 북군의 후방을 차단하려 했으나 연속된 전투로 인해 피로가 쌓인 잭슨 장군의 부대가 포위망을 형성하지 못해 실패로 돌아갔다.

마지막 전투는 7월 1일 실시되었다. 이날 공격에서 북군은 맬번 고지에 위치한 포병과 해군 함포의 지원을 받는 가운데 방어선을 한층 강화했고 여기에 리 장군은 북군 방어진지에 대한 무모한 정면 공격을 실시했다. 이 전투에서 남군은 5,600명의 사상자가 발생했고 북군은 3,000명의 사상자가 발생했다. 맥클렐런 장군은 남군의 공격을 더 지탱할 수 있을 것으로 판단했지만 더 이상의 전투는 무의미하다고 판단하여 부대를 제임스 강변의 해리슨스 랜딩(Harrisons' Landing)으로 철수시켰다.

맬번 고지 전투는 7일 동안의 전투와 궁극적으로 버지니아 반도에서의 전투를 종결짓는 신호탄이 되었다. 맥클렐런 장군의 포토맥 군은 제임스 강 인근으로 안전하게 철수를 완료했고 8월까지 이 지역에 머물렀다. 전투가 끝나고 10일이 지난 1862년 7월 11일 링컨은 북군 총사령관으로 맥클렐런 장군의 후임인 핼럭(Henry W. Halleck) 장군을 임명함으로써 맥클렐런 장군의 전투수행에 관한 불편한 마음을 간접적으로 표출했다. 하지만 맥클렐런 장군에게 포토맥 군 사령관 직위는 유지시켜주었다.

버지니아 반도 전투는 결과적으로 양측에 많은 피해를 불러왔다. 리 장군의 북 버지니아 군은 7일 동안의 전투에서 총 9만 명의 병력 중 2만 명의 사상자가 발생했고 맥클렐런 장군의 포토맥 군은 10만 5,445명의 병력 중 1만 6,000명의 사상자가 발생했다. 비교적 성공적인 초기 전투로 전쟁의 조기 종결을 기대했던 북군의 사기는 크게 저하되었다. 반면 리 장군의 무모한 전술적 운용으로 많은 사상자가 발생했음에도 불구하고 남군의 사기는 매우 고조되었다. 이제 리 장군은 북군이 다시 리치먼드를 공격하지 않을 것이라는 확신을 가지게 되었고 버지니아 북부와 메릴랜드를 향한 과감한 공세를 이어가고자 했다.

5.
버지니아 북부[8] 전투(1862)

링컨은 버지니아 반도 전투 이후 이 지역에서 작전을 보다 효과적으로 통제하기 위해 1862년 6월 26일 버지니아 군을 새롭게 창설하고 사령관으로 포프(John Pope) 장군을 임명했다. 포프 장군은 서부 지역 전투에서 전과를 올린 바 있으며 조심스러운 성격의 맥클렐런 장군에 비해 보다 공세적 기질의 장군으로 링컨의 의도에 부합하는 인물이었다. 버지니아 군은 당시 버지니아 주 북쪽에서 작전을 수행해왔던 프레몬트 장군의 부대와 맥도웰 장군의 부대, 그리고 뱅크스 장군의 부대를 3개 군단으로 개편하여 5만 명으로 편성되었으며 맥클렐런 장군의 포토맥 군에서 3개 군단이 후에 추가적으로 전환되어 7만 5,000여 명에 이르렀다.

포프 장군의 임무는 우선 남군의 공격으로부터 워싱턴과 셰넌도어 계곡을 방어하는 것과 리치먼드 북방의 고든스빌(Gordonsville) 방향으로 공격하여 버지니아 반도의 맥클렐런 장군의 압력을 해소해주는

8) 버지니아 북부 전투는 1861년의 제1차 불런 전투와 셰넌도어 계곡 전투가 벌어졌던 장소에서 다시 남과 북이 충돌한 전투였다.

것이었다. 포프 장군은 두 번째 임무부터 실행에 옮기기로 하고 고든스빌과 샬롯빌(Charlottesville)을 연결하는 철도를 단절하기 위해 기병대를 파견했다. 기병대는 이동 중 잭슨 장군이 이끄는 1만 4,000명의 병력이 고든스빌에 진지를 점령하고 있음을 알게 되었다.

리치먼드를 위협하는 북군을 성공적으로 격멸한 리 장군은 버지니아 북부와 메릴랜드로 진격하기 위한 2개의 공격작전을 계획했다. 리 장군은 맥클렐런 장군이 반도에서 더 이상 위협이 되지 않을 것이라는 판단 아래 리치먼드 방어를 위해 그의 전 부대를 투입할 필요는 없을 것이라고 생각했다. 따라서 리 장군은 잭슨 장군의 부대를 고든스빌에 재배치하여 포프 장군의 진격을 막아내는 한편 철도를 장악하도록 했다. 이와 더불어 리 장군은 북군이 반도 일대에 주둔하고 있는 맥클렐런 장군과 워싱턴을 연하여 공격을 준비 중인 포프 장군이 상당한 거리를 두고 배치되어 있었기 때문에 워싱턴에 가까이 배치된 포프 장군의 부대를 먼저 공격하여 각개격파하고자 했다.

1862년 7월 29일 포프 장군은 고든스빌을 공격하기 위해 그의 일부 부대를 시다(Cedar) 산 근처로 이동시켰다. 잭슨 장군도 8월 7일을 기해 북쪽의 컬페퍼(Culpeper) 방향으로 이동했다. 이때 리 장군은 프레드릭스버그에 위치한 번사이드(Ambrose Burnside) 장군의 부대가 포프 장군을 지원하기 위해 이동할 것이라는 판단 아래 힐 장군의 부대를 잭슨 장군의 부대와 합류시켰다. 8월 9일 뱅크스(Nathaniel Banks) 장군의 군단이 시다 산에서 잭슨 장군의 부대를 공격, 전세를 유리하게 이끌어가기 시작했다. 그러자 힐 장군의 역습이 이어졌고 뱅크스의 군단을 시다 강(Cedar Creek) 쪽으로 밀어냈다. 8월 13일 리 장군은 맥클렐런 장군이 반도에서 이동할 것임을 확신하고 롱스트리트(James Longstreet) 장

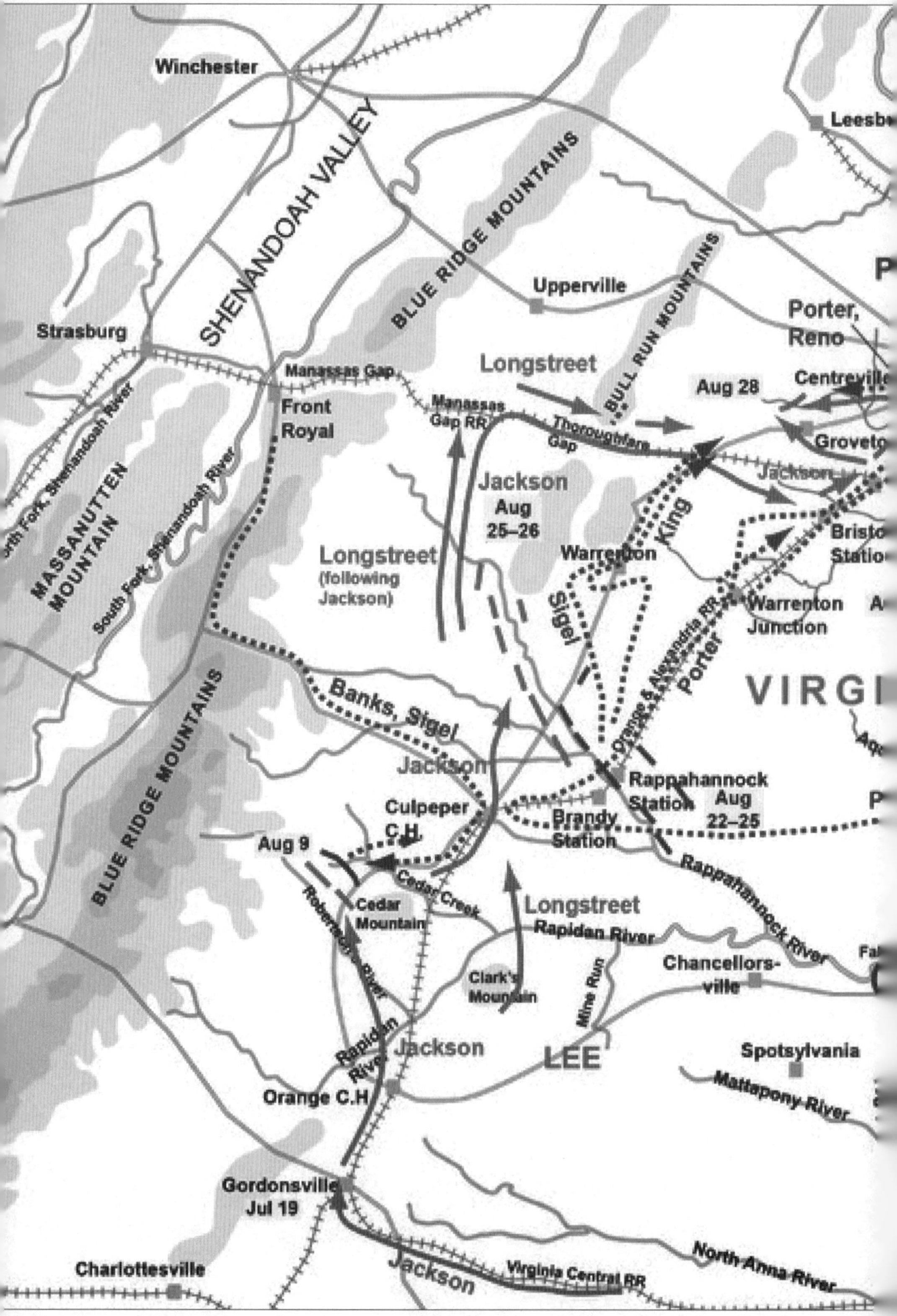
Winchester
SHENANDOAH VALLEY
BLUE RIDGE MOUNTAINS
Upperville
BULL RUN MOUNTAINS
Strasburg
Manassas Gap
Front Royal
Manassas Gap RR
Longstreet
Thoroughfare Gap
Aug 28
Centreville
Porter, Reno
Groveton
Jackson
Jackson Aug 25–26
King
Bristoe Station
Warrenton
Longstreet (following Jackson)
Sigel
Warrenton Junction
Orange & Alexandria RR
Porter
VIRGI
MASSANUTTEN MOUNTAIN
North Fork, Shenandoah River
South Fork, Shenandoah River
Banks, Sigel
Jackson
Rappahannock Station Aug 22–25
Brandy Station
Culpeper C.H
Aug 9
Cedar Creek
Cedar Mountain
Robertson River
Longstreet
Rapidan River
Rappahannock River
Clark's Mountain
Mine Run
Chancellorsville
Rapidan River
Jackson
LEE
Spotsylvania
Orange C.H
Mattapony River
Gordonsville Jul 19
Charlottesville
Jackson
Virginia Central RR
North Anna River
BLUE RIDGE MOUNTAINS
Leesb

〈버지니아 북부 전투〉

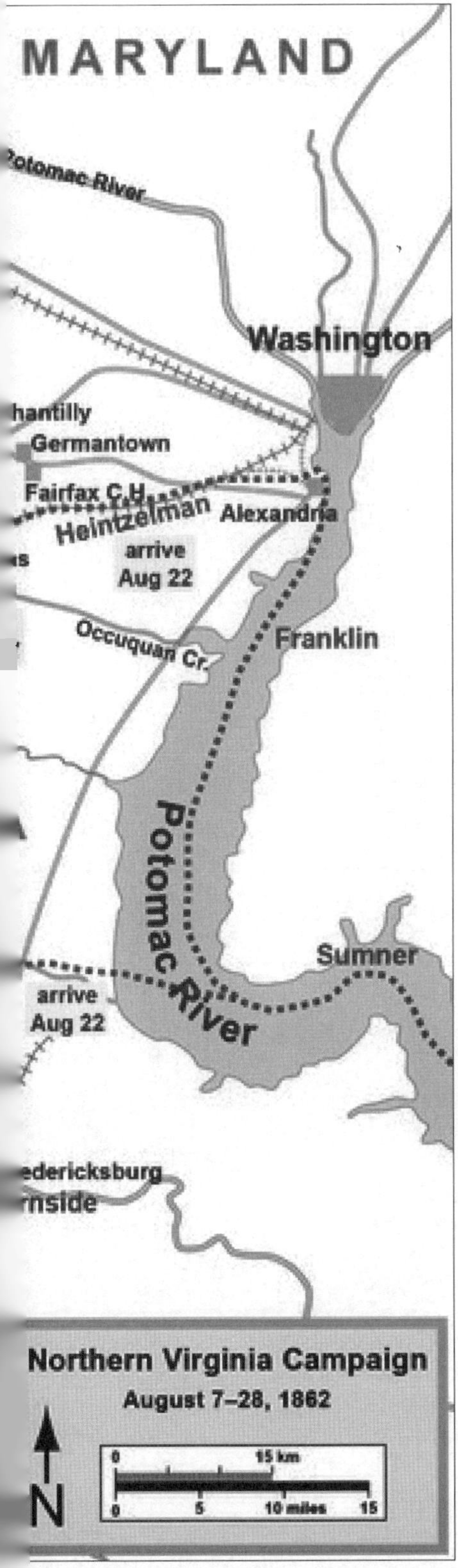

군에게 잭슨 장군의 부대를 지원하도록 하는 한편 다음 날인 14일 2개의 여단만 남겨둔 채 전 부대를 공격에 투입했다. 리 장군 자신도 8월 15일 부대를 직접 지휘하기 위해 고든스빌에 도착했다. 그의 계획은 맥클렐런 장군의 증원군이 도착하기 이전에 잭슨 장군과 롱스트리트 장군이 양방향에서 공격하여 라파해녹 강 이남에서 북군을 격멸하는 것이었다. 하지만 포프 장군은 이미 그의 기병대가 리 장군의 공격계획을 입수한 터라 신속하게 라파해녹 강 이북으로 철수했고 리 장군의 최초 계획은 무산되었다. 8월 22일부터 25일까지 라파해녹 역(Station) 일대에서 산발적인 전투가 실시되었고 8월 25일 포토맥 군의 3개 군단이 포프 장군의 부대를 지원하기 위해 도착했다. 이제 압도적으로 우세한 북군과 직면한 리 장군은 그의 계획을 수정하여 알렉산드리아(Alexandria)에 이르는 포프 장군의 보급 철로를 차단하기 위해 잭슨 장군의 부대와 스튜어

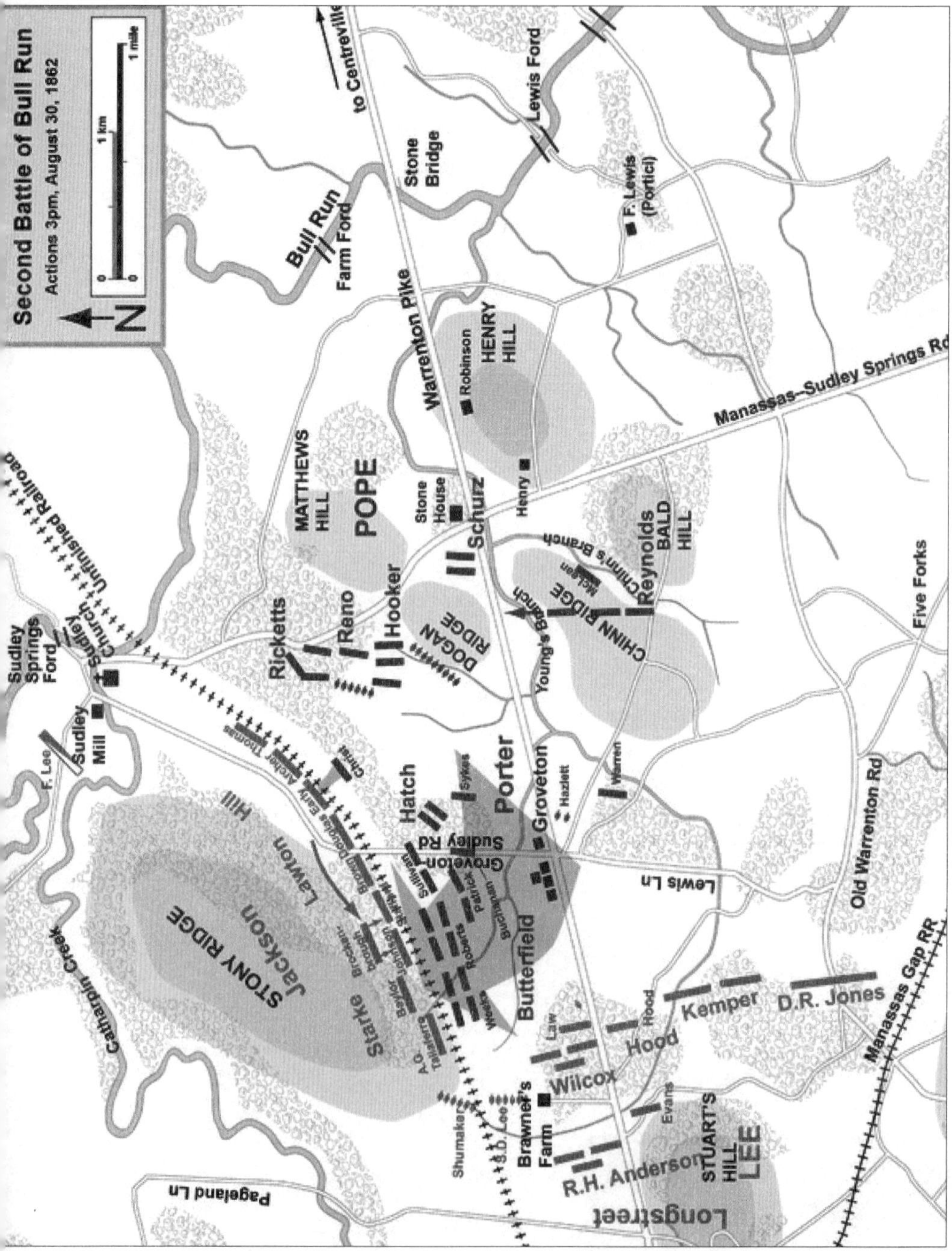
Second Battle of Bull Run
Actions 3pm, August 30, 1862
N
1 km
1 mile
to Centreville
Stone Bridge
Lewis Ford
Bull Run
Farm Ford
F. Lewis (Portici)
Warrenton Pike
Robinson
HENRY HILL
Manassas–Sudley Springs Rd
MATTHEWS HILL
POPE
Stone House
Schurz
Henry
Chinn's Branch
Reynolds
BALD HILL
CHINN RIDGE
Young's Branch
DOGAN RIDGE
Hooker
Reno
Ricketts
Sudley Springs Ford
Sudley Church
Unfinished Railroad
Sudley Mill
F. Lee
Porter
Sykes
Hatch
Groveton
Hazlett
Warren
Groveton–Sudley Rd
Lewis Ln
Five Forks
Old Warrenton Rd
Lawton
Hill
Jackson
STONY RIDGE
Starke
Catharpin Creek
Butterfield
Buchanan
Roberts
Patrick
Sullivan
Weeks
Baylor
Johnson
A.G. Taliaferro
Law
Hood
Kemper
D.R. Jones
Wilcox
Brawner's Farm
Shumaker
S.D. Lee
Evans
R.H. Anderson
STUART'S HILL
LEE
Longstreet
Manassas Gap RR
Pageland Ln

〈제2차 불런 전투〉

트 장군의 기병대를 북서쪽으로 우회기동시켰다. 잭슨 장군의 부대는 8월 26일 계획대로 포프 장군의 측방을 돌아 브리스토 역(Bristoe Station) 인근을 확보했고 8월 27일 여명을 기해 북군의 대규모 보급기지가 위치한 매너서스(Manassas)를 장악하기 위해 기동했다. 남군의 기습 공격으로 포프 장군은 라파해녹 강의 방어선에서 철수하여 매너서스 방향으로 이동했다. 8월 27일과 28일 밤사이 잭슨 장군의 부대는 제1차 불런 전투가 벌어졌던 장소로 이동했고 롱스트리트 장군의 부대는 잭슨 장군의 부대와 협공하기 위해 이동 중이었다. 8월 28일 오전 포프 장군은 그로브턴(Groveton) 일대에서 롱스트리트 장군의 부대가 도착하기 전에 먼저 스토니 능선(Stony Ridge)에 위치한 잭슨 장군의 부대를 공격했다. 전투는 수 시간 동안 지속되었으나 잭슨 장군은 능선을 사수했다. 정오에 이르러 롱스트리트 장군이 현장에 도착하였고 잭슨의 우 측방에 진지를 편성했다. 8월 29일 아침을 기해 롱스트리트 장군은 슈튜어트 고지(Stuart's Hill)로부터 그로브턴 방향으로 공격을 개시했다.

남군의 포병이 북군에 대해 집중사격을 가하였고 이때까지 롱스트리트 장군의 투입을 모르고 있었던 북군은 좌 측방 방어선이 서서히 무너지기 시작했다. 이어 잭슨 장군은 도건 능선(Dogan Ridge) 방향으로 이동하여 북쪽에서 압박하고 동시에 남쪽에서는 롱스트리트 장군이 친 능선(Chin Ridge)에서 포프 장군의 부대를 공격했다. 결국 포프 장군은 그로브턴 북동 방향의 센트레빌(Centreville)로 병력을 철수시켰다. 철수 간 퇴각로를 확보하여 그나마 제1차 불런 전투와 같은 참화를 피할 수 있었다.

리 장군은 버지니아 북부 전투에서 승리함으로써 차후 메릴랜드로 진격을 위한 발판을 마련하게 되었다. 그러나 그 대가도 만만치 않았다. 북군은 1만 6,000여 명의 사상자가 발생했고 남군도 9,000여 명의 사상자가 발생했다. 리 장군은 북군의 7만 5,000명의 병력에 비해 4만 8,000명이라는 전투력의 절대적 열세에 놓여 있었음에도 불구하고 잭슨 장군과 롱스트리트 장군의 부대를 과감하게 우회기동시킴으로써 북군을 위협했고 군단이라는 새로운 제대를 편성[9]해 잭슨 장군과 롱스트리트 장군이 상호 긴밀한 협조 아래 효과적인 작전을 수행할 수 있었다. 링컨은 이 전투에서 패배한 포프 장군을 해임하고 새롭게 창설했던 버지니아 군도 해체했다.

9) 리 장군은 이 전투에서 처음으로 군단(Corps)을 편성했다. 남군의 경우, 군(Army)은 바로 사단과 연대, 그리고 대대 및 중대로 편성되었지만 작전을 효과적으로 통제하기 위해 리 장군이 임의적으로 편성한 것이다. 남군은 1862년 12월에 군의 조직법 수정을 통해 군단 제대를 공식화했다.

6.
메릴랜드 전투(1862)

버지니아 북부의 제2차 불런 전투의 승리 이후 리 장군은 북으로의 공격이라는 거대한 도전을 다시 시작했다. 그의 목표는 버지니아 주 북쪽에 위치한 메릴랜드 주와 펜실베이니아 주였다. 이곳은 워싱턴으로 이르는 볼티모어-오하이오 철도 노선(Baltimore & Ohio Rail Road)이 위치한 곳으로 이를 차단하게 되면 워싱턴을 고립시킬 수 있었다. 또한 공격의 고삐를 늦추지 않고 북군의 전투력을 지속적으로 파괴시킴으로써 북군의 사기를 저하시켜 놓고자 했다. 특히 리 장군은 노예제를 유지하고 있던 메릴랜드 주를 흔들어 놓게 되면 궁극적으로 링컨이 전쟁을 끝내기 위해 협상에 임할 것으로 생각했다.

리 장군이 이끄는 북 버지니아 군은 9월 3일 센트레빌을 출발하여 리스버그(Leesburg)에 도착한 이후 포토맥 강을 넘어 메릴랜드 주의 프레드릭(Frederick)에 9월 9일 당도했다. 리 장군의 구체적인 목표는 우선 펜실베이니아 주의 게티즈버그(Gettysburg) 북방의 해리스버그(Harrisburg)까지 진격하여 북동쪽으로 이어지는 동서 철로를 차단하고, 이어 해리스버그 동쪽에 위치한 필라델피아와 같은 동부의 주요 도시

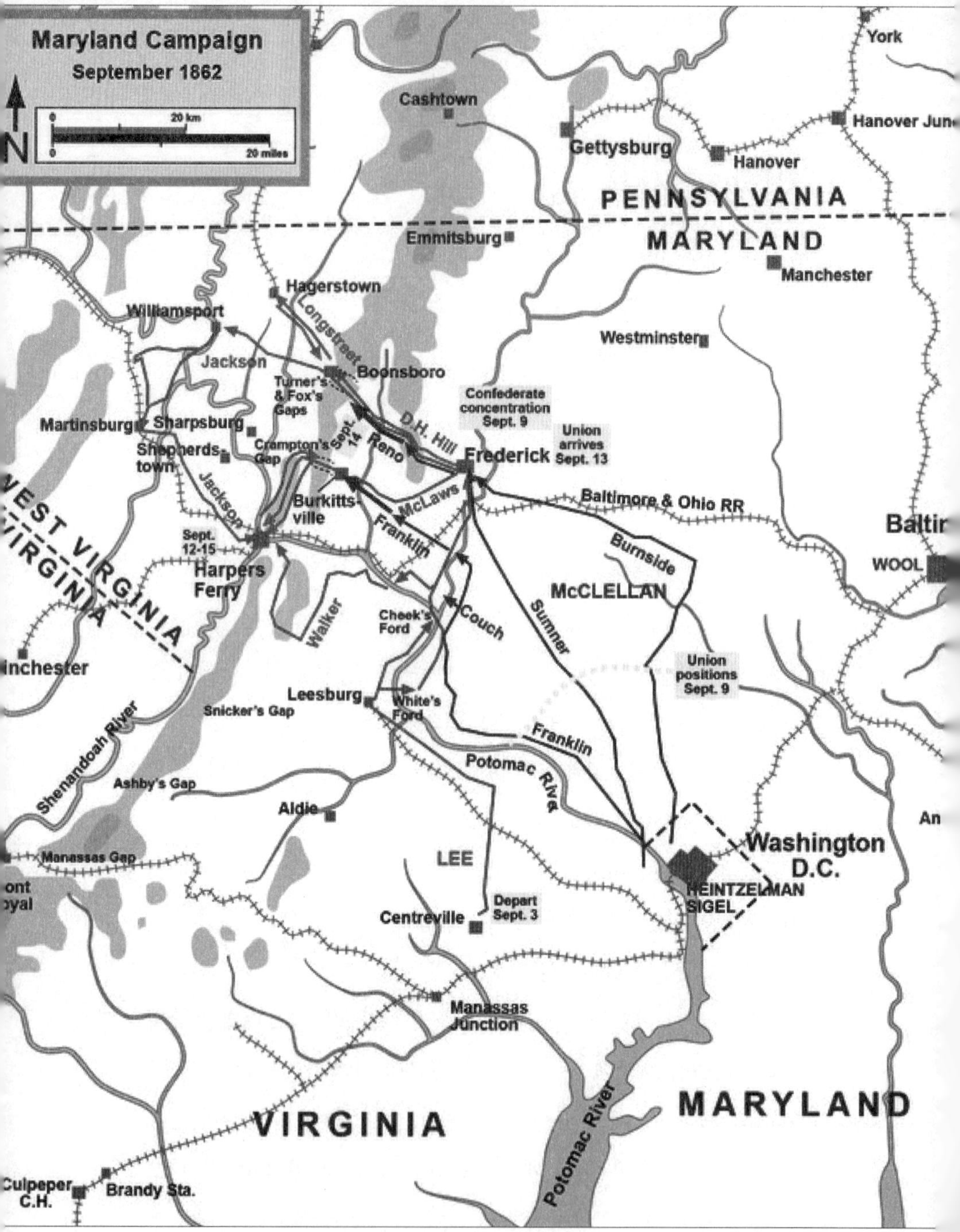
Maryland Campaign
September 1862
N
20 km
20 miles
York
Cashtown
Gettysburg
Hanover
Hanover Jun
PENNSYLVANIA
MARYLAND
Emmitsburg
Manchester
Hagerstown
Longstreet
Williamsport
Westminster
Jackson
Boonsboro
Turner's & Fox's Gaps
Confederate concentration Sept. 9
Martinsburg
Sharpsburg
D.H. Hill
Union arrives Sept. 13
Shepherdstown
Crampton's Gap
Sept. 14
Reno
Frederick
Jackson
McLaws
Baltimore & Ohio RR
Burkittsville
Franklin
Sept. 12-15
Harpers Ferry
WEST VIRGINIA
VIRGINIA
Burnside
WOOL
McCLELLAN
Cheek's Ford
Couch
Walker
Sumner
Union positions Sept. 9
Leesburg
White's Ford
Snicker's Gap
Shenandoah River
Franklin
Potomac River
Ashby's Gap
Aldie
Washington D.C.
Manassas Gap
LEE
HEINTZELMAN
SIGEL
Depart Sept. 3
Centreville
Manassas Junction
MARYLAND
VIRGINIA
Potomac River
Brandy Sta.
Culpeper C.H.

〈메릴랜드 전투〉

를 공격하는 것이었다. 만약 필라델피아를 장악할 수 있다면 그 남쪽에 위치한 볼티모어를 공략하고 이후 계속 남진하여 워싱턴까지도 진격이 가능했다.

남군의 침략에 대한 소식이 전해지자 북부는 공포에 휩싸이게 되었고 링컨은 신속한 행동을 취해야만 했다. 그는 버지니아 반도로부터 복귀한 이후 어려운 상황에 처해 있었던 맥클렐런 장군을 다시 불러 워싱턴 주변의 모든 부대에 대한 지휘권을 부여하고 리 장군에 맞서도록 했다. 리 장군은 우선 버지니아 북부 전투에서와 같이 그의 부대를 양분하여 롱스트리트 장군의 부대는 헤이저스타운(Hagerstown)을

〈하퍼스 페리, 출처: en.wikipedia.org〉

확보하고, 잭슨 장군의 부대는 셰넌도어 계곡으로부터 리 장군의 보급로를 확보하기 위해 하퍼스 페리(Harpers Ferry)를 장악하도록 했다. 이에 따라 맥클렐런 장군도 리 장군의 공격에 대응하기 위해 9월 9일 이동을 시작하여 9월 13일 8만 7,000명의 병력이 워싱턴으로부터 프레드릭에 도착했다.

이러한 상황에서 9월 15일 하퍼스 페리에 당도한 잭슨 장군은 시가지가 내려다보이는 고지에 포병을 배치하고 마일즈(D.S. Miles) 장군이 이끄는 1만 2,000명의 경계부대에게 항복을 요구했다. 북군 경비대의 항복으로 하퍼스 페리를 장악한 이후 잭슨 장군은 힐 장군의 부대만을 이곳에 배치하고 리 장군의 부대에 합류했다. 한편 맥클렐런 장군의 부대가 프레드릭으로 이동하던 중 북군의 병사 2명이 버려진 담배 종이에서 리 장군의 작전계획을 입수하게 되었다. 작전계획에는 리 장군이 그의 부대를 지리적으로 양분하여 북군을 각개격파한다는 내용이 포함되어 있었다. 그런데 맥클렐런 장군은 입수된 정보에도 불구하고 신중한 성격으로 인해 하루 동안 아무런 조치도 취하지 않은 채 보냈다.

9월 13일 저녁 맥클렐런 장군은 롱스트리트 장군이 이끄는 부대의 일부가 메릴랜드 주 헤이저스타운 바로 북쪽의 펜실베니아 주에 위치한 사우스 산(South Mountain)의 통로에서 방어하고 있다는 정보를 입수했다. 이에 따라 9월 14일 북군의 공격으로 시작된 사우스 산 전투에서 남군은 수적으로 월등한 우세에 있었던 북군에 밀려 후퇴했고 맥클렐런 장군은 리 장군이 병력을 집중하기 전에 격파시킬 수 있는 유리한 위치를 점령했다. 맥클렐런 장군의 공격을 지켜본 리 장군은 그의 계획이 노출되었음을 알게 되었다. 그러나 리 장군은 만약 하

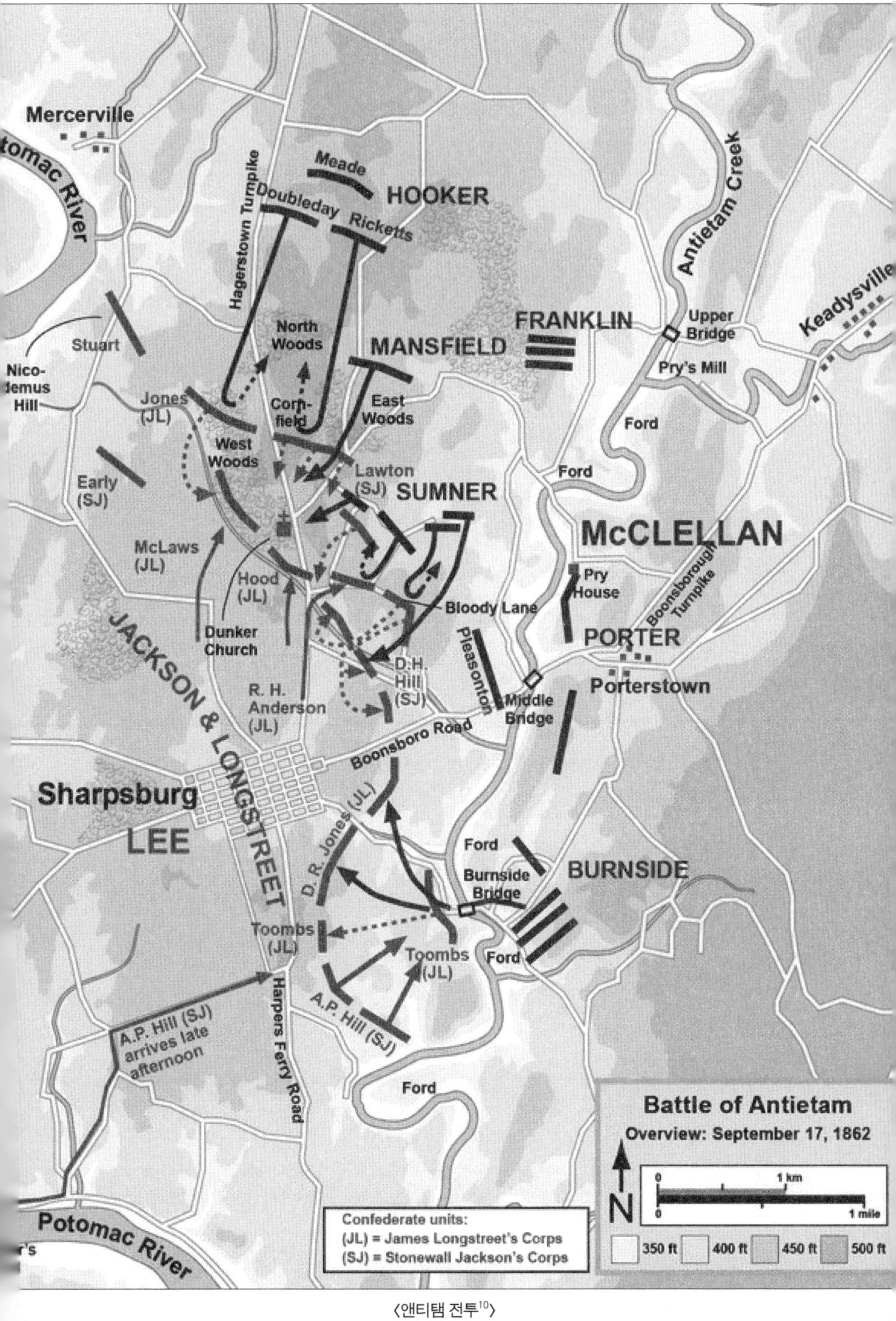
Battle of Antietam
Overview: September 17, 1862
Confederate units:
(JL) = James Longstreet's Corps
(SJ) = Stonewall Jackson's Corps
350 ft
400 ft
450 ft
500 ft
1 km
1 mile
N
Mercerville
Potomac River
HOOKER
Meade
Doubleday
Ricketts
Hagerstown Turnpike
North Woods
MANSFIELD
FRANKLIN
Antietam Creek
Upper Bridge
Pry's Mill
Keadysville
Stuart
Nicodemus Hill
Jones (JL)
Cornfield
East Woods
West Woods
Early (SJ)
Lawton (SJ)
SUMNER
Ford
McCLELLAN
McLaws (JL)
Hood (JL)
Pry House
Bloody Lane
Boonsborough Turnpike
JACKSON & LONGSTREET
Dunker Church
Pleasonton
PORTER
D.H. Hill (SJ)
R. H. Anderson (JL)
Middle Bridge
Porterstown
Boonsboro Road
Sharpsburg
LEE
D. R. Jones (JL)
Burnside Bridge
BURNSIDE
Toombs (JL)
A.P. Hill (SJ)
A.P. Hill (SJ) arrives late afternoon
Harpers Ferry Road

〈앤티탬 전투[10]〉

퍼스 페리만을 장악하고 진격을 멈추게 된다면 남군의 사기에 영향을 미치게 될 것으로 판단하고 그의 최초 계획대로 우선 샤프스버그(Sharpsburg)를 완전히 장악한 후 북진을 계속하기로 결심했다.

드디어 9월 16일 맥클렐런 장군은 사우스 산 전투 이후 앤티탬 강(Antietam Creek) 서쪽 샤프스버그 인근에서 새로운 방어진지를 편성하고 있던 리 장군의 부대와 맞서게 되었다. 9월 17일 새벽 북군의 후커(Joseph Hooker) 소장이 이끄는 군단이 리 장군의 좌 측방에 대한 강력한 공격을 필두로 앤티템 전투가 시작되었다. 첫 번째 전투는 리 장군의 좌측 방어선인 웨스트 우드(West Woods)와 덩커 교회(Dunker Church)일대에서 치열한 공방전이 실시되었다. 북군 중앙의 섬너(Edwin V.Sumner)장군의 공격으로 남군의 중앙이 돌파되었으나 북군의 압박은 그리 오래가지 못했다. 이어 남군의 우 측방이 돌파되었다. 이때 하퍼스 페리로부터 도착한 힐(A.P. Hill)장군의 증원으로 북군 번사이드 장군의 돌파는 저지되었다. 결국 리 장군은 압도적인 병력의 우세에도 불구하고 승부를 내지 못한 채 세넌도어 계곡으로 철수했다.

앤티탬 전투는 미국의 전쟁 역사상 하루 동안의 전투에서 23,000명이라는 가장 많은 사상자를 내게 되었다. 이 전투는 비록 전술적 차원에서 승부를 내지 못했음에도 불구하고 리 장군의 메릴랜드를 장악하려던 원대한 계획이 좌절됨으로써 궁극적으로 북군은 전략적 승리를 거둘 수 있었다. 앤티탬 전투 직후 링컨은 노예 해방[11]을 선

---

10) 이 전투의 명칭은 전투가 수행된 중요한 지점에 따라 명명한 북군의 전통에 따른 것이며 남군에서는 실제 전투가 벌여졌던 도시의 이름을 따라 붙이기 때문에 샤프스버그 전투라고 칭한다.

11) 링컨은 1862년 9월 22일 메릴랜드 전투 직후 노예 해방을 선포했다. 실제 이 선포의 발효는 이듬해인 1863년 1월 1일이었다. 당시 각료들은 1863년에 노예 해방을 선포할 것을 건

언했고 남부에 대한 유럽 국가들의 지지가 급속하게 감소하는 계기가 되었다.

북군은 메릴랜드 전투에서 극적인 승리를 거두지는 못했지만 병력의 축차적 투입을 통해 전투력의 열세 상황에 있었던 남군을 지속적으로 소모시킴으로써 궁극적으로 북진하는 리 장군의 기세를 어느 정도 꺾을 수 있었다. 이를 통해 워싱턴에 대한 압력도 어느 정도 해소되었다. 물론 링컨의 입장에서는 이러한 전투의 결과에 만족할 수 없었다. 심지어 일각에서는 맥클렐런 장군이 이끄는 부대 중 1/3의 병력이 총 한번 제대로 쏘지 않고 전투를 종결했다고 비난했다. 그럼에도 불구하고 메릴랜드 전투를 기점으로 리 장군은 전술적 패배와 더불어 그의 야심찬 계획을 당분간 접어두어야만 했다.

의했으나 링컨은 전투가 승리로 종결된 직후 곧바로 선언하는 것이 보다 파급효과가 클 것으로 판단하여 이날 선포하게 되었다.

7.
프레드릭스버그 전투(1862-63)

1862년 말에 접어들자 링컨은 그의 입지를 강화하는 한편 북부인들의 지지를 더욱 굳게 다지기 위해 전쟁터에서의 승전보를 필요로 했다. 1862년 가을 서부지역에서는 남부가 켄터키 주를 공격했고 동부지역에서는 메릴랜드 주에서 남북이 서로 공방전을 펼쳤다. 비록 앤티탬 전투를 끝으로 북군은 동부지역에서 리 장군의 진격을 좌절시켰지만 링컨에게는 남군을 격멸시키지 못한 북군의 지휘관들에 대한 불만이 여전히 남아 있었다. 이에 따라 링컨은 북군 총사령관 핼럭 장군에게 공세를 재개할 것을 촉구했다. 결국 핼럭과의 논의 끝에 11월 7일 맥클렐런 장군을 해임하고 그의 후임으로 번사이드(Ambrose Burnside) 장군을 포토맥 군 사령관으로 임명했다. 이와 더불어 서부지역에서 작전 중이던 그랜트(Ulysses S. Grant) 장군에게도 미시시피강 인근의 요충지인 빅스버그(Vicksburg)를 조기에 장악하도록 지시했다.

링컨의 공세적인 작전수행의 주문에 따라 번사이드 장군은 공격계획의 핵심을 기동과 기만에 두고 수립했다. 즉, 전투력을 리치먼드로 직접 지향하는 대신 라파해녹 강을 건너 남서쪽으로 기동하

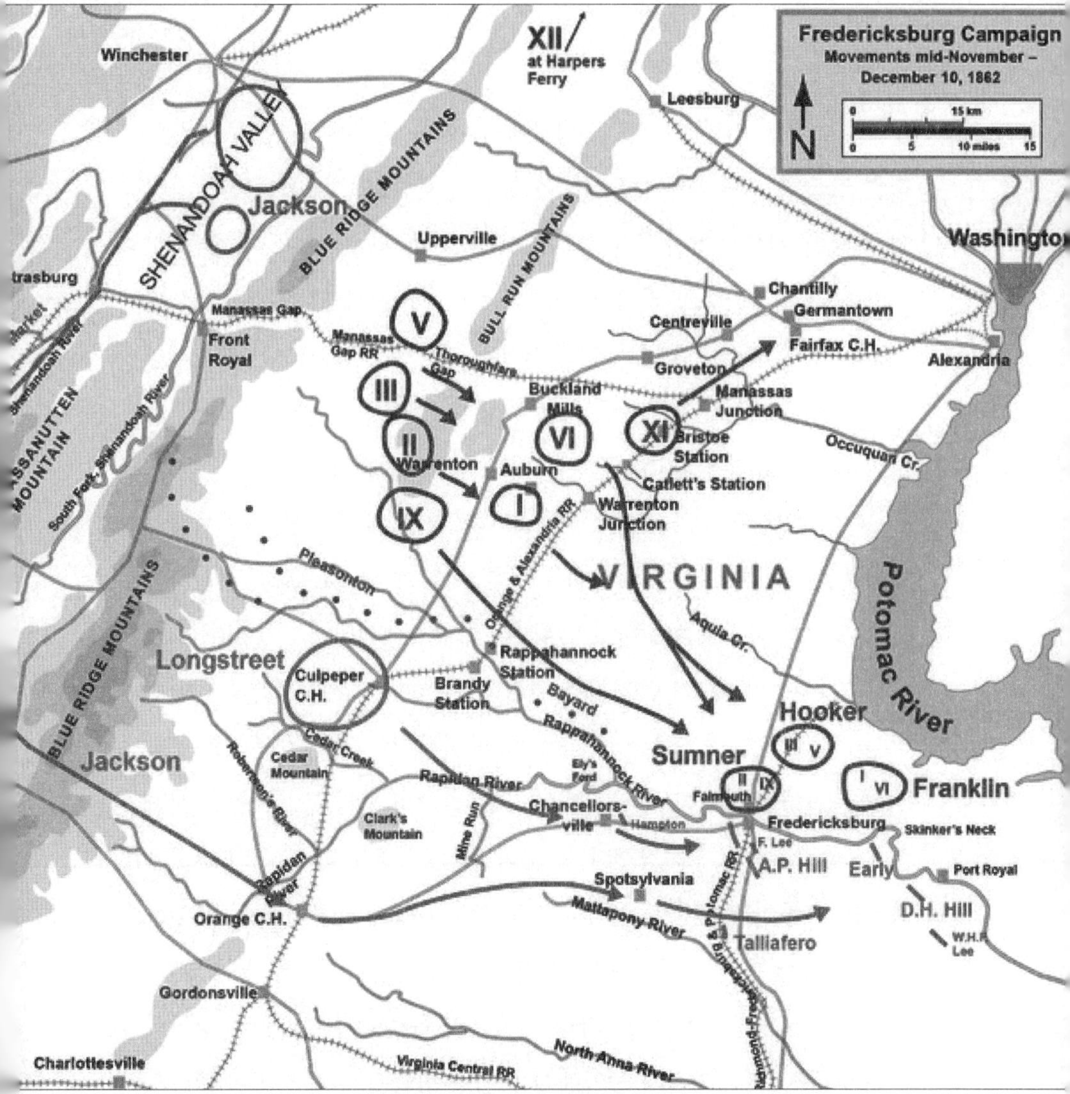

〈프레드릭스버그 전투〉

여 컬페퍼(Culpeper) 방향을 지향함으로써 남군의 리 장군에게 고든스빌(Gordonsville)이 목표인 것처럼 기만한다는 것이었다. 일단 기만이 성공하게 되면 신속하게 전투력을 남동방향으로 돌려 프레드릭스버그(Fredericksburg)를 장악하고 이후 계속 남진하여 최종적으로 리치먼드를 확보하고자 했다.

그가 이러한 계획을 수립하게 된 이유 중 하나는 만약 남군의 잭슨 장군이 셰넌도어 계곡에서 이동하여 동측으로 기동한다면 자신의 측방이 위협받을 수 있다는 판단과 고든스빌보다는 프레드릭스버그가 단거리 접근로로 리치먼드에 가깝다는 판단 때문이었다. 결국 리 장군의 부대 격멸을 우선 희망한 링컨과 리치먼드 장악을 먼저 공격한다는 번사이드 장군의 계획을 놓고 격렬한 논의가 이루어졌다. 링컨은 그의 희망에도 불구하고 일단 번사이드 장군의 계획을 승인했다.

리 장군은 최초 프레드릭스버그의 라파해녹 강을 연하여 1차 방어선을 형성하고 이후 남쪽에 위치한 노스 애나(North Anna) 강에서 방어에 유리한 지형을 이용하고자 했다. 그러나 데이비스 대통령은 노스 애나 강이 리치먼드의 근거리에 위치하고 있다는 점에 우려를 표명했다. 리 장군은 11월 15일 이동을 개시한 번사이드 장군의 부대들이 자신이 판단했던 것보다 매우 느린 속도로 컬페퍼 방향으로 기동을 시작하자 의구심이 일기 시작했다. 북군의 기동을 살펴 본 이후 리 장군은 북군의 기동이 기만임을 인식하고 북쪽에 위치한 남군의 모든 부대들을 11월 23일까지 프레드릭스버그로 신속하게 집결하도록 명령했다.

12월 11일 번사이드 장군은 남군의 우측에서 프랭클린 장군의 부대가 주공으로, 좌측과 중앙에서는 섬너 장군과 후커 장군이 조공으로 직접 프레드릭스버그를 공격하도록 명령을 하달했다. 공격이 시작되자 북군 포병의 사격으로 프레드릭스버그에서는 수많은 민간인 사상자가 발생하기 시작했다. 이어 섬너 장군의 부대가 강을 건너 도시로 진입하면서 치열한 시가전이 전개되었다. 한편 남군의 우측에서는 셰넌도어 계곡으로부터 이동하여 재배치된 잭슨 장군의 부대가 프랭클린 장군의 공격을 잘 막아내고 있었다. 번사이드 장군의 의도는 프랭클린이 남군의 우측 포트 로열(Port Royal)을 돌파하여 리 장군의 남군을 프레드릭스버그 후방에서 포위 격멸한다는 것이었다. 번사이드 장군은 북군의 공격이 남군의 효과적인 방어로 인해 저지되자 12월 13일을 기해 섬너 장군의 후방에 위치하고 있던 후커 장군의 부대를 투입, 또 다시 프레드릭스버그에 대한 정면 공격을 실시했다. 프레드릭스버그와 포트 로열이 북군의 공격으로 피탈될 즈음 남군은 다시 역습을 실시하여 북군의 공격을 저지했다.

수차례에 걸친 북군의 정면 공격과 포병 집중사격으로 결국 당일에만 북군은 1만 2,000명의 사상자가 발생했고 이에 반해 남군은 4,500명의 사상자가 발생했다. 워싱턴에서는 작전의 실패와 이에 대한 당혹감으로 분위기가 가라앉았다. 특히 북부의 주요 신문은 링컨에 대한 비난과 더불어 번사이드 장군의 무능함으로 빚어낸 '학살'(Butchery)이라고 힐책했다. 반복된 정면공격으로 수많은 사상자만 발생한 채 작전은 종결되었고 이에 대한 책임을 물어 번사이드 장군은 해임되었다. 1863년 1월 26일 링컨은 번사이드 장군의 후임으로 후커(Joseph Hooker) 장군을 포토맥 군의 사령관으로 임명했다. 후커 장군은 이전의 전투에서 군단장으로 뛰어난 성과를 달성한 바 있었으며 겨울 기간 동안 그의 군대를 재조직하고 재보급하면서 부대의 사기진작과 장병들의 건강회복에 특별한 노력을 경주했다.

8.
챈슬러빌 전투(1862-63)

전쟁 초기 2년 동안 북부는 제1차 불런 전투, 버지니아 반도 전투에 이어 프레드릭스버그 전투를 통해 수차례에 걸쳐 남부를 공략했지만 모두 실패로 돌아가게 되었다. 링컨은 이제 남부의 어떠한 지리적 목표보다도 리 장군의 부대를 직접 격멸하지 않고는 전쟁을 종결시킬 수 없을 것이라고 결론지었다. 하지만 리 장군을 전투에 끌어들이기 위해서는 우선적으로 리치먼드 방향으로 공격해야만 했다.

프레드릭스버그 전투에서 패배한 번사이드 장군을 북군에서 방출시켜야 한다는 주위의 만류에도 불구하고 링컨은 그와의 개인적인 유대관계로 인해 서부지역에서 전투를 지휘하도록 전출시켰다. 그의 후임으로 비교적 공격적인 성향으로 알려진 후커 장군은 리 장군에 대한 춘계 작전을 계획했다. 당시 북군과 남군은 모두 프레드릭스버그 인근에 진지를 점령한 채 기회를 엿보고 있었다. 후커 장군은 작전에 앞서 포토맥 군에 대한 조직 정비에 들어갔다. 그는 각 군단에 배속되었던 기병을 모두 모아 기병 군단을 창설하고 프레드릭스버그 전투에서 3군단장을 역임했던 스톤맨(George Stoneman) 장군에게 지휘를 맡겼

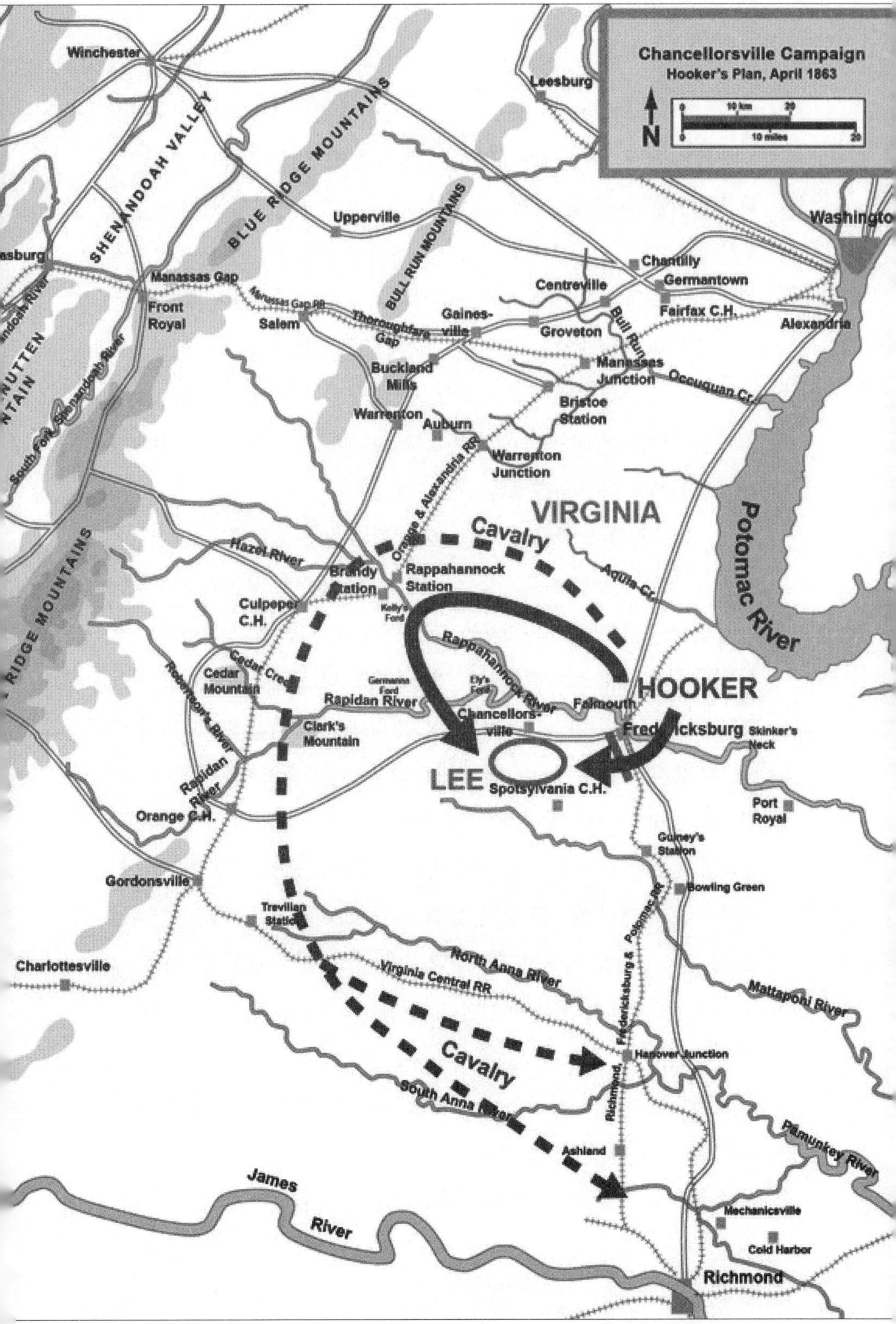
Chancellorsville Campaign
Hooker's Plan, April 1863
N
10 km
20
10 miles
20
Winchester
Leesburg
SHENANDOAH VALLEY
BLUE RIDGE MOUNTAINS
BULL RUN MOUNTAINS
Upperville
Washington
Chantilly
Germantown
Centreville
Fairfax C.H.
Alexandria
Manassas Gap
Front Royal
Manassas Gap RR
Salem
Thoroughfare Gap
Gaines-ville
Groveton
Bull Run
Manassas Junction
Occoquan Cr.
Buckland Mills
Bristoe Station
Warrenton
Auburn
Warrenton Junction
South Fork Shenandoah River
Orange & Alexandria RR
VIRGINIA
Cavalry
Potomac River
Hazel River
Brandy Station
Rappahannock Station
Kelly's Ford
Aquia Cr.
Culpeper C.H.
Rappahannock River
Cedar Creek
Cedar Mountain
Robertson's River
Germanna Ford
Ely's Ford
Rapidan River
Chancellors-ville
Falmouth
HOOKER
Fredericksburg
Skinker's Neck
Clark's Mountain
LEE
Spotsylvania C.H.
Rapidan River
Orange C.H.
Port Royal
Guiney's Station
Bowling Green
Gordonsville
Trevilian Station
Fredericksburg & Potomac RR
Charlottesville
North Anna River
Virginia Central RR
Mattaponi River
Hanover Junction
Cavalry
South Anna River
Richmond,
Pamunkey River
Ashland
James River
Mechanicsville
Cold Harbor
Richmond

〈후커 장군의 작전 계획〉

다. 후커 장군의 작전은 기병군단을 남군의 후방으로 깊숙이 침투시켜 병참선을 교란시키고 1개 군단으로 하여금 리 장군의 관심을 프레드릭스버그에 묶어두는 동안 나머지 부대들이 은밀하게 우회 기동하여 후방에서 리 장군의 부대를 공격하는 계획을 수립했다. 한편 동부지역 전투에서 남군은 북군에 비해 상대적으로 소수의 병력으로 북군의 공격을 수차례 막아내면서 이미 병력은 지친 상태였으며 더욱이 롱스트리트 장군은 북군이 휴식하고 있었던 기간조차 북군의 위협에 대비하기 위해 버지니아 북동쪽의 노폭(Norfolk)에 재배치되는 등 버지니아 일대에 분산되어 작전을 수행하고 있었다.

작전은 후커 장군의 계획대로 진행되는 듯 보였다. 1863년 4월 27일과 28일 슬로콤(Slocom) 장군의 12군단을 필두로 북군의 3개 군단이 남군의 저항이 없이 라파해녹 강을 건너 챈슬러빌에 집중하기 위해 이동했다. 동시에 스톤맨 장군의 기병군단도 리 장군의 후방으로 이동하고 있었다. 그런데 리 장군은 13만 명의 북군에 비해 6만여 명의 병력으로 2 대 1의 열세에도 불구하고 남북전쟁을 통틀어 가장 과감한 작전을 실시했다. 그는 병력의 열세에 따른 집중의 원칙도 무시한 채 부대를 양분하여 프레드릭스버그에는 북군 세드윅(John Sedwick) 장군의 위협이 그리 크지 않다고 판단, 얼리(Jubal A. Early) 장군의 부대로 하여금 프레드릭스버그를 방어하도록 하고 잭슨 장군의 부대를 서쪽으로 이동시켜 챈슬러빌에 위치한 앤더슨(Richard H. Anderson) 장군의 부대를 지원하도록 했다.

공격 초기의 성공으로 기세가 올랐던 후커 장군은 리 장군의 대응으로 혼란에 빠지게 되었다. 이어 잭슨 장군의 부대가 후커 장군의 우측으로 기동하여 북군의 하워드(Oliver H. Howard) 소장이 지휘하는

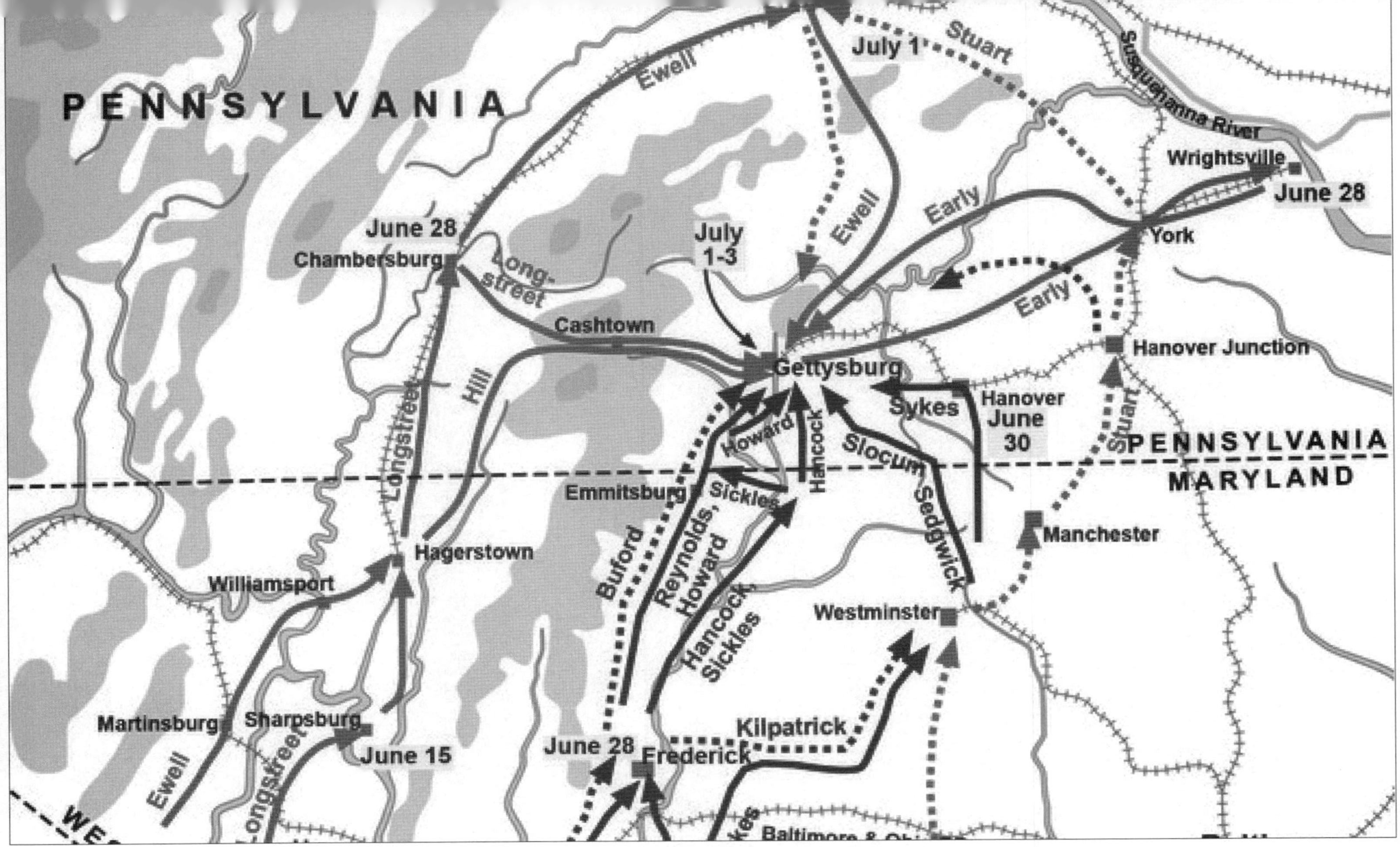
PENNSYLVANIA
Stuart
July 1
Susquehanna River
Wrightsville
June 28
York
Early
Ewell
July 1-3
June 28
Chambersburg
Long-street
Cashtown
Gettysburg
Hanover Junction
Hill
Longstreet
Howard
Hancock
Slocum
Sykes
Hanover June 30
Stuart
PENNSYLVANIA
MARYLAND
Emmitsburg
Sickles
Sedgwick
Manchester
Hagerstown
Williamsport
Buford
Reynolds, Howard
Hancock, Sickles
Westminster
Martinsburg
Sharpsburg
June 15
Kilpatrick
June 28
Frederick
Ewell
Longstreet

〈챈슬러빌 전투〉

11군단을 포위하자 후커 장군은 더욱 당황하여 공격을 멈추고 챈슬러빌 일대에 방어진지를 편성하도록 명령했다. 남군이 북군의 서측 챈슬러빌에서 반복적으로 역습하는 동안 동측 프레드릭스버그에서는 세드윅(John Sedwick) 장군이 지휘하는 북군의 6군단에 엄청난 피해가 발생했으나 압도적인 병력의 우세 속에서 얼리 장군의 부대를 공격했다. 그러나 하워드 장군의 부대들이 위험에 빠지게 되자 공격을 중지하고 다시 서측으로 기동하여 리 장군의 후방을 위협했다. 리 장군은 서측의 후커 장군의 방어선을 위협하면서 동측의 세드윅 장군의 공격에 대비해 1개 사단을 얼리 장군의 부대로 지원했다. 결국 후커 장군은 5월 7일 그의 부대를 라파해녹 강 이북으로 철수시켰다.

이 전투에서 후커 장군이 1만 7,000명의 병력을 상실한 반면 리 장군에게는 전 병력의 25퍼센트에 해당하는 1만 3,000명을 잃게 되었다. 이 전투에서 남군과 리 장군에게 더욱 안타까웠던 일은 셰넌도어 전투에서 '돌담 잭슨'이라는 별명까지 얻었던 잭슨 장군이 북군의 기병대로부터 치명상을 입고 전사한 일이었다. 이제 리 장군은 엄청난 인명피해에도 불구하고 무적의 명성을 다시 떨치게 되었으며 그의 기세로 북부 펜실베이니아 주의 게티즈버그로 진격을 계속하게 되었고 북부는 이 전투의 패배로 더욱 절망감에 빠지게 되었다.

9.
게티즈버그 전투(1863)

1863년 6월 리 장군은 챈슬러빌 전투의 승리를 계기로 북진에 대한 자신감을 더욱 가지게 되었고 지난 1862년 9월 메릴랜드 전투에서 실패로 돌아간 그의 북진 계획을 재현하기 위해 펜실베이니아 주의 게티즈버그로 공격을 시작했다. 그는 북부의 주요 도시인 해리슨버그, 필라델피아, 볼티모어 등의 장악을 통해 북부의 사기를 저하시키는 한편 워싱턴을 위협하여 링컨으로 하여금 다시 한 번 협상 테이블에 나서도록 압박을 가하고자 했다.

이 무렵 서부지역에서는 북부의 그랜트(Ulysses S. Grant) 장군이 미시시피 주의 요새인 빅스버그(Vicksburg)를 위협하고 있었기 때문에 동부지역에서의 공격작전에 대해 데이비스 대통령은 우려를 표명했다. 그러나 데이비스는 결국 리 장군의 계획을 승인했다. 리 장군은 잭슨 장군이 전사한 이후 북 버지니아 군을 3개 군단으로 재편성하고 군단장에 롱스트리트(James Longstreet), 어웰(Richard S. Ewell), 힐(A.P. Hill) 장군을 각각 1, 2, 3군단장으로 임명했다. 이들은 잭슨 장군의 휘하에서 사단장을 역임했으나 대규모의 군단을 지휘하는 것은 처음이었다.

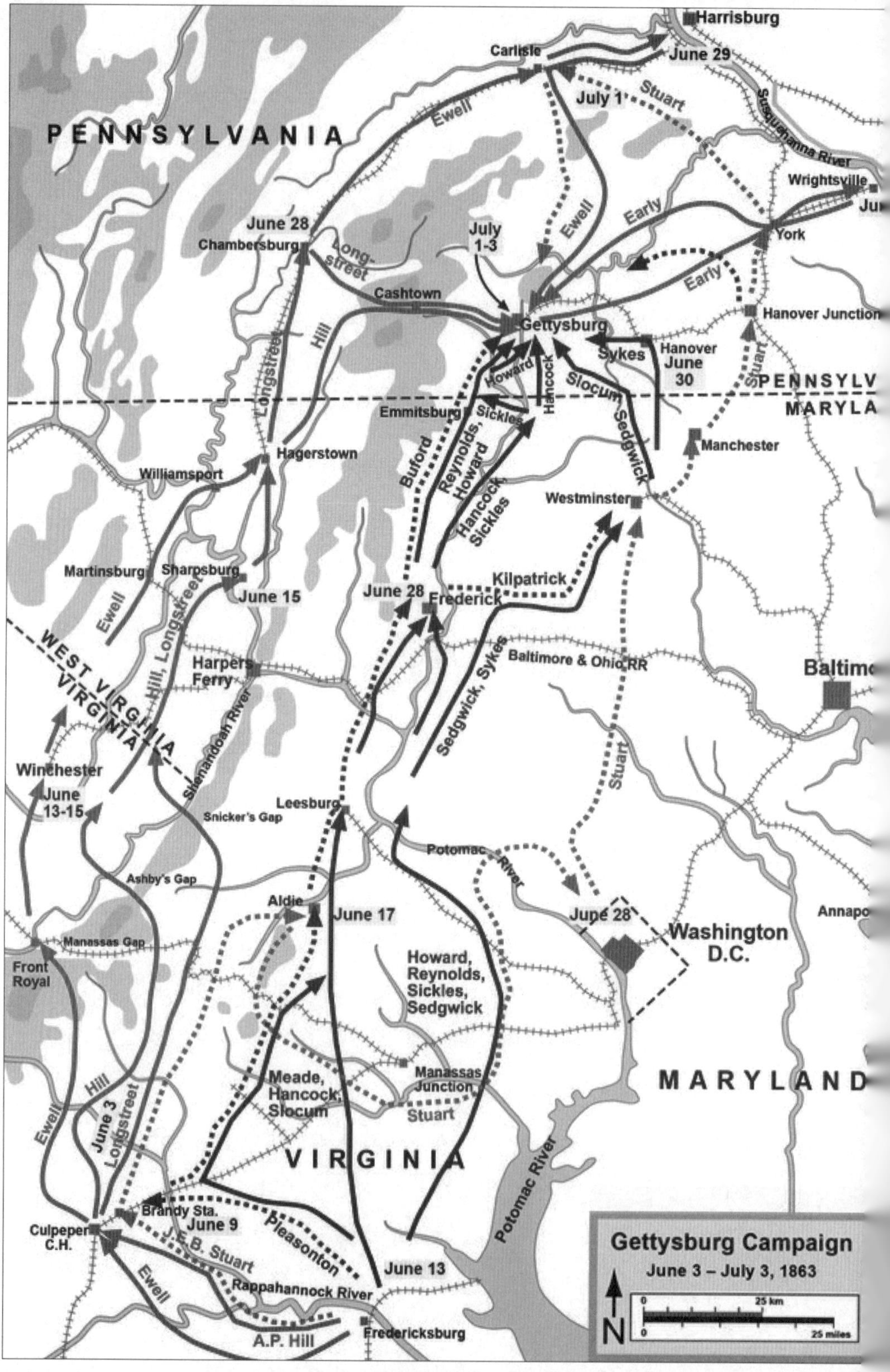

PENNSYLVANIA
Harrisburg
Carlisle
June 29
July 1
Stuart
Ewell
Susquehanna River
Wrightsville
York
Early
June 28
Chambersburg
Longstreet
July 1-3
Cashtown
Hill
Gettysburg
Hanover Junction
Sykes
Hanover June 30
Howard
Hancock
Slocum
Emmitsburg
Sickles
Sedgwick
Manchester
Hagerstown
Williamsport
Buford
Reynolds, Howard
Hancock Sickles
Westminster
Martinsburg
Sharpsburg
June 15
Kilpatrick
Frederick
WEST VIRGINIA
VIRGINIA
Harpers Ferry
Hill, Longstreet
Sedgwick, Sykes
Baltimore & Ohio RR
Baltimore
Shenandoah River
Winchester
June 13-15
Leesburg
Snicker's Gap
Potomac River
Ashby's Gap
Aldie
June 17
Washington D.C.
Annapolis
Manassas Gap
Front Royal
Howard, Reynolds, Sickles, Sedgwick
Meade, Hancock, Slocum
Manassas Junction
MARYLAND
June 3
VIRGINIA
Brandy Sta.
June 9
Culpeper C.H.
J.E.B. Stuart
Pleasonton
June 13
Rappahannock River
Fredericksburg
A.P. Hill
Gettysburg Campaign
June 3 – July 3, 1863
25 km
25 miles
N

〈게티즈버그 전투〉

6월 3일 리 장군은 그의 부대를 프레드릭스버그로부터 북서쪽 방향인 셰넌도어 계곡으로 이동시켰다. 이 기동로 상에는 블루리지(Blue Ridge) 산맥이 장막처럼 펼쳐져 있어 북쪽으로 향하는 남군의 측방에 은폐를 제공해주었다. 후커 장군은 여전히 포토맥 군을 지휘했고 리 장군의 부대를 탐색하기 위해 기병대에 정찰 임무를 부여했다. 6월 9일 컬페퍼 인근의 브랜디 역(Brandy Station)에서 양측의 부대가 처음으로 조우전을 벌였으나 아무런 결과를 내지는 못했다. 조우전 이후 후커 장군은 후방으로 이동, 하퍼스 페리를 연하여 방어 진지를 편성할 것을 링컨과 북군 총사령관 핼렉 장군에게 건의했으나 챈슬러빌 전투 이후 지휘관들의 소극적인 작전에 대해 불만이 고조되었던 링컨은 이를 구실로 6월 28일 후커 장군을 해임하고 그의 후임으로 5군단장 미드(George G. Meade) 장군을 임명했다.

한편 리 장군은 북진 간 이 지역에 거주하고 있는 주민들에 대해 어떠한 피해도 발생하지 않도록 전 부대에 강력한 명령을 하달했다. 6월 13일 선두의 어웰 장군의 부대는 셰넌도어 강을 건너 윈체스터(Winchester)를 점령한 이후 이곳을 방어하고 있던 북군을 격멸하고 마틴스버그(Martinsburg)로 향하고 있었다. 이어 6월 24일과 25일 롱스트리트 장군의 부대와 힐 장군의 부대가 포토맥 강을 건넜다. 6월 26일 어웰 장군의 일부 부대가 게티즈버그 시내로 진입했고 6월 29일에 이르러 리 장군의 부대는 게티즈버그 북서쪽 45킬로미터 지점의 챔버스버그(Chambersburg)로부터 그 이북의 해리스버그(Harrisburg)에 이르기까지 분산되어 기동 중이었다. 스튜어트(J.E.B. Stuart)가 이끄는 기병대는 북군의 후방차단을 위해 매너서스를 거쳐 워싱턴 북방으로 이동했지만 게티즈버그 전투가 시작될 때까지 리 장군과 통신이 두절되었다.

한편 남군의 이동을 차단하기 위해 북군은 6월 13일 프레드릭스버그를 출발해 리스버그(Leesburg)를 경유하여 6월 28일 프레드릭(Frederick)에 도착했다. 후커 장군과 함께 진지를 돌아본 이후 미드 장군은 워싱턴과 볼티모어를 방어하는데 유리한 광활한 전선으로 형성된 펜실베이니아의 남쪽의 게티즈버그 일대로 부대를 재배치했다. 이어 만약 북군이 전투에 유리한 이점을 제공하는 펜실베이니아 주에서의 방어에 실패할 경우에 대비해 게티즈버그 남쪽의 메릴랜드 주의 웨스트민스터(Wesminster) 일대에서 방어를 위한 예비계획도 수립했다.

리 장군은 그가 생각했던 것보다 빠르게 움직이는 북군에 당황했다. 남군이 포토맥 강을 건너 메릴랜드 주의 프레드릭으로 진입할 때 이미 북군의 부대는 펜실베이니아 지역에서 배치되기 시작했다. 드디어 어웰 장군은 해리스버그로부터 서스퀘하나(Susquehanna) 강으로 이동했고 롱스트리트와 힐 장군의 부대는 챔버스버그(Chambersburg)의 산맥 후면에 위치했다. 리 장군은 메릴랜드 전투에서와 같이 남군이 각개격파 되기 이전에 전투력을 집중해야 한다고 판단했다. 그는 모든 부대에 펜실베이니아 주의 게티즈버그 인근으로 집결하도록 명령했다.

전투는 7월 1일 아침 게티즈버그 서쪽에 배치되어 있던 남군 힐 장군의 부대공격으로부터 시작되었다. 북군의 레이놀즈(Reynolds) 군단이 힐 장군의 군단에 맞서고 있을 즈음 어웰 장군의 부대가 동쪽에서 공격을 개시했고 북군에서는 하워드 군단이 증원되었다. 남군의 공격으로 북군은 도심을 통해 퇴각하여 도심 후방의 고지대에서 방어진지를 편성했다. 7월 2일 리 장군은 미드 장군이 이끄는 북군의 양 측방에 대한 대규모 집중 공격을 감행했다. 맹렬한 전투가 리틀 라운드 탑(Little Round Top) 일대와 컬프 고지(Culp's Hill) 일대에서 벌어졌다. 미드 장

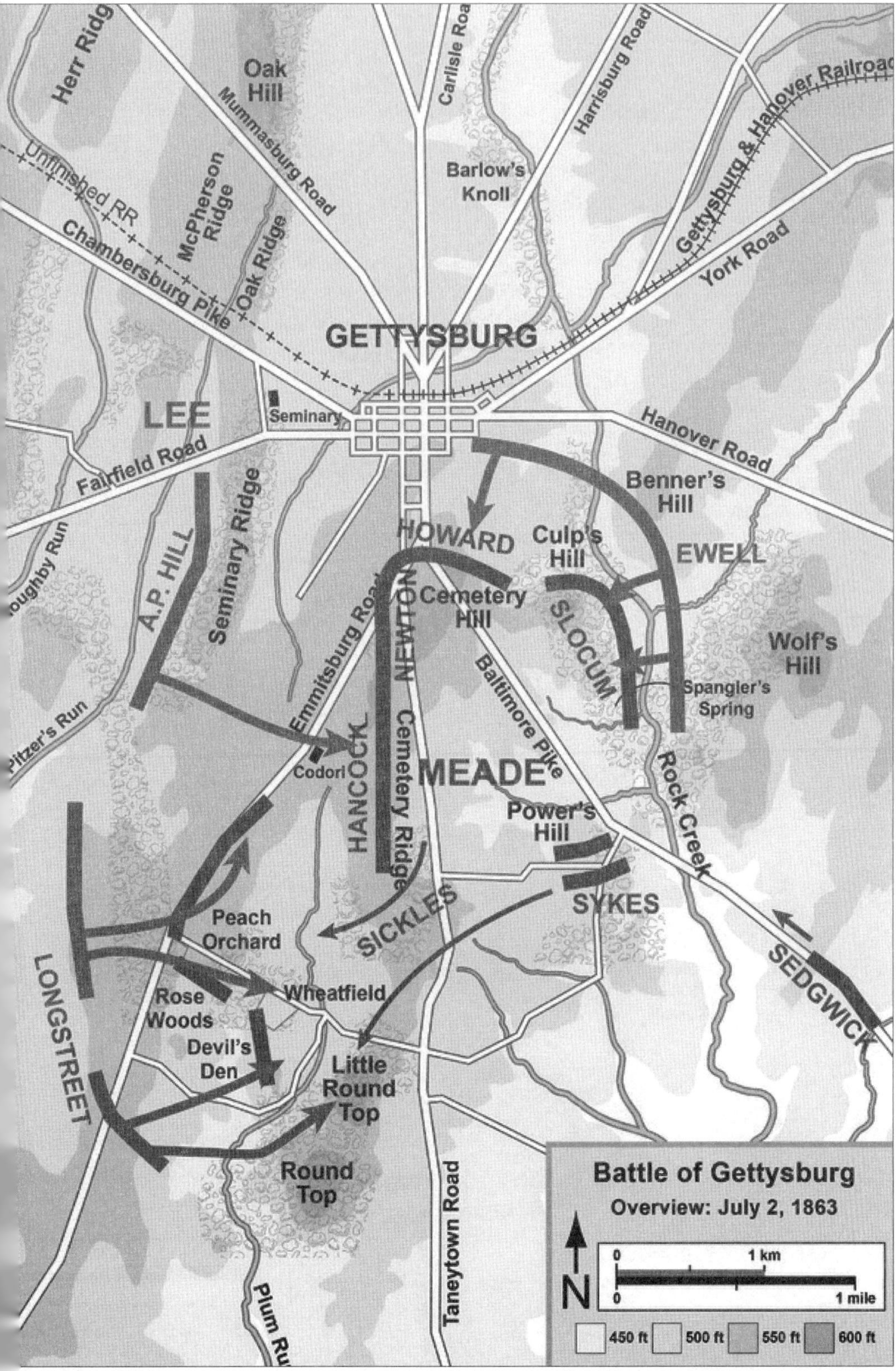

Battle of Gettysburg
Overview: July 2, 1863
GETTYSBURG
Herr Ridge
Oak Hill
Mummasburg Road
Carlisle Road
Harrisburg Road
Gettysburg & Hanover Railroad
Barlow's Knoll
Unfinished RR
McPherson Ridge
Oak Ridge
Chambersburg Pike
York Road
LEE
Seminary
Fairfield Road
Hanover Road
Benner's Hill
HOWARD
Culp's Hill
EWELL
A.P. HILL
Seminary Ridge
Cemetery Hill
SLOCUM
Wolf's Hill
Emmitsburg Road
NEWTON
Baltimore Pike
Spangler's Spring
Pitzer's Run
HANCOCK
Cemetery Ridge
MEADE
Codori
Rock Creek
Power's Hill
SYKES
SICKLES
Peach Orchard
Wheatfield
Rose Woods
Devil's Den
Little Round Top
Round Top
LONGSTREET
SEDGWICK
Taneytown Road
Plum Ru
N
0
1 km
1 mile
450 ft
500 ft
550 ft
600 ft

〈게티즈버그 전투 2일차〉

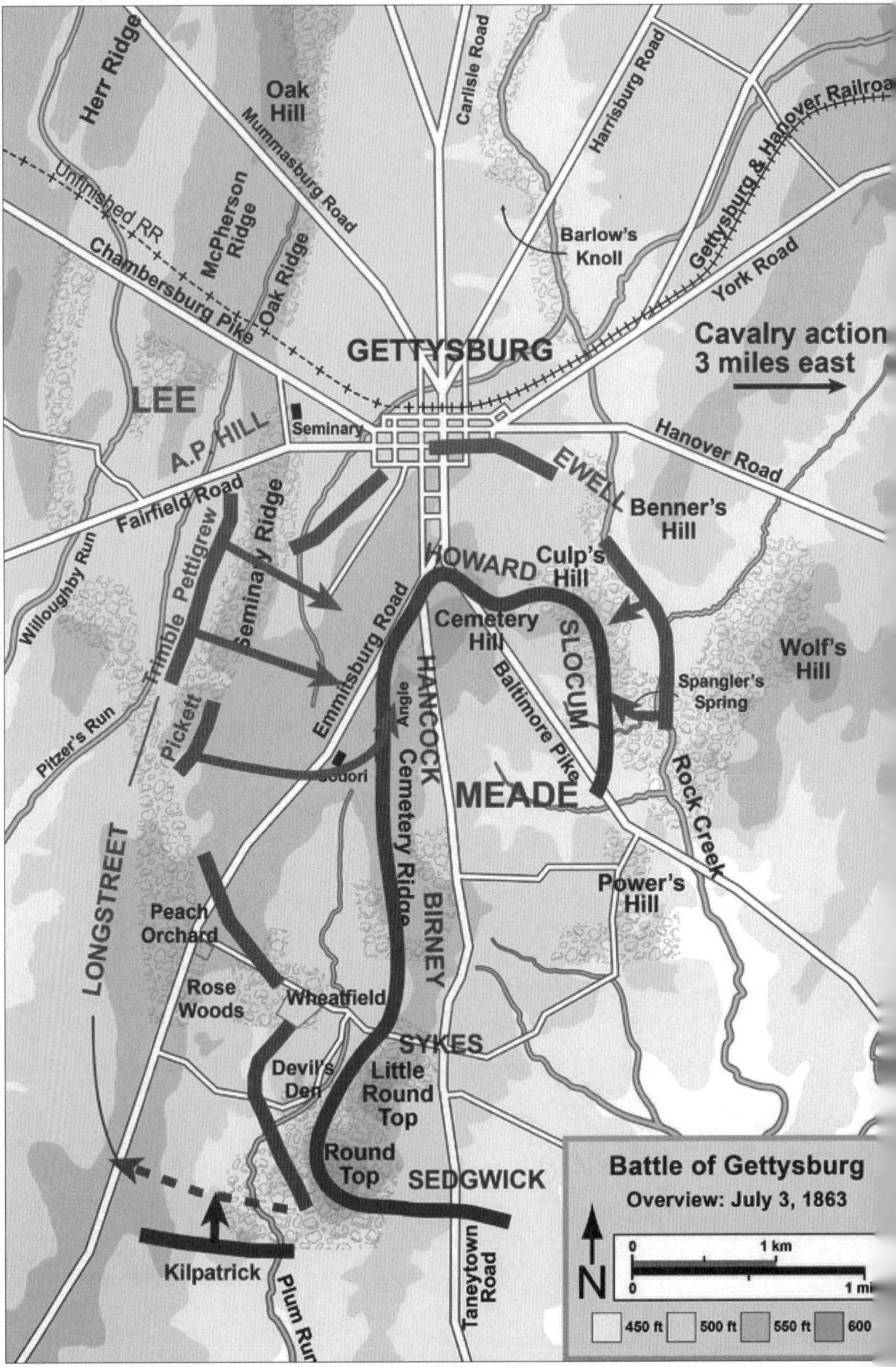
Herr Ridge
Oak Hill
Mummasburg Road
Carlisle Road
Harrisburg Road
Gettysburg & Hanover Railroa
Unfinished RR
McPherson Ridge
Oak Ridge
Chambersburg Pike
Barlow's Knoll
York Road
GETTYSBURG
Cavalry action 3 miles east
LEE
Seminary
A.P. HILL
Hanover Road
EWELL
Fairfield Road
Seminary Ridge
Benner's Hill
Culp's Hill
HOWARD
Trimble
Pettigrew
Willoughby Run
Emmitsburg Road
Cemetery Hill
SLOCUM
Wolf's Hill
HANCOCK
Baltimore Pike
Spangler's Spring
Angle
Pitzer's Run
Pickett
Codori
Cemetery Ridge
MEADE
Rock Creek
LONGSTREET
Power's Hill
Peach Orchard
BIRNEY
Rose Woods
Wheatfield
SYKES
Devil's Den
Little Round Top
Round Top
SEDGWICK
Kilpatrick
Plum Run
Taneytown Road
Battle of Gettysburg
Overview: July 3, 1863
N
0
1 km
1 mi
450 ft
500 ft
550 ft
600

〈게티즈버그 전투 3일차〉

군은 내선(Interior Line)으로 방어선을 조정하여 남군의 공격을 격퇴했다.

이틀간의 공격이 효과를 거두지 못하자 리 장군은 7월 2일 밤 롱스트리트 장군으로 하여금 북군의 중앙인 세머트리(Cemetery) 능선에 위치한 핸콕(Hancock) 장군의 부대를 정면 돌파하여 북군을 양분하고 이때 반대편에서는 스튜어트의 기병대가 북군의 후방을 교란하도록 하는 작전을 계획했다. 그러나 북군의 미드 장군은 남군의 리 장군이 분명히 중앙을 돌파해 올 것으로 확신하고 예상 접근로를 연하여 포병을 배치했다. 7월 3일 '피켓의 돌격'(Picket's Charge)으로 불리는 남군의 정면 공격으로 피켓 사단의 병력을 포함한 3개 사단에 이르는 병력이 거의 전사하였다. 결국 남군의 마지막 공격이 실패로 돌아갔고 7월 4일까지 양측은 교착상태에 빠지게 되었다. 마침내 리 장군은 포토맥 강을 건너 버지니아로 철수를 명령했다. 같은 날 서부지역 전투에서는 북군이 빅스버그에서 결정적인 승리를 쟁취했다.

3일 동안의 게티즈버그 전투에서 비록 남군은 패했지만 사기는 꺾이지 않았고 리 장군에 대한 장병들의 존경심도 변함이 없었다. 그러나 리 장군은 더 이상의 전투는 의미가 없다는 판단 아래 7월 4일 전투로 발생한 수많은 부상자들을 의무진과 함께 게티즈버그 지역에 남겨놓은 채 챔버스버그와 해저스타운을 거쳐 서쪽의 윌리엄스포트(Williamsport)로 철수를 시작했다. 그런데 이곳에 이르자 갑자기 내린 비로 인해 포토맥 강을 건널 수 없게 되었다. 여기서 북군 추격 부대의 공격으로 인해 리 장군은 일단 방어진지를 편성했다.

한편 북군의 미드 장군은 예하 지휘관들과 리 장군의 추격여부에 대해 논의했다. 대부분의 지휘관들은 게티즈버그에 남아 리 장군의 반응을 지켜본 뒤에 추격할 것을 건의했다. 이어 리 장군이 철수하고

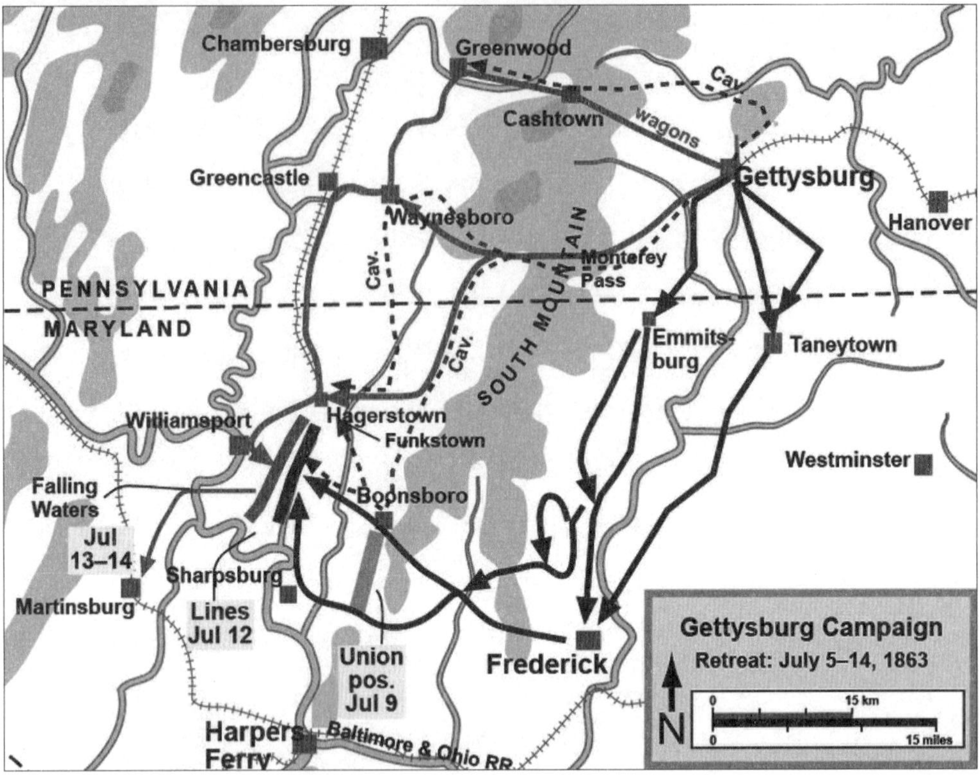

〈리 장군의 철수, 출처: en.wikipedia.org〉

있다는 정보가 입수되자 북군은 7월 5일 리 장군을 추격하기 위해 윌리엄스포트 동쪽의 분스보러(Boonsboro)로 이동했다. 7월 9일 이곳에 진지를 편성한 미드 장군은 7월 12일 다시 총사령관 핼럭에게 전보를 보내어 다음 날인 7월 13일을 기해 공격할 것임을 보고했다. 그러나 다음날인 7월 10일 남군의 기병대가 북군의 소극적인 공격을 막아내고 있는 사이 리 장군의 주력은 강을 건너 마틴스버그(Martinsburg) 방향으로 철수를 완료하여 북군의 추격을 따돌리게 되었다.

게티즈버그 전투는 서부지역에서 빅스버그 전투와 더불어 남북 전쟁의 전환점이 되었던 전투였다. 리 장군은 비록 전투에서 패배하여 그의 계획이 실패로 돌아가게 되었지만 펜실베이니아 주와 메릴랜드 주에서 획득한 식량과 물자로 당분간 북군의 공격을 버텨낼 수 있는 힘을 얻게 되었다. 이와 반대로 북군의 미드 장군은 또 다시 리 장군을 격멸시키지 못한 비난을 피해갈 수 없었다. 게티즈버그 전투가 끝난 후 링컨은 1863년 11월 19일 이 전투에서 희생된 장병을 기리는 국립묘지 헌정식에서 '새로운 자유의 탄생'(New Birth of Freedom)을 알리는 유명한 연설을 남기게 되었다.

10.
그랜트와 리(1864-65)

게티즈버그 전투가 끝난 다음 해인 1864년은 대통령 선거가 있었다. 재선에 나서게 될 링컨은 같은 해 3월, 전쟁의 국면을 타개하기 위해 북군 총사령관 핼럭 장군의 후임으로 서부지역의 빅스버그 전투를 승리로 이끈 그랜트(Ulysses S. Grant) 장군을 중장[12]으로 진급시켜 그 자리에 임명했다. 그랜트 장군은 총사령관으로 임명되자마자 남군을 동부와 서부에서 동시에 압박하기 위한 협조된 전략을 수립했다. 이는 링컨이 전쟁초기부터 장군들에게 요구했던 사항이기도 했다. 그의 전략은 동부에서는 미드 장군이 지휘하는 버지니아의 포토맥 군이 리치먼드를 장악하고 서부지역에서는 셔먼(William T. Sherman) 장군에게 모든 부대를 지휘하게 하여 애틀랜타로 진격해 남군의 부대를 격멸하는 것이었다. 이를 위해 우선 자신의 지휘소를 미드 장군이 지휘하는 버지니아의 포토맥 군 사령부에 설치하고 리 장군과 결정적인 전투를 치르고자 했다.

동부지역에서 계획은 북쪽에서 그랜트 장군과 미드 장군이 리

12) 당시까지 북군의 계급은 소장이 최고의 계급이었고 이때를 기해 중장 계급이 신설되었다.

치먼드를 공격하는 사이 버틀러(Benjamin Butler) 장군이 남동쪽으로부터 리치먼드를 공격하고, 시겔(Franz Sigel) 장군은 셰넌도어 계곡을 통제하는 것이었다. 5월 5일 포토맥 군은 라피단(Rapidan) 강을 건너 챈슬러빌 서쪽의 와일더니스 태번(Wilderness Tavern) 지역으로 진입했다. 이 지역은 산림이 울창하여 북군은 포병의 이점을 활용할 수 없었다. 거듭된 후퇴로 인한 피로에도 불구하고 롱스트리트 장군과 힐 장군, 어웰 장군은 맹렬한 반격으로 그랜트 장군과 미드 장군을 당혹스럽게 했다. 산림지역에서 이틀간에 걸친 전투는 양측에 큰 손실을 냈지만 승부를 결정짓지 못한 채 끝났다. 그러나 그랜트 장군은 전임자와는 달리 전투 이후에도 결코 물러나지 않았다. 그는 5월 8일 부대를 남동방향으로 돌려 리 장군을 스팟실베니아(Spotsylvania)까지 계속 몰아붙여 리치먼드에 한 발짝 더 다가섰다.

그랜트 장군은 그의 대규모 부대가 리 장군이 이끄는 남군에 맞서 충분히 소모전을 수행할 수 있을 것으로 판단했다. 비록 포토맥 군은 전투를 통해 많은 전상자가 발생했지만 남군은 이보다 많은 피해가 발생했고 더욱이 손실인원에 대한 충원이 불가능했다.

한편 스팟실베니아 전투에서 리 장군은 도심에 이르는 교차로에서 그랜트 장군의 부대를 공격한 이후 이곳에 강력한 방어진지를 구축했다. 2주에 걸친 일련의 공격에서 그랜트 장군은 남군의 방어선을 지속적으로 공략했고 공격이 여의치 않게 되자 핸콕(Winfield S. Hancock) 장군의 2군단으로 하여금 집중적인 돌파를 시도했다. 이후 '피의 각도(Bloody Angle) 전술'[13]로 불리게 된 핸콕 장군의 집중 돌파 전술은 후에

13) 일종의 돌파 전술로 적 방어진지에 대해 V자 형태로 공격하는 방법을 말함.

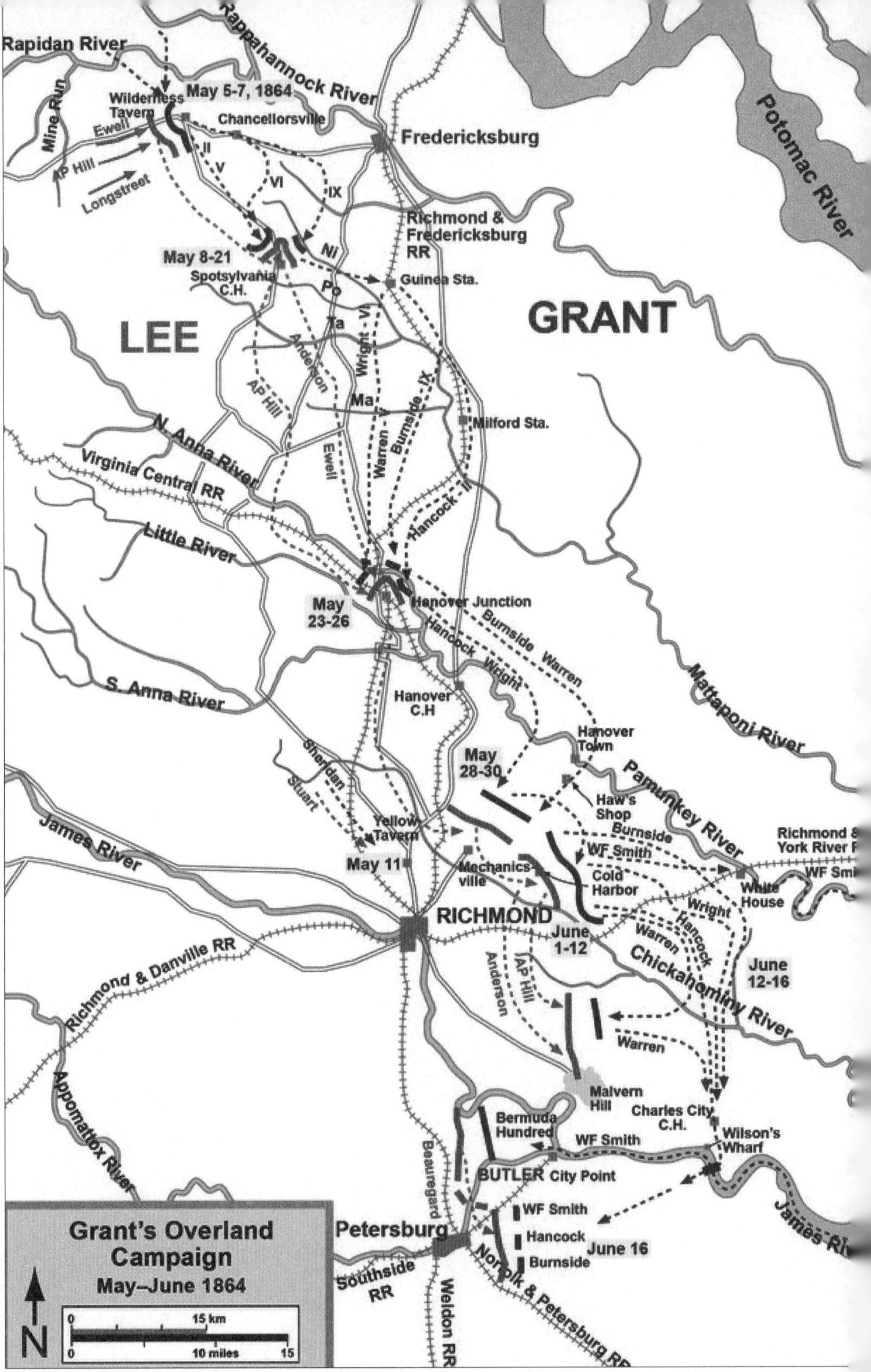
Grant's Overland Campaign
May–June 1864
LEE
GRANT
Rapidan River
Rappahannock River
Potomac River
May 5-7, 1864
Wilderness Tavern
Chancellorsville
Fredericksburg
Mine Run
Ewell
AP Hill
Longstreet
Richmond & Fredericksburg RR
May 8-21
Spotsylvania C.H.
Guinea Sta.
Milford Sta.
N. Anna River
Virginia Central RR
Little River
May 23-26
Hanover Junction
S. Anna River
Hanover C.H
Hanover Town
Mattaponi River
Pamunkey River
May 28-30
Haw's Shop
Yellow Tavern
May 11
Mechanicsville
Cold Harbor
White House
Richmond & York River
RICHMOND
June 1-12
June 12-16
Chickahominy River
James River
Richmond & Danville RR
Appomattox River
Malvern Hill
Charles City C.H.
Wilson's Wharf
Bermuda Hundred
BUTLER
City Point
Petersburg
June 16
Southside RR
Weldon RR
Norfolk & Petersburg RR
15 km
10 miles
N

〈그랜트 장군의 공격〉

제1차 세계대전에서 진지를 돌파하기 위한 전술로 발전되었다.

한편 리 장군은 그랜트 장군의 기동을 차단하고 공격부대를 양분하기 위해 그의 부대를 애나(Anna) 강 북쪽의 돌출부에 진지를 편성

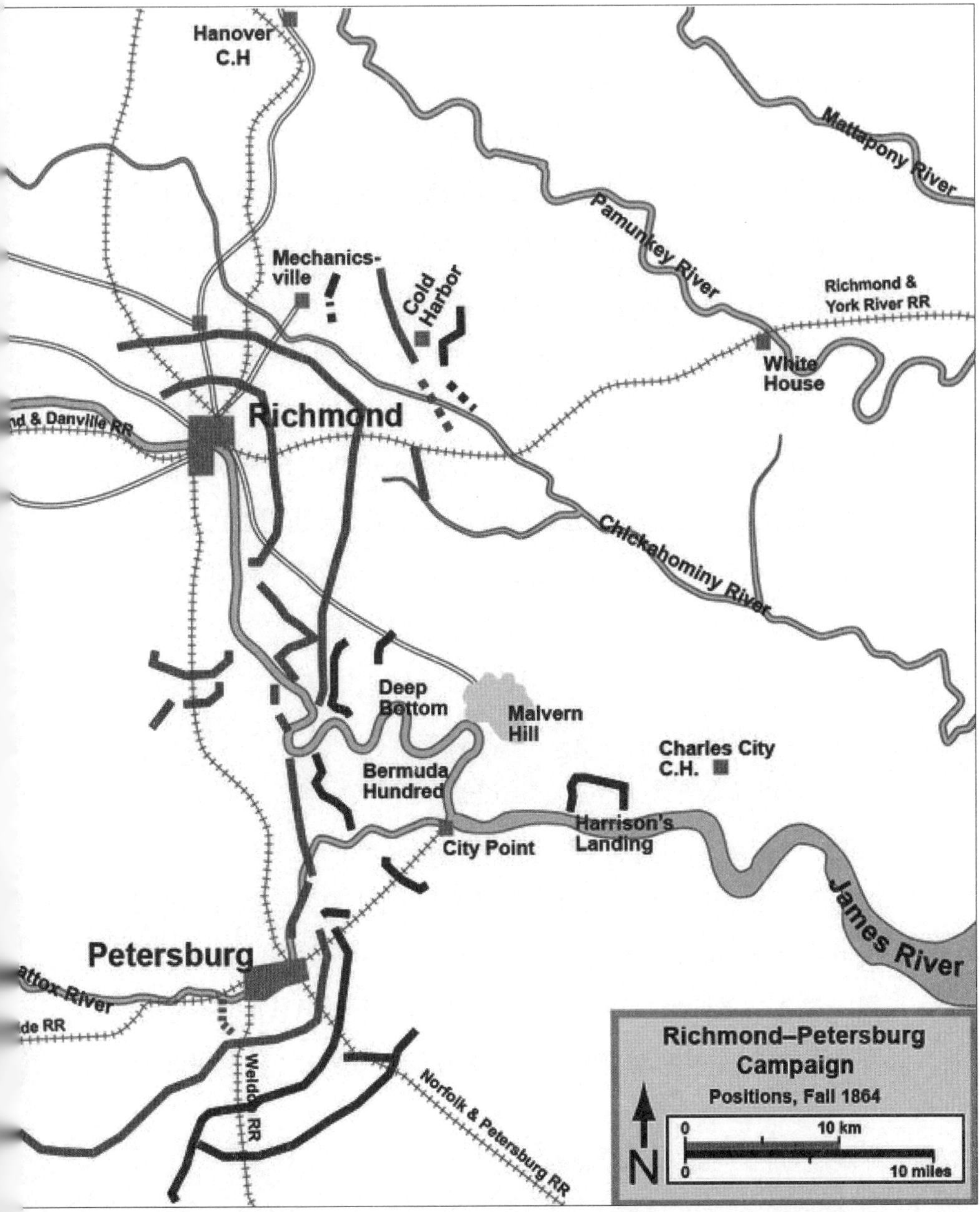

〈리치먼드-피터스버그 전투〉

했다. 하지만 그랜트 장군은 남군에 대해 정면공격을 실시할 경우 지나친 피해가 발생할 것을 우려하여 계속해서 리 장군의 측방을 돌아 기동했다. 5월 31일 북군의 기병대는 리치먼드 서쪽의 콜드(Cold) 항구의 중요한 교차로를 확보했다. 이때 남군은 리치먼드와 메카닉스빌(Mechanicsville) 방향으로 이동하고 있었다. 6월 1일 북군의 2개 군단이 콜드 항구에 당도했고 남군에 공격을 실시했다. 6월 2일까지 양측은 11킬로미터에 이르는 전선을 형성했다. 6월 3일 새벽 북군의 3개 군단이 콜드 항구를 연하여 일제히 공격을 개시했다. 북군은 이 전투에서 무려 1만 2,000명의 사상자가 발생했고 이때부터 북부의 주요 신문들은 그랜트 장군에게 '도살자'(Butcher)라는 불명예스런 별명을 붙였다.

메카닉스빌 전투 직후에도 그랜트 장군은 남쪽으로의 진격을 멈추지 않았다. 6월 12일 저녁 북군은 치카호미니(Chickahominy) 강을 건널 수 있었고 리치먼드를 포위할 수 있는 발판을 마련했다. 하지만 그랜트 장군은 리치먼드에 도달하기 위한 보다 효과적인 방법을 쓰기로 결심했다. 리치먼드에서 남쪽으로 수 킬로미터 이격된 곳에 피터스버그(Petersburg)가 있었다. 이 도시는 리치먼드에 이르는 중요한 철도망이 위치하고 있었다. 만약 북군이 이를 장악한다면 리치먼드를 장악하는 것과 다름없었다.

그러나 동측에서 우회 기동했던 버틀러 장군은 남군의 보러가드(P. G. T. Beauregard) 장군에게 버뮤다 100(Bermuda Hundred) 전투에서 패한 뒤 철도망을 조기에 확보하지 못했고 이어 제임스 강을 건너 도착한 북군의 부대들도 남군의 방어선을 쉽게 돌파하지 못했다. 이로 인해 리 장군은 피터스버그를 연하여 신속하게 새로운 방어선을 형성할 수 있었다. 결국 전선이 교착되고 가을과 겨울을 통해 양측은 일련의 정교한 진지를 구축하여 그 길이가 50킬로미터에 이르게 되었다. 피터스버그 전투가 진척이 더디게 되자 북군의 여론은 악화되었다. 그랜트 장군의 최초 목표는 압도적인 병력의 우세를 앞세워 리치먼드를 장악하는 것이었다. 그러나 리 장군의 효과적인 철수 작전으로 인해 피터스버그에 이르게 되자 그랜트 장군은 공격 목표를 수정했다. 피터스버그는 남부의 5개 철도가 교차하는 교통의 중심지로 남부의 핵심 보급기지였다. 만약 피터스버그에 리 장군을 묶어 둔다면 리 장군의 부대는 결국 항복하게 될 것이라고 판단한 그랜트 장군은 이곳에서 리 장군과 결판을 내기로 결심했다.

리 장군 또한 처음에는 그랜트 장군의 목표가 리치먼드가 될 것이라고 판단하여 이곳에 주력을 배치하고 피터스버그에는 보러가드 장군의 부대만을 배치했다. 하지만 리치먼드에 이르는 철수로가 지나치게 짧아 매우 불리한 상황이었음에도 불구하고 콜드 항구에서 효과적인 방어 작전으로 리치먼드를 일단 방어할 수 있게 되자 리치먼드에서 피터스버그에 이르는 방어선을 형성할 수 있었다. 그러나 그에게는 더 이상 저항할 수 있는 충분한 전투력이 없었다. 반면 이 전투에서 그랜트 장군은 비록 전술적으로 패하기도 했지만 전체적으로 보면 남군에 대한 쉴틈 없는 공세로 피터스버그에서 리 장군의 부대를 격멸시킬 수 있는 기회를 눈 앞에 두게 되었다.

그랜트 장군이 리치먼드를 공격하는 동안 시겔(Franz Sigel) 장군은 그랜트 장군의 계획대로 셰넌도어 계곡과 계곡 위쪽에 위치한 철도의 중심지 린치버그(Lynchburg)를 공격하기 위해 이동했다. 셰넌도어 계곡은 버지니아의 가장 곡창지대 중 하나이며 북으로 향하는 주요 진격 통로가 형성되어 있어 남군에게는 매우 중요한 지역이었다. 그러

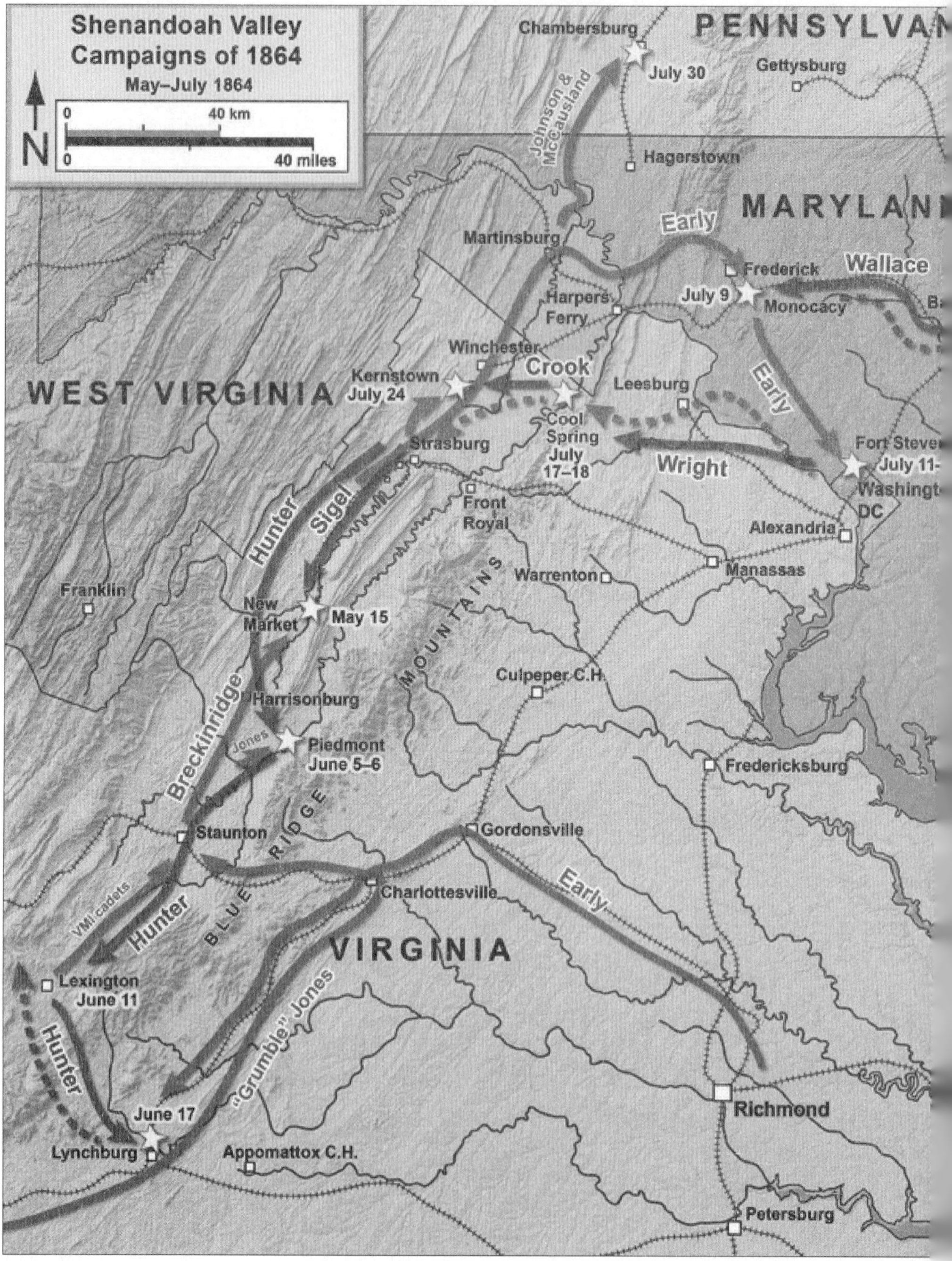

〈1864년 6월 셰넌도어 계곡 전투〉

나 5월 15일 시겔 장군의 부대는 뉴 마켓(New Market) 전투에서 남군의 브레킨리지(John C. Breckinridge) 장군에게 패배했고 이로 인해 헌터(David Hunter) 장군으로 교체되었다. 이어 6월 5일 해리슨버그 남쪽의 피드먼트(Piedmont) 전투에서 승리한 헌터 장군은 남부의 농업지대를 불태우는 한편 일부 남부의 주요 분리주의자의 가옥을 파괴했다. 그는 또한 남부의 중요한 군사교육기관으로 렉싱턴(Lexington)에 위치한 버지니아 군사학교(Virginia Military Institute)[14]도 불태웠다.

피터스버그에서 북군에 포위된 리 장군은 헌터 장군의 진격을 우려하면서 얼리(Jubal Early) 장군의 부대가 우선 헌터 장군의 부대를 막아내도록 하는 한편 가능하면 워싱턴까지 위협하도록 지시했다. 리 장군은 이 작전을 통해 그랜트 장군의 포위망이 약화되기를 희망했다. 얼리 장군의 부대는 6월 17일 린치버그(Lynchburg) 전투에서 헌터 장군의 부대를 공격하여 이들의 진격을 멈추는 데 성공했다. 이어 북군으로부터 큰 저항이 없는 가운데 계곡을 따라 북진하여 하퍼스 페리를 우회하고 포토맥 강을 건너 계곡 아래 방향으로 진격을 계속하여 마침내 메릴랜드 주의 프레드릭(Frederick)으로 진입했다.

그랜트 장군은 라이트(Horatio G. Wright) 장군과 크룩(George Crook) 장군의 예하부대를 급파하여 워싱턴 방어를 증강하고 얼리 장군과 맞서도록 했다. 7월 9일 프레드릭 남쪽의 모노캐시(Monocacy) 전투에서 얼

14) 1839년 11월 11일 버지니아 주 렉싱턴에 설립된 미국에서 가장 오래된 군사학교이다. 주 정부의 재정 지원으로 운영되며 남부의 웨스트포인트(West Point of the South)로 불린다. 재학기간 중에는 ROTC 프로그램을 이수해야 하며 졸업 후 학사학위 수여와 함께 개인의 희망에 따라 소위로 임관하거나 곧바로 예비역으로 편입할 수 있다. 연방정부의 재정적 지원을 받는 육군사관학교에 비해 비교적 열악한 주 정부의 지원을 받고 있지만 오랜 전통을 유지해왔고 남북전쟁을 포함한 주요 전쟁에 참여했다는 자부심이 매우 강하다.

리 장군은 북군의 월레스(Lew Wallace) 장군의 부대를 격파하였으나 이로 인해 진격의 속도가 둔화되었고 북군에게 워싱턴 방어를 보다 견고히 할 수 있는 시간을 허용했다. 이어 얼리 장군은 7월 11일에서 12일까지 워싱턴의 북부 방어선인 스티븐스 기지(Ft. Stevens)를 공격했으나 별다른 성공을 거두지 못했다. 얼리 장군은 리 장군의 지시대로 8월에 이르기까지 계곡 일대에서 일련의 성공적인 전투를 치르며 라이트 장군과 웰레스 장군의 부대를 셰넌도어 계곡에 묶어 두었고 7월 30일 북쪽의 챔버스버그(Chambersburg)를 공격했다.

그랜트 장군은 얼리 장군이 공격의 고삐를 늦추지 않는다면 워싱턴이 취약한 상태로 남아 있게 될 것이라는 판단 아래 얼리 장군을 격파시킬 수 있는 보다 공격적인 성향의 포토맥 군 기병대 지휘관 쉐리던(Philip Sheridan) 장군을 셰넌도어 계곡으로 급파했다. 쉐리던 장군은 1864년 11월 당시 대통령 선거를 눈앞에 둔 시기였으므로 링컨의 재선에 영향을 미치지 않도록 매우 주의 깊게 초기 작전을 수행했다. 9월에 접어들어 쉐리던 장군은 작전을 개시하여 9월 19일 윈체스터(Winchester) 전투와 9월 21일부터 22일까지 피셔 고지(Fisher's Hill) 전투에서 얼리 장군의 부대를 격파했다. 얼리 장군이 패배하자 셰넌도어 계곡은 북군의 손에 넘어가게 되었고 1864년 10월 19일 시다 강(Cedar Creek) 전투를 끝으로 얼리 장군이 이끄는 남군은 버지니아로 철수를 시작했다. 셰넌도어 계곡 전투에서 얼리 장군은 북군의 60퍼센트 이상을 격멸시켰지만 그의 부대는 굶주림으로 지쳐 있었다.

쉐리던 장군은 부대를 재정비하여 얼리 장군의 부대에게 결정적인 패배를 안겨 주었고 그랜트 장군을 지원하기 위해 부대의 일부를 피터스버그로 보냈다. 얼리 장군도 1865년 3월 버지니아 주의 리치먼

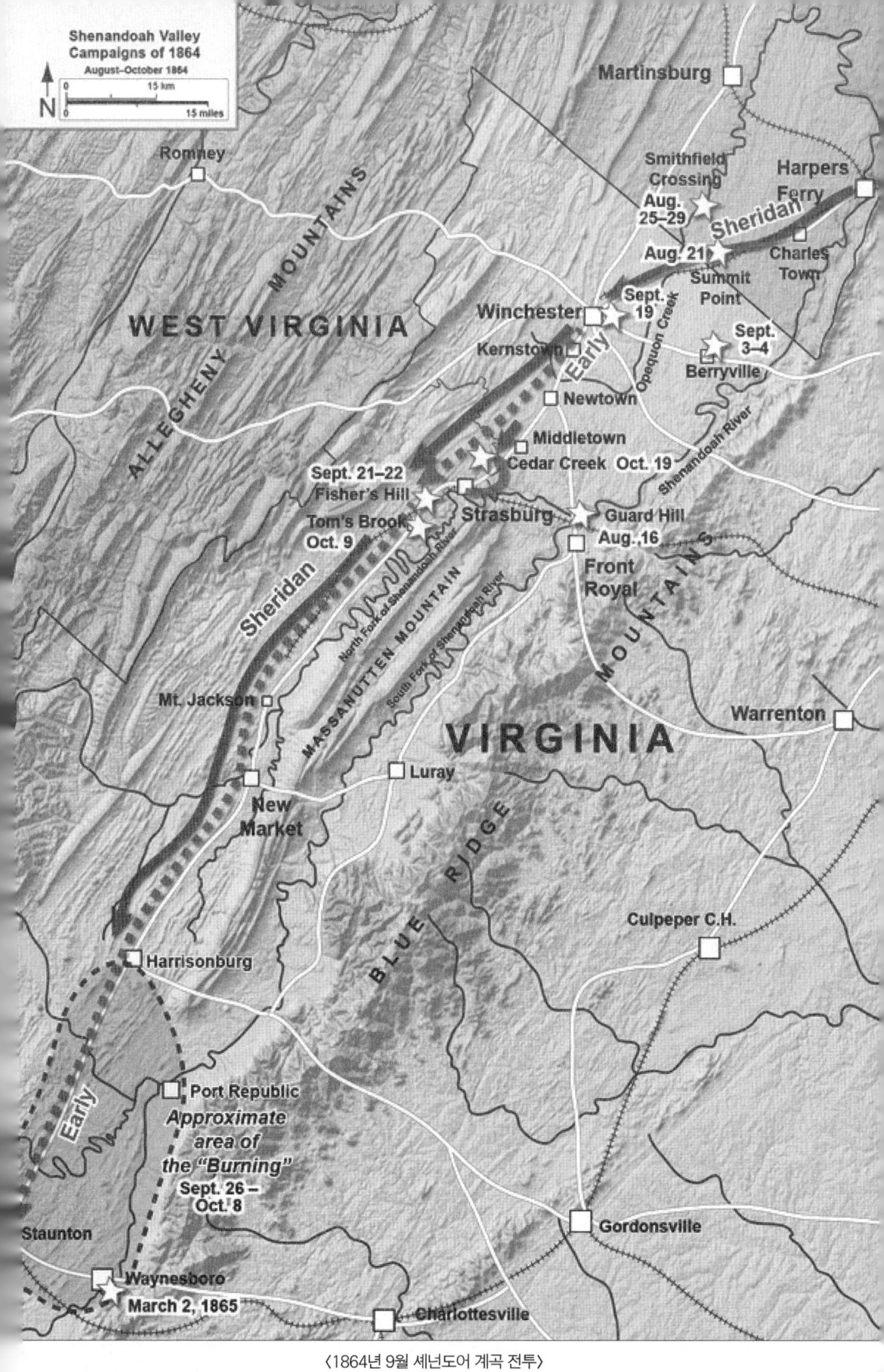

〈1864년 9월 셰넌도어 계곡 전투〉

드 북서쪽에 위치한 웨인스보러(Waynesboro) 전투에서 패배한 이후 그가 지휘관 직책에서 물러날 때까지 사령부에 필수 인원만을 남겨두었고 나머지 대부분의 부대원을 리 장군의 부대에 보내 12월에 벌어진 피터스버그 전투에 가담토록 했다. 셰넌도어 계곡 전투가 한참이던 즈음 1864년 9월 셔먼 장군은 애틀랜타를 확보하였으며 패러거(David Farragut) 제독은 앨라배마 주의 모바일 만(Mobile Bay)에서 승리를 거두었다. 쉐리던 장군은 계곡을 내려가면서 11월 셔먼 장군의 '바다로의 전진'(March to the Sea)의 전조가 된 일련의 초토화 전투를 수행했다. 이제 11월 치러진 선거에서 링컨의 재선은 확실해 보였다.

11.
아포매톡스에서의 항복(1865)

1865년 1월 리치먼드의 함락 위기에 처한 데이비스 대통령은 리 장군을 남군 총사령관에 임명했다. 피터스버그의 포위가 계속되는 가운데 그랜트 장군은 리 장군의 부대를 다시 압박하기 시작했다. 북군은 점차적으로 남군의 보급로를 차단했다. 3월까지 포위망 속에서 사상자가 속출했고 리 장군은 마침내 4월 2일 피터스버그에서 철수를 결정했다.

셰넌도어 계곡에서의 전투를 마치고 돌아온 쉐리던 장군은 남군의 측방 공격을 위한 임무를 부여받았다. 그랜트 장군은 4월 3일 남군의 전 방어선에 대한 공격을 명령했다. 북군은 피터스버그 전투에서 끈질긴 추격전으로 남군의 방어선 돌파에 성공했다. 전투가 벌어지는 동안 힐(A. P. Hill) 장군이 전사했다. 결국 리 장군은 남부연합 정부가 임시로 위치한 리치먼드 남서쪽 댄빌(Danvill) 방향으로 이동을 시작했다. 이동 중 노스캐롤라이나에서 이동하고 있던 존스턴 장군의 부대가 합류했지만 4월 3일 리치먼드는 항복했다.

이제 전투는 쉐리던 장군과 리 장군의 경주가 되었다. 리 장군

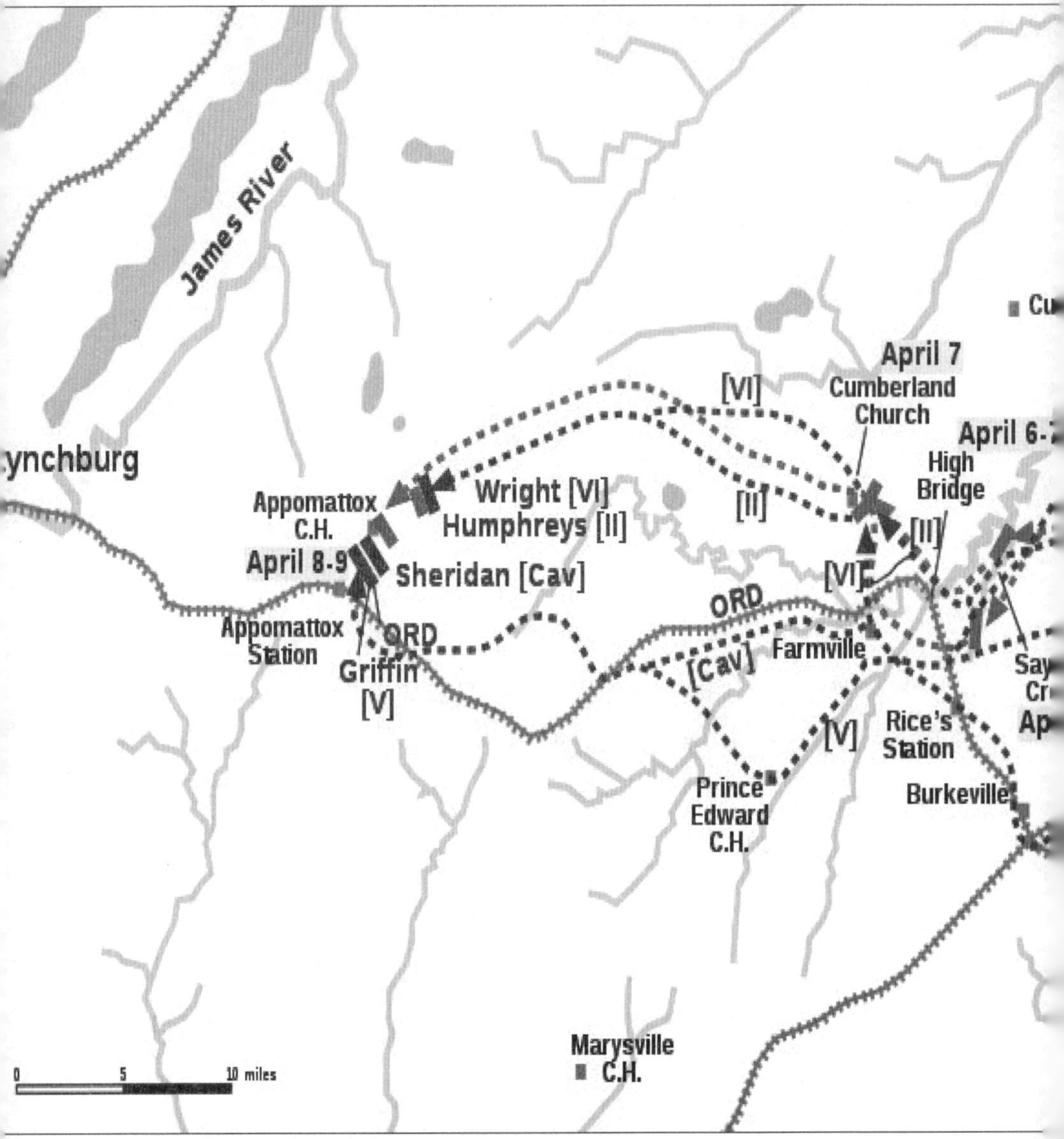

〈1865. 4. 3.~ 9. 아포매톡스 전투〉

은 철수 중에도 보급품을 얻기 위해 안간힘을 썼고 쉐리던 장군은 이를 차단하기 위해 바짝 추격했다. 4월 6일 아포매톡스(Appomattox) 강의 지류인 세일러(Sayler) 강 인근에서 남군의 1/4에 가까운 8,000여 명의 2개 군단이 북군에 의해 차단되어 항복했고 보급부대와 강을 건너 북쪽

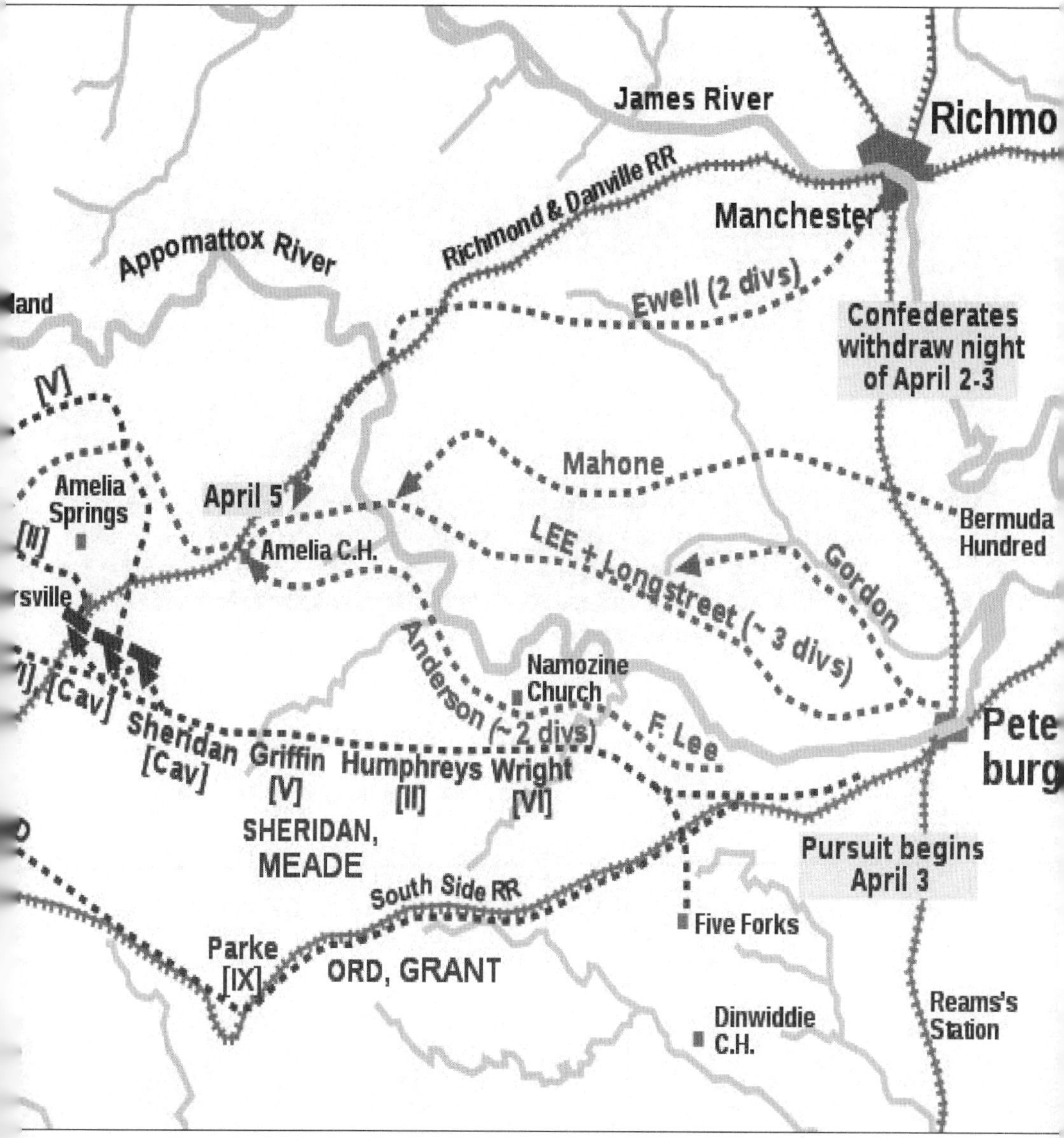

으로 향하던 부대 또한 항복했다. 그랜트 장군은 리 장군에게 항복할 것을 권유했지만 리 장군은 여전히 북군에 맞섰다. 4월 9일 아침 리 장군의 부대는 아포매톡스에서 마지막으로 북군의 방어선을 돌파하기 위한 공격을 시도했으나 실패했다. 결국 남군은 북군에 의해 세 방면

〈리 장군의 항복, 출처: en.wikipedia.org〉

에서 완전히 포위되었다. 이날 리 장군은 아포매톡스 법정(Court House)에서 항복하였고 이틀 후 4월 11일 공식적인 항복 행사가 열렸다.

항복 이후에도 남군은 산발적인 소규모 전투를 계속했지만 리 장군의 1865년 4월 9일의 항복은 실질적인 남북전쟁의 종전을 의미했다. 리 장군은 부대를 나누어 남부에서 게릴라전을 계속 수행해야 한다는 그의 참모들의 조언을 거부하고 분단된 국가를 치유하는 데 참여하도록 독려했다.

4 장

서부지역 전투

1.
개관

서부지역 전투는 지리적으로 미시시피 강 동쪽으로부터 애팔래치안 산맥의 서쪽 사이의 지역에서 치러진 전투를 일컫는다. 지리적으로 남부의 멕시코 만 일대와 동부의 항구는 제외되나 셔먼 장군의 진격에 따라 1864년과 1865년 테네시 주의 채터누가(Chatanooga) 전투와 조지아 주 및 캐롤라이나 주 지역에서의 전투는 포함된다.

서부지역 전투는 동부지역 전투에 비해 전쟁 당시는 물론 그 이후에도 상대적으로 주목을 받지 못했다. 이러한 배경에는 우선 양측의 수도가 지나치게 근접해 있었고 주요 언론사의 대부분이 동부지역에 위치하고 있었으며 남군이 곳곳에서 예기치 않은 승리를 거두었기 때문이다. 물론 리 장군과 맥클렐런 장군, 그리고 잭슨 장군과 같이 이름을 떨친 장군들이 이 지역의 전투에 참여한 것도 그 이유 중의 하나였다.

북군은 서부지역의 주요 전투에서 결정적인 성과를 달성했는데도 크게 주목받지 못했다. 하지만 일부 학자들은 남북전쟁 전반에서 동부지역 전투보다 서부지역 전투에 오히려 더 중요한 의미를 부여하

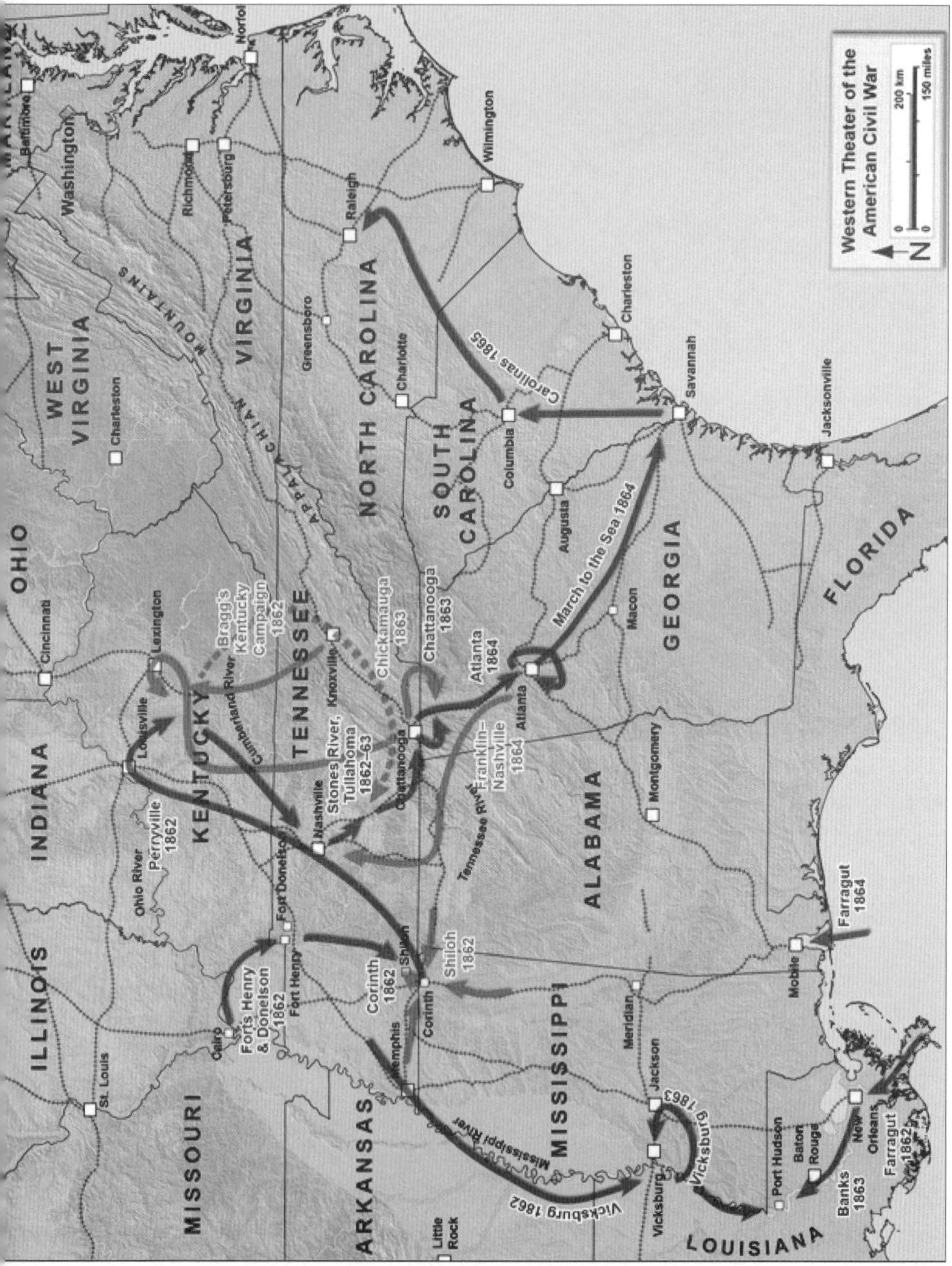
Western Theater of the
American Civil War
0 200 km
0 150 miles
N
ILLINOIS
INDIANA
OHIO
WEST VIRGINIA
VIRGINIA
KENTUCKY
TENNESSEE
NORTH CAROLINA
SOUTH CAROLINA
GEORGIA
ALABAMA
MISSISSIPPI
ARKANSAS
MISSOURI
LOUISIANA
FLORIDA
APPALACHIAN MOUNTAINS
St. Louis
Cairo
Cincinnati
Louisville
Lexington
Charleston
Washington
Baltimore
Richmond
Petersburg
Norfolk
Raleigh
Wilmington
Greensboro
Charlotte
Columbia
Charleston
Savannah
Augusta
Macon
Jacksonville
Knoxville
Nashville
Chattanooga
Atlanta
Montgomery
Mobile
Meridian
Jackson
Vicksburg
Memphis
Corinth
Shiloh
Fort Henry
Fort Donelson
Little Rock
Port Hudson
Baton Rouge
New Orleans
Ohio River
Cumberland River
Tennessee River
Mississippi River
Perryville
1862
Bragg's
Kentucky
Campaign
1862
Forts Henry
& Donelson
1862
Corinth
1862
Shiloh
1862
Stones River,
Tullahoma
1862–63
Chickamauga
1863
Chattanooga
1863
Atlanta
1864
Franklin–
Nashville
1864
March to the Sea 1864
Carolinas 1865
Vicksburg 1862
Vicksburg 1863
Farragut
1864
Farragut
1862
Banks
1863

〈서부지역 전투 개관〉

기도 하는데 그 이유는 이 지역이 주요 강을 포함하여 남부의 심장에 해당하는 지역이기 때문이다. 또한 미주리 주, 켄터키 주는 연방유지와 탈퇴에 대한 논쟁이 치열했던 곳으로 이들의 행보가 서부지역 전투는 물론 남북전쟁 전체에 영향을 미칠 수도 있었기 때문이었다.

이와 더불어 미시시피 강의 장악은 초기 북군 스콧 장군의 아나콘다 계획의 근간이 되었던 곳이기도 했다. 군사학자 퓰러(J.F. Fuller)는 켄터키를 축으로 미시시피 강을 따라 남쪽으로 진격한 이후, 다시 동으로 방향을 전환하여 테네시 주와 조지아 주 그리고 캐롤라이나 주를 지향한 북군의 진격을 대규모의 우회기동 작전의 고전(Classic)으로 평가했다. 4년 동안의 전쟁에서 북군은 서부지역 전투에서 남군에 대한 전술적 수준의 패배를 지속적으로 안겨 주었고 궁극적으로 전략적 반전을 가져올 수 있었다. 북군의 그랜트 장군과 셔먼 장군과 같은 남북전쟁에서 가장 유명했던 장군들도 주로 이 지역에서 전투를 지휘했고 이들의 능력 또한 남군의 장군에 비해 월등했다.

전쟁 초기 서부지역 전투는 위기에 처한 미주리 주와 켄터키 주가 핵심이었다. 만약 2개의 주 중에서 1개의 주라도 잃게 된다면 북군의 전쟁 명분에 치명타가 될 것으로 보였다. 우선 미주리 주는 1861년 6월 분스빌(Boonsville) 전투[1]에서 리온(Nathaniel Lyon) 대위의 승리로 인하여 북부에 남게 되었다. 남부 성향의 주지사와 북부 성향의 주정부

1) 1861년 6월 17일 미주리 주 분스빌에서 벌어진 소규모의 산병전이었으나 연방 탈퇴 여부를 둘러싼 논쟁을 종식시키는 전략적 효과를 가져왔다. 당시 주 지사였던 잭슨(Claiborne F. Jackson)은 연방 탈퇴를 희망했지만 대부분의 주민들은 연방에 잔류하기를 희망했다. 결국 주 의회에서 연방 탈퇴 법안이 부결되자 일련의 연방 탈퇴 찬성을 희망하는 자들이 모여 세인트루이스(St. Louis) 무기고를 습격하여 이를 장악했다. 이에 격분한 청년장교 리온 대위가 소수의 연방군 일부와 지원군을 규합하여 대항했다. 분스빌에서 5명이 사망한 가운데 전투는 끝이 났고 이후 연방 탈퇴 움직임은 가라앉았다.

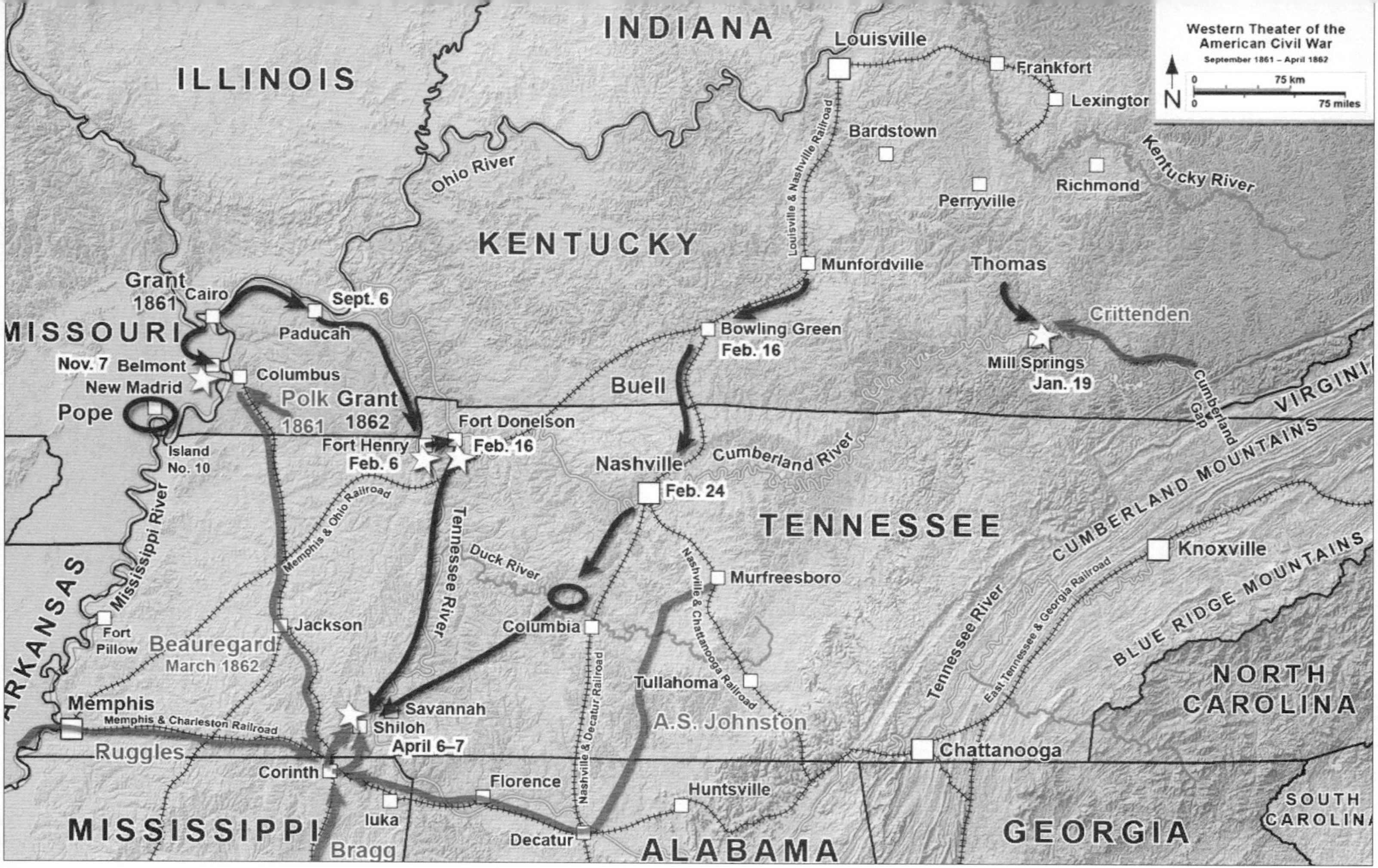

Western Theater of the American Civil War
September 1861 – April 1862
N
0 75 km
0 75 miles
INDIANA
ILLINOIS
KENTUCKY
MISSOURI
TENNESSEE
ARKANSAS
MISSISSIPPI
ALABAMA
GEORGIA
NORTH CAROLINA
SOUTH CAROLINA
VIRGINIA
Louisville
Frankfort
Lexington
Bardstown
Richmond
Perryville
Munfordville
Thomas
Crittenden
Mill Springs
Jan. 19
Cumberland Gap
Kentucky River
Ohio River
Louisville & Nashville Railroad
Bowling Green
Feb. 16
Buell
Grant
1861
Cairo
Sept. 6
Paducah
Nov. 7
Belmont
Columbus
New Madrid
Pope
Polk
1861
Grant
1862
Island
No. 10
Fort Donelson
Feb. 16
Fort Henry
Feb. 6
Nashville
Feb. 24
Cumberland River
CUMBERLAND MOUNTAINS
BLUE RIDGE MOUNTAINS
Knoxville
Mississippi River
Memphis & Ohio Railroad
Tennessee River
Duck River
Columbia
Murfreesboro
Nashville & Chattanooga Railroad
Nashville & Decatur Railroad
Tullahoma
A.S. Johnston
East Tennessee & Georgia Railroad
Chattanooga
Jackson
Fort
Pillow
Beauregard
March 1862
Memphis
Memphis & Charleston Railroad
Ruggles
Savannah
Shiloh
April 6–7
Corinth
Florence
Huntsville
Iuka
Decatur
Bragg

〈서부지역 초기 전투〉

가 호각을 이룬 켄터키 주는 중립을 선언했다. 이 중립은 남군의 포크(Leonidas Polk)[2] 장군이 9월 3일 미시시피 남부지역을 통제할 수 있는 콜럼버스(Columbus)[3]를 먼저 공격했고 이틀 후 북군의 그랜트 장군이 파두카(Paducah)[4]를 점령함으로써 흔들리게 되었다. 한편 대부분의 주 정부가 북부에 남아 있었음에도 불구하고 의회의 일부가 러셀빌(Russellville)에 새로운 주 정부를 세우고 남부로 돌아섰다. 그러나 켄터키 주는 공식적으로 남부에 가담하지는 않았고 이로써 북군은 보다 수월하게 켄터키 주로 진격할 수 있었다.

북군은 1861년 11월까지 헌터(David Hunter) 장군 휘하의 캔자스(Kansas) 지역, 핼렉(Henry W. Halleck) 장군 휘하의 미주리 지역, 그리고 뷰엘(Don Carlos Buell) 장군 휘하의 오하이오 지역 등 세 지역으로 구분하여 작전을 수행했다. 테네시 주는 이미 연방을 탈퇴하여 남부연합에 속했으나 친 북부성향의 테네시 주 동부지역을 장악하라는 링컨의 명령에 따라 뷰엘 장군은 내슈빌(Nashville) 방향으로 이동했다. 그러나 일련의 전술적 승리에도 불구하고 뚜렷한 성과를 얻어내지 못했다.

한편 그랜트 장군은 뷰엘 장군의 진격에 대한 남군의 관심을 전환시키기 위해 테네시 강을 건너 내슈빌 서쪽의 켄터키 주 벨몬트

---

2) 포크 장군은 미 육군사관학교를 졸업한 장군으로 남북전쟁 직전까지 주교였다. 그의 삼촌은 미국의 11대 대통령(1845-1849)을 지낸 포크(James K. Polk)이며 남부 대통령 데이비스와 육사 동기이기도 하다. 그는 남북전쟁 발발 직전 데이비스 대통령에게 편지를 보내 평화적으로 해결할 것을 주장하였으나, 전쟁이 발발하자 소장으로 전쟁에 참여하여 미시시피 일대의 남군을 지휘했다.

3) 콜럼버스는 테네시 주의 멤피스(Memphis)와 조지아 주의 애틀랜타(Atlanta) 중간의 남쪽에 위치한 도시이며 미시시피 강 동쪽에 위치하고 있다.

4) 파두카는 일리노이 주와 테네시 주의 접경에 위치한 도시로 미시시피 강 지류를 따라 발달된 도시로 예로부터 경제의 중심지가 되었다. 일리노이 주의 세인트루이스와 테네시 주의 내슈빌(Nashville) 사이에 위치하고 있다.

〈서부의 북군 주요지휘관, 좌로부터 그랜트, 핼렉, 셔먼, 토마스, 뷰엘〉

〈서부의 남군 주요지휘관, 좌로부터 존스턴, 브래그, 후드, 포레스트, 버크너〉

(Belmont)를 공격했으나 역시 아무런 성과를 얻어내지 못했다. 이에 그랜트 장군은 북군이 서부지역에서 우세를 보이면서도 성과를 얻지 못하는 이유가 통일된 지휘체계가 없기 때문이라고 판단하고 1862년 2월 1일 그의 상관인 핼렉 장군에게 지휘체계의 조정을 요청했다. 그러나 핼렉 장군은 그랜트 장군이 차후 공세를 위해 테네시 주의 헨리 기지(Ft. Henry)로 이동하도록 승인하면서 지휘체계의 변화는 유보했다.

2.
테네시 북부 전투(1862년 2월-6월)

테네시 주는 연방으로부터 마지막으로 탈퇴한 주로 남부연합에게는 미시시피 강과 테네시 강을 통해 미국의 남부로 연결되는 동맥과도 같은 지역이었다. 1862년 2월 2일을 기해 그랜트 장군은 테네시 강을 건너 미시시피 강변의 헨리 기지의 공격을 시작으로 본격적인 남부 공략에 나섰다. 남군은 켄터키 주가 중립을 지켜왔기 때문에 강을 연하여 방어선을 구축할 수 없었다. 따라서 이들은 켄터키 주와 테네시 주의 접경지역에 방어 진지를 편성했다. 그랜트 장군의 작전은 미시시피 강을 따라 이동하고 있던 해군 제독 푸트(Andrew H. Foote)와 원활하게 협조된 가운데 진행되었다. 그런데 헨리 기지는 강물이 범람하기 쉬운 저지대로 함포에 의한 사격으로부터 방어가 제한될 수밖에 없는 지역이었다.

헨리 기지에 대한 북군의 공격이 시작되자 남군의 틸그만(Lloyd Tilghman) 장군은 세 시간여에 걸쳐 북군에 대항했으나 결국 2월 5일 그의 전 부대를 도넬슨 기지(Ft. Donelson) 동쪽으로 모두 철수시켰다. 컴버랜드(Cumberland) 강가의 남군 도넬슨 기지는 헨리 기지보다는 방어에 용이했고 북군의 해군 공격에도 유리했다. 그랜트 장군은 틸그만 장군을 추격하여 기지의 후방에서 공격을 시도했으나 성공을 거두지 못했다. 이러한 상황에서 2월 15일 틸그만 장군의 예하 지휘관 플로이드(John B. Floyd) 장군이 이끄는 부대가 전선에서 이탈을 시도하기 위해 북군의 측방에 대한 공격을 시도했으나 북군의 일부 사단만을 밀어냈을 뿐 퇴각에 필요한 통로를 개방시키지 못했다. 그랜트 장군은 다시 전열을 가다듬은 후 약화된 남군의 우 측방을 공격했다. 우 측방이 무너

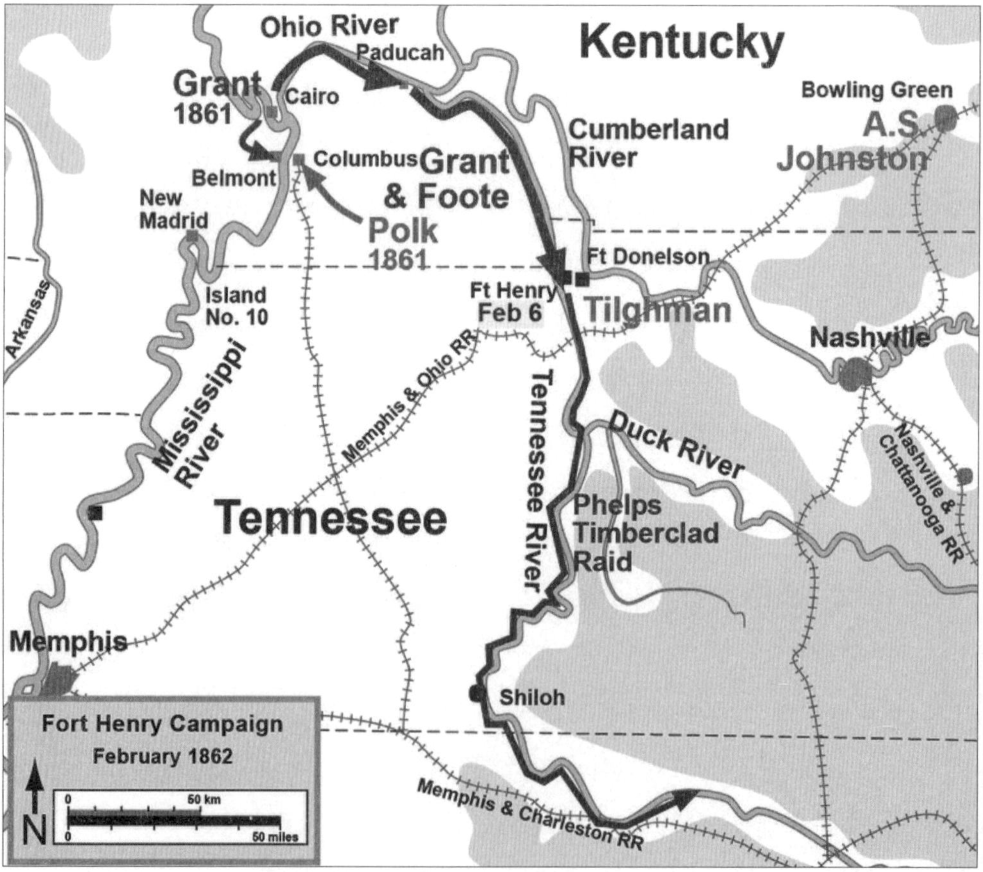

〈헨리 기지 전투〉

지기 시작하면서 기지에 갇힌 남군의 버크너(Simon B. Buckner) 장군은 무조건 항복을 요구하는 그랜트 장군에게 그의 부대원 1만 1,500명을 데리고 투항했다.

도넬슨 기지가 함락되자 콜럼버스에서 방어를 수행하던 포크 장군의 진지는 유지될 수 없었고 기지 후방의 볼링 그린(Bowling Green)에 방어진지를 편성했던 존스턴 장군의 방어선도 붕괴되었다. 헨리 기지와 도넬슨 기지에서의 북군의 작전은 남북전쟁에서 첫 번째 중대한 승리로 종결되었다. 이로써 북군은 남군이 동서로 상호지원을 가능하게 했던 멤피스와 오하이오 철로(Memphis & Ohio RR) 차단과 테네시 주로 진입하기 위한 두 개의 강을 확보할 수 있었다. 테네시 강이 개방됨으로써 북군은 차후 남쪽으로 작전을 위한 유리한 발판을 마련했다.

헨리 기지 전투 이후인 1862년 2월 말 동부지역에서 전투를 지휘하던 남군의 보러가드 장군이 서부지역으로 이동했고 미시시피와 테네시 강 사이의 모든 부대를 지휘하게 되었다. 이에 따라 미시시피군 사령관 존스턴(Albert S. Johnson)[5] 장군은 테네시 주의 내슈빌 남쪽에

〈헨리 기지(좌)와 도넬슨 기지(우), 출처: en.wikipedia.org〉

5) 동부지역에서 남북전쟁 초기인 1861년 세년도어 군을 이끌었던 존스턴(Joseph E. Johnston) 장군과 다른 인물임에 유의.

위치한 머프리보로(Murfreeboro)로 이동하여 부대를 지휘하고 나머지 부대는 보러가드 장군에게 지휘권을 이양하여 이 지역에서 작전을 분권화했다. 보러가드 장군은 그의 부대를 테네시 주의 멤피스 동쪽에 위치한 코린스(Corinth)에 집중하여 북군의 공격에 대비하기 위한 준비에 들어갔다.

한편 북군의 작전계획은 예상보다 매끄럽게 진행되지 못했다. 핼렉 장군은 남군의 지휘체계가 양분하여 배치되었기 때문에 이를 각개격파할 수 있을 것으로 판단했으나 그의 판단이 당시 북군 총사령관이었던 맥클렐런 장군과 이견이 있게 되자 불편함을 감추지 않았다. 더욱이 맥클렐런 장군이 내슈빌에 주둔하고 있던 그의 동료인 뷰엘 장군[6]과도 작전에 관한 의견이 달라 입장 차이를 보이고 있었다. 결국 핼렉 장군은 그랜트 장군의 테네시 군을 테네시 강 북쪽으로 보내고 오하이오 군을 지휘하는 뷰엘 장군을 내슈빌에 남게 하면서 그동안 유보했던 지휘권을 정리했다. 이어 3월 11일 링컨은 핼렉 장군을 미주리강으로부터 테네시 주 녹스빌(Knoxville) 사이의 모든 부대에 대한 지휘책임을 부여했다. 핼렉 장군은 남군에 대한 공세를 이어가기 위해 테네시 강 남부의 코린스에 대한 공격을 계획했다.

드디어 1862년 4월 6일 그랜트 장군의 테네시 군이 코린스 북쪽의 실로아(Shiloh)에 대한 공격을 개시했다. 남군의 보러가드 장군과 존스턴 장군의 연합부대는 첫째 날 전투에서 그랜트 군의 공격을 가까스로 막아낼 수 있었으나 이 전투에서 공격을 이끌던 존스턴 장군

6) 뷰엘(Don Carlos Buell) 장군은 매우 강직하고 근면하며 군수분야에 능통한 인물이었다. 하지만 그의 강직한 성품이 당시 정치가들에게는 충성심이 부족한 장군으로 비추어졌고 일부에서는 노예제를 지지하는 인물로 오해받기도 했다. 결국 켄터키 전투 이후 사령관직에서 사임되었다.

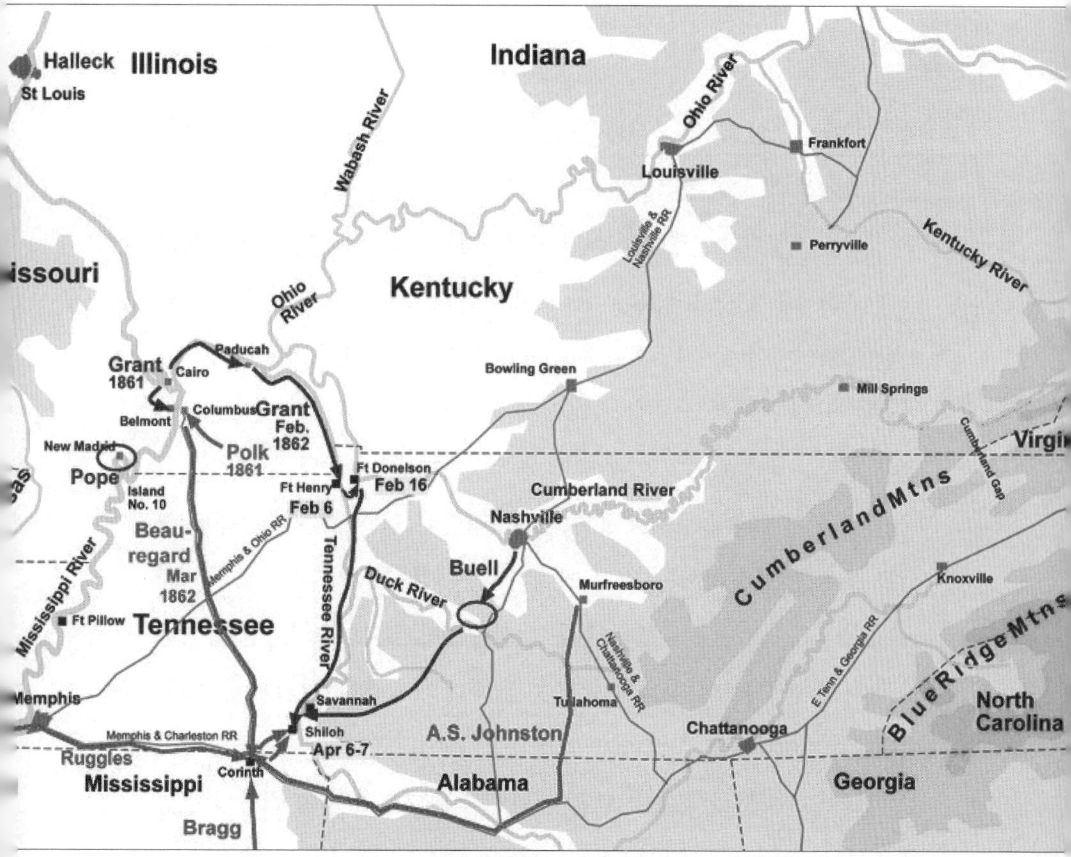

〈실로아 전투, 출처: en.wikipedia.org〉

은 치명적인 부상을 입게 되었다. 존스턴 장군은 당시 데이비스 남부 대통령에 의해 남부에서 가장 유능한 장군으로 인정받고 있던 인물이었다.

둘째 날인 4월 7일 그랜트 장군은 내슈빌로부터 뷰엘 장군의 증원과 더불어 새로운 공격을 실시했다. 북군의 공격으로 남군은 바로 남쪽의 코린스로 퇴각했다. 한편 북군이 실로아를 공격하는 동안 북군의 포프(John Pope) 장군은 보러가드 장군을 뉴 마드리드(New Madrid) 인근 섬에 고립시키고 멤피스 인근까지 강을 개방시켰다. 그랜트 장군은 이 작전에서 2만 4,000명이라는 가장 많은 사상자를 내면서도 코린스로 퇴각하는 남군의 추격에 실패했다. 실로아 전투 이후 코린스로 추격하는 과정에서 북군의 핼렉 장군도 기회를 충분히 활용하지 못했다. 핼렉 장군은 부대를 실로아로부터 코린스까지 32킬로미터를 이동시키는데 무려 4주가 소요되었다. 이 사이 남군의 보러가드 장군은 인명의 손실을 고려하여 방어를 포기하고 5월 29일 진지로부터 철수했다.

이 전투로 북군 2개 군에 맞서 테네시를 방어하려던 존스턴 장군의 계획은 좌절되었고 이후 부상을 입은 존스턴 장군의 후임으로 미시시피 군 사령관에 브래그(Braxton Bragg) 장군이 임명되었다. 그랜트 장군은 코린스 전투에서는 직접 참여하지 못했다. 그가 전투에 나서지 못했던 이유 중 하나는 북부의 주요 신문들이 실로아 전투 당일 그랜트 장군이 음주를 한 상태였기 때문에 제대로 부대를 지휘할 수 없었고 이로 인해 대규모 사상자가 발생했을 뿐 아니라 추격에도 실패했다고 비난했기 때문이다. 그랜트를 해임해야 한다는 주변의 압박에 링컨은 '그를 아껴 둘 틈이 없다. 그는 전투 중이다.'라며 단호하게 거부했다. 이에 따라 핼렉 장군은 코린스 전투 간 그랜트 장군에게 부사령관이라는 직책을 부여했다.

핼렉 장군이 맥클렐런 장군 후임으로 북군 총사령관 직책으로 이동하자 그랜트 장군은 다시 그의 부대를 지휘하게 되었다. 그러나 핼렉 장군은 자신이 떠나기 전에 뷰엘 장군을 조지아 주 채터누가(Chatanooga)에 배치했고 셔먼(William T. Sherman) 장군을 멤피스와 아칸소(Arkansas) 지역으로 이동시켰으며 로즈크랜스(William Rosecrans) 장군은 코린스를 방어하기 위해 이 지역에 잔류시켰다. 이와 같은 핼렉 장군의 부대 재배치 배경의 이유에는 링컨이 테네시 동부를 장악하고 이 지역에서 북군 전투력의 보존을 희망했기 때문이었다.

이제 미시시피 강을 장악한 북군은 통제를 더욱 강화했다. 5월 18일에는 패러거(David Farragut) 제독의 북부 해군이 남부에서 가장 중요한 항구인 루이지애나의 뉴올리언즈를 확보함으로써 서부지역의 전투도 점차 북군에게 유리한 상황으로 진행되기 시작했다.

3.
켄터키 전투(1862년 6월-1863년 1월)

켄터키 주는 중립 주로 남쪽의 테네시 주와 버지니아 주, 북쪽의 일리노이 주, 인디애나 주, 오하이오 주로 둘러싸여 북부와 남부에 전략적으로 매우 중요한 의미를 지니고 있었다. 더욱이 켄터키 주 출신의 링컨 대통령은 '만약 켄터키를 잃게 된다면 전체 미국을 잃게 될 것'이라고 강조하면서 북군 지휘관에게 보다 공세적인 작전을 주문했다. 북군의 핼렉 장군이 테네시 북부 전투 이후 총사령관으로 임명되어 워싱턴으로 떠나기 직전 그랜트 장군의 건의에 따라 이 지역에서 북군의 지휘체계를 정리했으나 여전히 통일된 지휘체계를 유지하지 못했다. 그랜트 장군은 테네시 주와 미시시피 주 접경지역에서 테네시 군을 이끌고 있었고 뷰엘 장군은 헬럭 장군의 지침에 따라 오하이 군을 이끌고 내슈빌에 주둔하다가 조지아 주의 채터누가로 이동할 준비를 하고 있었다.

한편 테네시 북부 전투 이후 1862년 6월 27일 건강상의 이유로 보러가드 장군의 후임으로 임명된 남군의 브래그 장군은 5만 6,000명으로 편성된 테네시 군을 지휘하게 되었다. 브래그 장군은 우선 지난

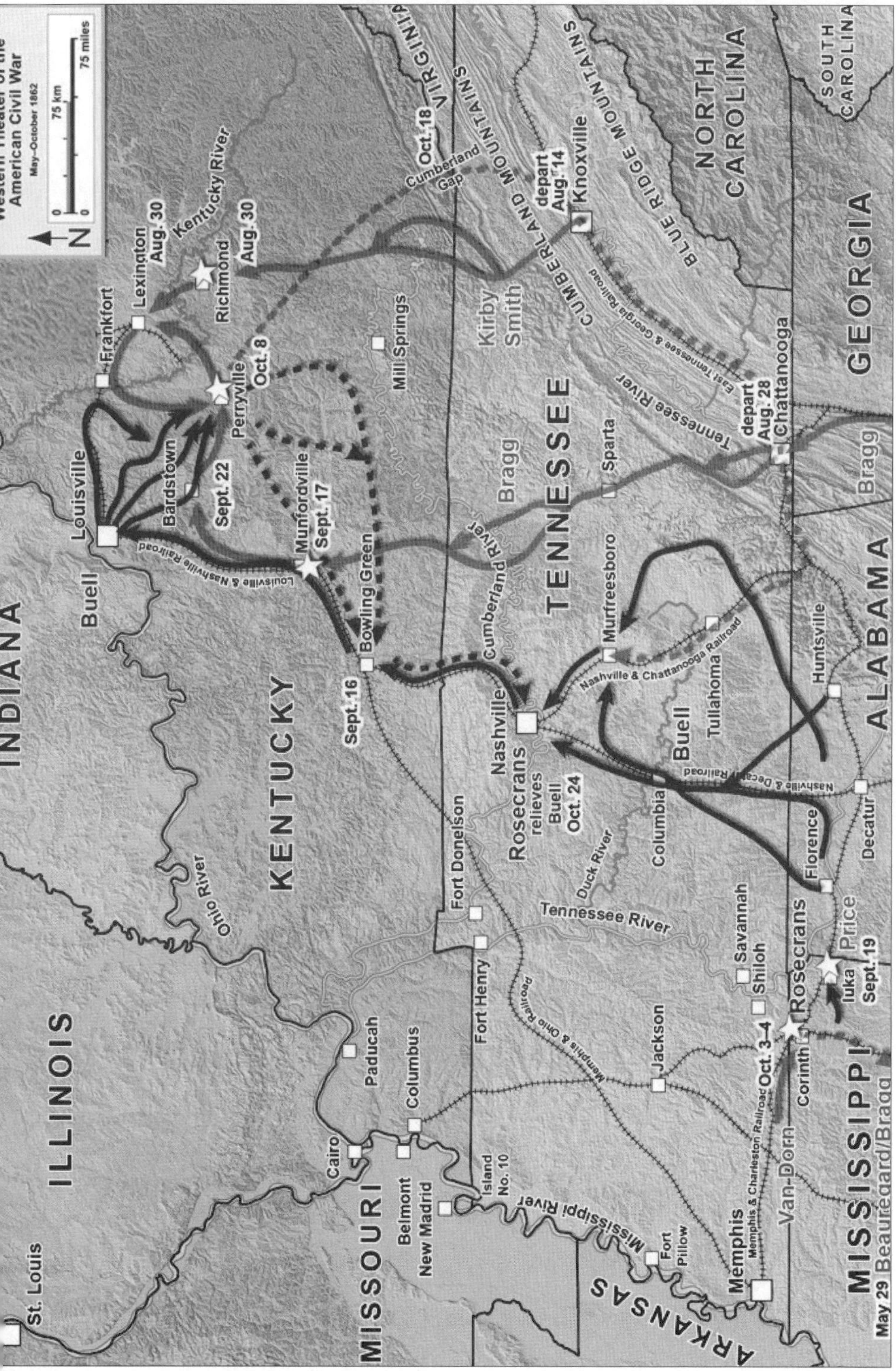

〈브래그 장군과 커비 스미스 장군의 계획〉

전투로 상실한 코린스를 다시 공격할 것인지, 아니면 테네시 주 중부에 위치한 북군의 뷰엘 군을 격멸한 것인지의 여부를 놓고 고민했다. 어느 경우가 되었든 남군이 북군에 대한 병력의 열세를 극복하기 위해서는 녹스빌에 위치한 커비 스미스(Edmund Kirby Smith) 장군과 연합해야 한다는 것이 브래그 장군의 판단이었다. 브래그 장군과 커비 스미스 장군은 7월 31일 채터누가에서 만나 향후 작전을 논의했다.

합의된 작전계획은 우선 브래그 장군이 그의 부대 3만 5,000명의 병력을 철도를 이용해 동쪽 앨라배마의 모바일(Mobile)을 경유하여 채터누가로 이동시키고 여기서부터 브래그 장군의 부대와 녹스빌의 커비 스미스의 부대가 각각 켄터키 북쪽으로 병행 공격, 뷰엘 장군의 병참선을 차단하여 그의 부대를 격멸하고 이후 그랜트 장군의 부대를 공격하기로 했다. 남쪽에는 프라이스(Sterling Price) 장군과 반 돈(Earl Van Dorn) 장군을 코린스 지역에 남겨 놓아 이곳을 방어하면서 그랜트 장군의 주의를 끌도록 했다. 브래그 장군과 커비 스미스 장군의 이러한 계획은 동시에 여러 작전을 수행해야 하는 과감한 계획임에도 불구하고 유기적인 협조를 필요로 하는 위험성도 내포하고 있었다. 원활한 작전의 협조를 위해 지휘통일이 전제되어야 했으나, 일단 선임 장교인 브래그 장군이 전반적인 작전을 조정하는 것으로 마무리 지었다.

켄터키 주 북부에서 뷰엘 장군과 브래그 장군의 부대가 북쪽으로 이동하는 사이 남쪽에서는 9월 14일 프라이스 장군이 이끄는 서부군과 반 돈 장군이 이끄는 서부 테네시 군이 그랜트 장군의 북군을 묶어두기 위한 작전에 돌입했다. 프라이스 장군은 9월 19일 코린스 동쪽 32킬로미터 지점에 위치한 루카(Luka)까지 이동하여 이곳에서 로즈크랜스 장군의 북군을 공격했다. 병력의 절대적 열세 속에서 프라이스

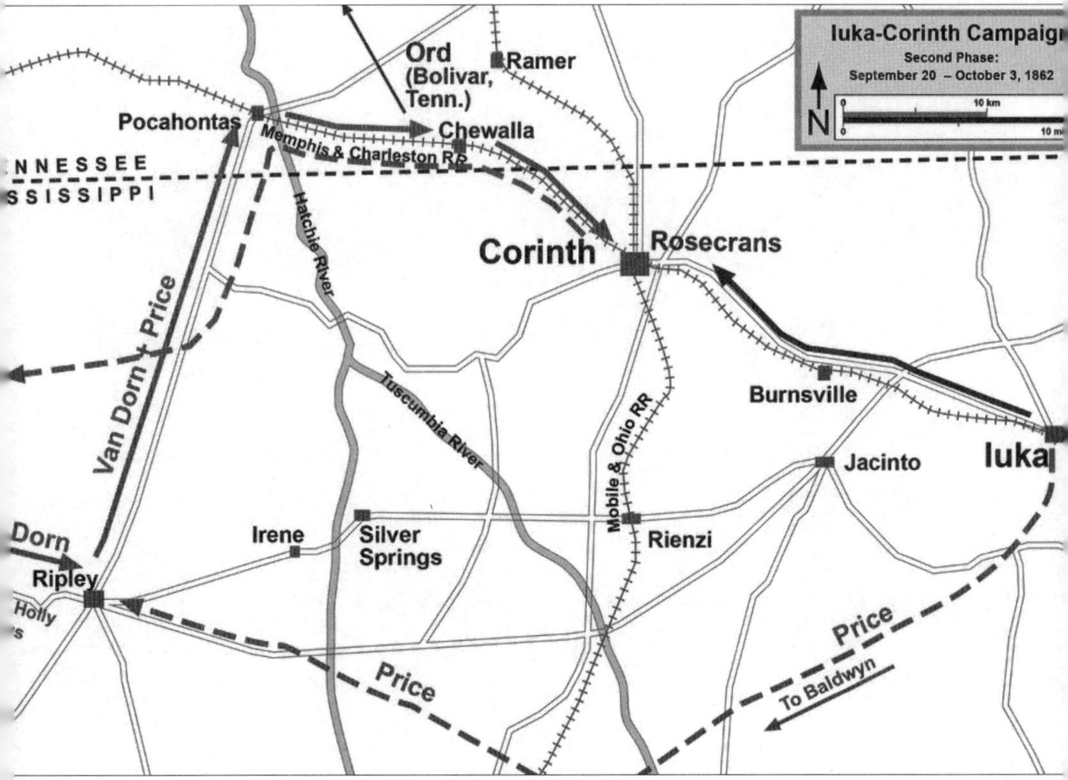

〈제2차 코린스 전투〉

장군의 부대는 다시 리플리(Ripley)로 철수하여 반 돈 장군의 부대와 합류했다. 프라이스 장군과 반 돈 장군은 그들의 부대를 연합하여 포카혼다스(Pocahondas)를 경유, 코린스에 체왈라(Chewalla)에서 오드(Edward Ord) 장군의 부대를 격퇴시키고 코린스를 다시 확보하기 위해 공격을 재개했다. 하지만 10월 3일과 4일 사이에 치러진 2차 코린스 전투에서 북군의 로즈크랜스 장군의 효과적인 방어로 심대한 피해만 입은 채 퇴각했다.

한편 켄터키 북부에서는 8월 14일 커비 스미스 장군이 녹스빌을 떠나 리치먼드(Richmond)에 위치한 북군을 밀어내고 8월 30일에는 렉싱턴(Lexington)에 도착했다. 브래그 장군은 8월 28일 채터누가를 떠

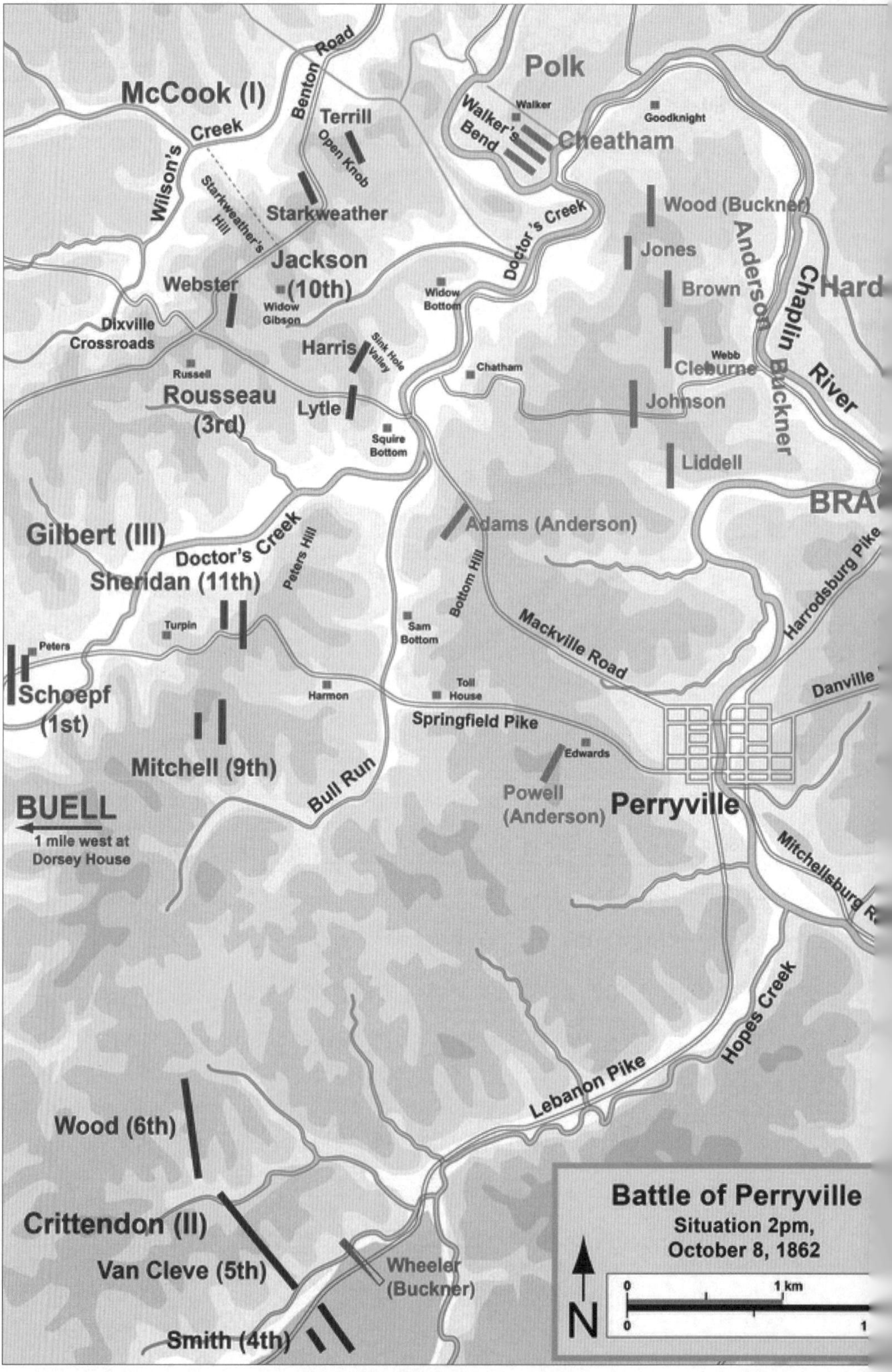

Battle of Perryville
Situation 2pm,
October 8, 1862
N
0
1 km
0
1
McCook (I)
Benton Road
Wilson's Creek
Terrill
Open Knob
Starkweather's Hill
Starkweather
Jackson (10th)
Webster
Widow Gibson
Dixville Crossroads
Russell
Rousseau (3rd)
Harris
Sink Hole Valley
Lytle
Squire Bottom
Polk
Walker
Walker's Bend
Cheatham
Goodknight
Doctor's Creek
Widow Bottom
Chatham
Wood (Buckner)
Jones
Brown
Cleburne
Webb
Johnson
Liddell
Anderson
Buckner
Chaplin River
Hard
BRA
Adams (Anderson)
Bottom Hill
Gilbert (III)
Doctor's Creek
Peters Hill
Sheridan (11th)
Turpin
Peters
Schoepf (1st)
Sam Bottom
Harmon
Toll House
Mackville Road
Harrodsburg Pike
Danville
Springfield Pike
Edwards
Mitchell (9th)
Powell (Anderson)
Perryville
Bull Run
BUELL
1 mile west at Dorsey House
Mitchellsburg R
Hopes Creek
Lebanon Pike
Wood (6th)
Crittendon (II)
Van Cleve (5th)
Wheeler (Buckner)
Smith (4th)

⟨페리빌 전투⟩

났다. 북군의 뷰엘 장군은 내슈빌을 떠나 채터누가를 향해 이동하려던 중 남군의 기동에 관한 정보를 입수하고 다시 방향을 북으로 돌려 브래그 장군을 추격하기 시작했다. 뷰엘 장군의 부대는 9월 18일 볼링 그린(Bowling Green)으로 이동을 완료했다. 브래그 장군의 부대가 북으로 이동 중이던 9월 17일 볼링 그린 북쪽의 먼포드빌(Munfordville)에서 그를 추격해오던 뷰엘 장군의 부대와 조우하게 되었다. 브래그 장군은 뷰엘 장군과의 전투보다는 커비 스미스 장군과의 협조된 공격이 더 중요하다고 판단하여 뷰엘 장군을 피해 북으로 다시 이동 9월 14일 루이스빌(Louisville)을 점령했다. 이어 뷰엘 장군의 추격으로 인해 브래그 장군은 동쪽으로 기동해 프랭크포트(Frankfort)를 점령했다.

루이스빌을 점령한 뷰엘 장군은 이곳에서 공격을 위한 준비를 하면서 브래그 장군과 커비 스미스 장군이 합류하지 못하도록 예하의 실(Joshua Sill) 장군의 부대를 프랭크포트로 보냈다. 북군이 프랭크포트에 이르자 이곳에 위치하고 있던 남군의 하디(William J. Hardee) 장군은 대규모의 북군이 기동하고 있다고 판단하여 즉각 브래그 장군에게 병력의 지원을 요청했다. 상황이 이렇게 되자 브래그 장군은 렉싱턴에서 커비 스미스 장군과 합류하여 북군과 전투를 치르고자 했던 최초 계획을 수정하여 교통의 요지인 전방의 페리빌(Perryville)로 이동 방어 진지를 구축했다.

10월 8일 오전 페리빌의 북쪽에서 북군의 공격으로 전투가 시작되었다. 남군의 포크 장군은 워커(Walker) 일대에서 북군을 공격하여 서측 후방의 딕시빌 교차로(Dixiville Crossroad)까지 퇴각시켰다. 이어 중앙에 위치해 있던 남군의 하디 장군의 부대도 반격을 개시해 북군 길버트 장군의 3군단을 닥터 강(Doctor's Creek) 서쪽으로 밀어내었다. 남쪽에서는 남군 앤더슨(Anderson) 장군의 예하 부대인 파월(Powell) 장군의 부대가 하몬(Harmon)까지 진출했다. 10월 8일 저녁 소강상태가 지속되는 가운데 브래그 장군은 뷰엘 장군의 3군단이 페리빌에 투입되었음을 인지하고 더 이상의 공격은 효과가 없을 것이라는 판단 아래 그의 부대를 일단 패리빌 동북쪽의 해러즈버그(Harrodsburg) 일대로 철수시켰다. 이어 10월 10일 마침내 커비 스미스 장군의 부대가 합류했다. 브래그 장군은 병력이 증강되었음에도 불구하고 더 이상의 공격을 실시하지 않았고 북군의 뷰엘 장군 역시 소극적이었다. 브래그 장군은 이 전투를 통해 전술적 승리를 거둘 수 있었으나 그가 의도했던 뷰엘 장군의 부대 격멸은 달성할 수 없었다. 이에 따라 브래그 장군은 추가적인 보급과 정비를 위해 채터누가를 경유, 내슈빌 남쪽 머프리보러(Murfreeboro)로 돌아왔다. 뷰엘 장군 역시 더 이상의 추격은 실시하지 않고 내슈빌로 복귀했다.

겨울이 다가오자 북부 정부는 뷰엘 장군의 후임으로 로즈크랜스 장군을 임명했다. 로즈크랜스 장군은 내슈빌 지역에서 재보급과 훈련을 통해 부대를 정비한 이후 크리스마스 직전에 머프리보러에 위치한 브래그 장군에 대한 공격을 계획했다. 12월 31일 로즈크랜스 장군은 남군에 대한 공격을 개시했으나 이듬해인 1863년 1월 남군으로부터 막대한 피해를 입게 되었고 브래그 장군은 그의 부대를 머프리보러 남동쪽의 툴라호마(Tullahoma)로 철수시켰다. 페리빌 전투의 결과로 북군은 비록 전술적으로는 패했지만 여전히 켄터키를 장악할 수 있는 전략적 성과를 거두게 되었고 그랜트 장군은 1862년 9월부터 준비해오던 빅스버그 전투를 실행에 옮기게 되었다.

4.
빅스버그 전투(1862년 12월-1863년 7월)

링컨은 미시시피 강을 연하여 위치한 빅스버그 요새가 전쟁에서 승리를 결정지을 수 있는 열쇠라고 믿었다. 남부의 데이비스 대통령도 '빅스버그는 양분된 남부를 연결해주는 못과 같다'며 남군이 반드시 장악해야 한다고 강조했다. 빅스버그와 허드슨(Hudson) 항구는 북군이 미시시피 강을 완전하게 통제하지 못한 채 유일하게 남아 있던 마지막 요충지였다. 급격하게 휘돌아가는 강을 내려다 볼 수 있는 높은 언덕에 위치한 이 지역은 '미시시피의 지브롤터(Gibraltar)'라고 불렸으며 해군의 함선들도 진입하기 어려웠다.

빅스버그에 대한 첫 번째 공격은 1862년 5월 18일 해군 제독 페러거(David arragut)에 의해 시도되었다. 루이지애나 주의 뉴올리언스(New Orleans)를 장악한 이후 패러거 제독은 미시시피 강을 따라 북진, 빅스버그에 대한 함포사격을 실시한 후 항복을 요구했으나 불충분한 병력으로 인해 다시 뉴올리언스로 돌아와야만 했다. 핼렉 장군은 총사령관으로 임명되어 동부로 떠나기 전 그랜트 장군과 빅스버그 작전계획을 논의하는 자리에서 해군만으로는 장악이 불가능할 것이기 때문에

〈1862년 12월-1863년 9월 서부지역 전투 상황〉

육상으로 공격할 것을 조언한 바 있었다.

이에 따라 그랜트 장군은 북쪽에서 육로와 해로를 통해 동시에 남진하고 남쪽에서 뱅크스 장군의 부대가 북진하여 빅스버그를 포위하는 계획을 수립했다. 그랜트 장군은 우선 그의 부대를 멤피스로부터 남으로 이동시키는 한편, 루이지애나 주의 바통 루즈(Baton Rouge)에 있던 뱅크스 장군에게 북으로 이동하도록 명령했다. 북쪽에서 셔먼 장군은 3만 2,000명의 병력을 이끌고 배를 이용, 남쪽으로 이동하였고 그 사이 그랜트 장군은 1862년 11월 14일 4만 명의 병력과 함께 철로로 미시시피 강을 따라 130킬로미터 가량 전진했다. 남군은 펨버튼(John C. Pemberton) 장군의 미시시피 군[7]이 빅스버그와 바로 서쪽의 잭슨(Jackson)에 위치했고 반 돈(Earl van Dorn) 장군의 부대가 잭슨의 북쪽 그레나다(Grenada)를 방어하고 있었다. 12월 20일 남군의 반 돈 장군이 홀리 스프링스(Holly Springs) 인근에서 그랜트 장군의 병참선을 차단했고 북군은 이동을 중단할 수밖에 없었다. 셔먼 장군은 12월 26일 빅스버그의 바로 남쪽까지 도달했으나 12월 27일 이곳을 방어하고 있던 남군의 반격으로 치카소(Chikasaw) 강 어귀에서 격퇴되었다. 이로써 그랜트 장군의 최초 계획은 실패로 돌아갔다.

이듬해인 1863년 1월 일리노이 주에 있던 북군의 맥클러낸드(John A. McClernand) 장군이 멤피스에 도착했다. 그는 멤피스로 이동하기 전에 링컨에게 편지를 보내 자신의 부대가 빅스버그 지역을 잘 알고 있는 장병들로 편성되어 있기 때문에 이번 작전에 참여할 수 있도록 요청했다. 링컨은 그의 요청을 받아들였으나 그랜트 장군과의 지휘관계는 유보했다. 맥클러낸드 장군은 1월 4일 남쪽으로 기동을 시작하면서 셔먼 장군의 부대를 자신의 부대로 귀속시켰다. 이는 그랜트 장군의 지휘권에 대한 도전이었다. 하지만 셔먼 장군은 맥클러낸드 장군

---

7) 펨버튼 장군은 브래그 장군의 후임으로 임명되었고 미시시피 군도 후에 테네시 군(Army of Tennessee)으로 명칭이 변경되었다.

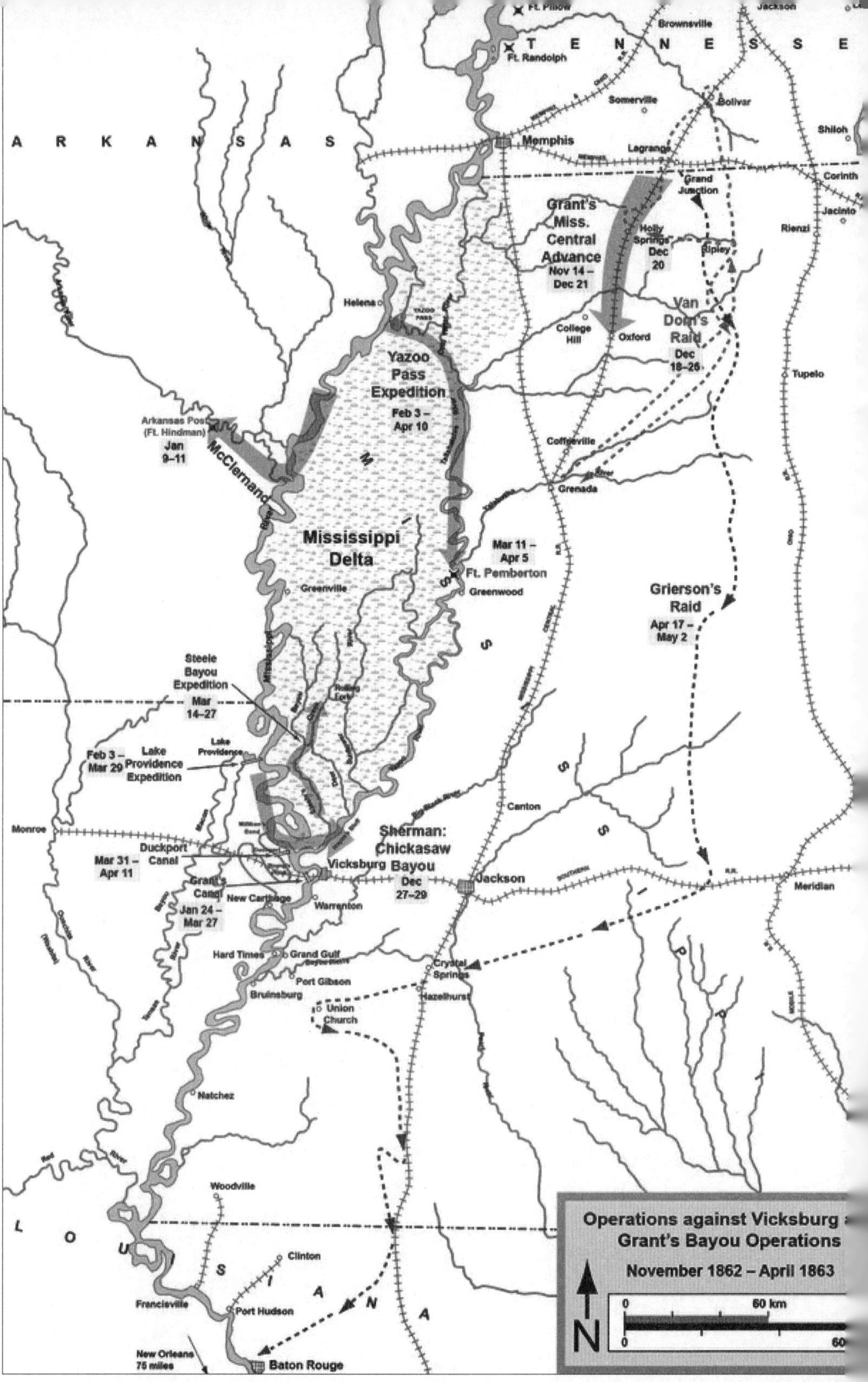
Operations against Vicksburg
Grant's Bayou Operations
November 1862 – April 1863
N
60 km
TENNESSEE
ARKANSAS
LOUISIANA
Ft. Pillow
Ft. Randolph
Brownsville
Jackson
Somerville
Bolivar
Memphis
Lagrange
Shiloh
Corinth
Grand Junction
Jacinto
Rienzi
Grant's Miss. Central Advance
Nov 14 – Dec 21
Holly Springs
Dec 20
Ripley
Van Dorn's Raid
Dec 18–26
Helena
College Hill
Oxford
Tupelo
Yazoo Pass Expedition
Feb 3 – Apr 10
Arkansas Post (Ft. Hindman)
Jan 9–11
McClernand
Coffeeville
Grenada
Mississippi Delta
Mar 11 – Apr 5
Ft. Pemberton
Greenwood
Greenville
Grierson's Raid
Apr 17 – May 2
Steele Bayou Expedition
Mar 14–27
Rolling Fork
Feb 3 – Mar 29
Lake Providence Expedition
Lake Providence
Canton
Monroe
Duckport Canal
Mar 31 – Apr 11
Sherman: Chickasaw Bayou
Dec 27–29
Vicksburg
Jackson
Meridian
Grant's Canal
Jan 24 – Mar 27
New Carthage
Warrenton
Hard Times
Grand Gulf
Port Gibson
Bruinsburg
Crystal Springs
Hazelhurst
Union Church
Natchez
Woodville
Clinton
Francisville
Port Hudson
New Orleans 75 miles
Baton Rouge

〈빅스버그 첫 번째 전투〉

이 선임이었기 때문에 그의 요구에 일단 응했다. 대신 셔먼 장군은 서측 아칸소 강변에 위치한 아칸소 기지(Arkansas Post)를 공격하자고 건의했다. 아칸소 기지는 남군의 육군과 해군이 배치되어 미시시피 강을 오르내리는 북군의 해군을 공격했다. 1월 9일을 기해 그랜트 장군의 승인 없이 북군의 공격이 시작되었고 압도적인 병력의 우세로 아칸소 기지를 포위했다. 포위된 남군의 항복 소식이 그랜트 장군에게 전달되었다. 비록 작전은 성공했지만 빅스버그 전투에는 크게 영향을 미치지는 못했다. 보고를 받은 그랜트 장군은 작전이 성공했기 때문에 더 이상 문책하지 않고 맥클러낸드 장군에게 일리노이로 돌아가도록 명령했다. 후에 그랜트 장군은 맥클러낸드 장군을 다시 불러 13군단장으로 임명하여 같은 해 5월 빅스버그 전투에 참여하도록 했다.

남은 겨울 기간 동안 그랜트 장군은 2월부터 4월까지 야주 통로 개척(Yazoo Pass Expedition)을 포함해 다섯 차례에 걸쳐 강과 운하 등을 이용 빅스버그로 진입을 시도했으나 모두 실패로 돌아갔다. 수차례에 걸친 정면 공격이 실패로 돌아가자 그랜트 장군은 1863년 봄, 우회기동이라는 새로운 접근 방법을 통해 빅스버그를 공략하고자 했다. 그랜트 장군의 방책은 두 가지로 요약되었다. 첫 번째는 미시시피 강 서쪽에서 강을 따라 빅스버그의 남쪽까지 이동한 후 빅스버그를 공격하는 것이었다. 두 번째는 바통 루즈에서 북으로 이동하고 있는 뱅크스 장군의 부대와 합류한 뒤 공격하는 것이었다.

이를 위해 그랜트 장군은 펨버튼 장군의 주의를 전환하기 위한 기만작전을 계획했다. 첫 번째 기만작전은 셔먼 장군이 북쪽의 슈나이더 절벽(Snyder's Bluff)에서 기만 공격을 하는 것이었고, 두 번째 기만작전은 그리어스(Benjamin Grieson) 대령이 빅스버그 반대편 동쪽의 미시시피

〈미시시피 강변의 빅스버그와 격전지, 출처: en.wikipedia.org〉

중부에서 습격을 하는 것이었다. 겨울비가 말라 강물이 바닥을 드러내자 북군의 부대들은 미시시피 강 서쪽으로 건너갔다.

4월 29일 아침 그랜트 장군의 병력을 태운 북군의 해군 함선은 빅스버그에 배치된 남군의 포병 화력을 피해 가까스로 이동할 수 있었다. 드디어 4월 29일 빅스버그 남쪽의 그랜드 걸프(Grand Gulf)에서 해군 간의 교전이 벌어졌고 열세에 있었던 남군의 해군은 5월 3일 북동쪽으로 퇴각했다. 이어 그랜드 걸프 바로 남쪽에 위치한 브루인스버그(Bruinsburg)에 1만 7,000명의 병력이 상륙했다. 상륙 이후 맥클러낸드 장군의 부대는 동쪽으로 이동, 5월 1일 남군과 가벼운 공방전 끝에 깁슨(Gibson) 항구를 점령했다. 이와 동시에 미시시피 강 북쪽과 동쪽 중앙에서 기만작전이 실시되었다. 북쪽에서 셔먼의 작전은 성공을 거두지 못했으나 던 그리어슨 대령의 기병대는 대규모의 남군을 미시시피 중부지역 일대에서 분산시킬 수 있었다.

상황이 이렇게 되자 그랜트 장군은 그의 최선의 방책을 결정해야만 했다. 그는 최초 바통 루즈에서 북진하는 뱅크스 장군과 허드슨 기지 인근에서 연결 후 빅스버그를 공격하려 했다. 그런데 뱅크스 장군의 진격이 예상보다 늦어진다는 전갈을 받자 그랜트 장군은 펨버튼(John C. Pemberton) 장군의 빅스버그 수비대와 잭슨(Jackson)에 위치한 존스턴 장군의 부대를 중간에서 양분하기로 결심했다. 이에 따라 북군은 신속하게 북동쪽의 잭슨 방향으로 진격했다. 한편 펨버튼 장군은 5월 10일을 기해 잭슨에 도착하는 증원 병력을 모두 레이먼드로 이동하도록 명령했다. 동쪽의 잭슨 방향으로 이동하던 북군은 5월 12일 레이먼드(Raymond)에서 남군과 조우했다. 레이먼드에 도착한 남군의 그레그(John Gregg) 장군은 이곳에서 매복작전을 실시하여 북군의 선두부대를 공격했다. 여섯 시간 동안 치열한 공방전이 펼쳐졌으나 뒤따라오던 북군이 증원해 오자 펨버튼 장군은 병력을 잭슨 방향으로 철수시켰다. 비록 이 전투에서 남군은 병력의 열세로 인해 철수했지만 북군의 진출을 어느 정도 지연시키는데 성공했다.

레이먼드 전투 직후 그랜트 장군은 그의 부대가 펨버튼 장군과 존스턴 장군의 중간에 위치하여 양 측방이 노출될 위험에 처할 수 있음을 인지하고 셔먼 장군으로 하여금 먼저 잭슨을 공격하여 위협을 제거하도록 명령했다. 수일 후 남군의 보러가드(P. G. T Beauregard) 장군의 부대가 증원될 것이라는 첩보를 입수한 터라 상황이 긴박하게 발전되기 시작했다.

잭슨에는 남군의 그레그 장군이 이끄는 6,000명의 병력이 배치되어 있었다. 존스턴 장군은 셔먼 장군의 부대와 또 다른 북군이 잭슨으로 기동하고 있다는 정보를 입수하자 그레그 장군에게 잭슨에서 철수하도록 명령했다. 그러나 그레그 장군은 남군이 완전히 철수할 때까지 잭슨을 방어하겠다고 건의했다. 5월 14일 한 시간여의 공격 끝에 셔먼 장군은 잭슨을 확보했고 도시를 불태웠다. 주도가 피탈되자 남군의 사기는 극도로 저하되었다. 셔먼 장군의 부대와 같이 이동했던 그랜트 장군은 미시시피의 주도(State Capital)인 잭슨을 점령한 이후 예하

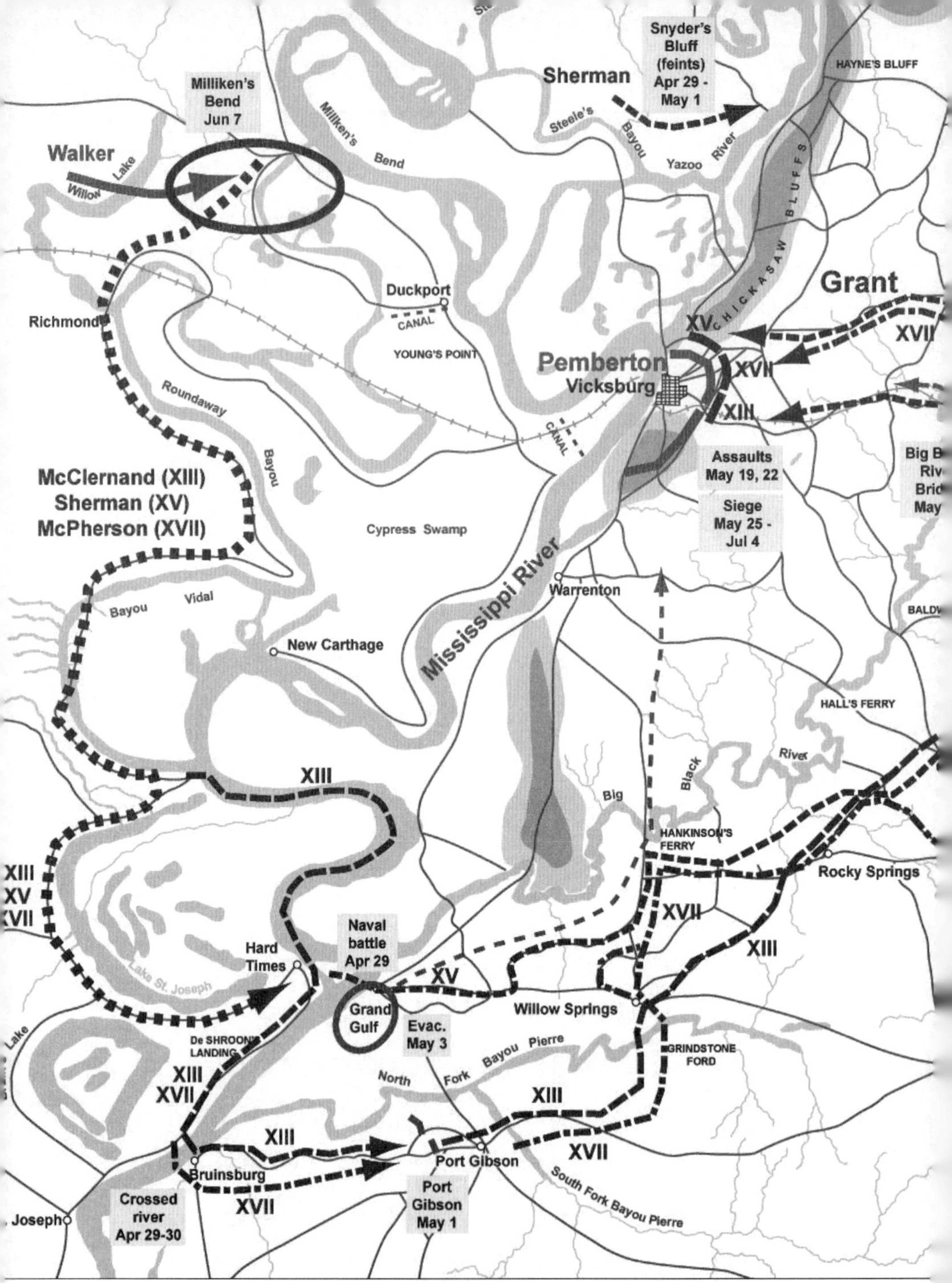
Snyder's Bluff (feints) Apr 29 - May 1
Sherman
HAYNE'S BLUFF
Milliken's Bend Jun 7
Milliken's Bend
Steele's Bayou
Yazoo River
Walker
Willow Lake
CHICKASAW BLUFFS
Grant
Duckport
CANAL
Richmond
YOUNG'S POINT
XV
XVII
Pemberton
Vicksburg
XVII
XIII
Roundaway Bayou
CANAL
Assaults May 19, 22
Siege May 25 - Jul 4
McClernand (XIII)
Sherman (XV)
McPherson (XVII)
Cypress Swamp
Mississippi River
Warrenton
Bayou Vidal
New Carthage
HALL'S FERRY
XIII
Big Black River
HANKINSON'S FERRY
Rocky Springs
XIII
XV
XVII
XVII
XIII
Naval battle Apr 29
Hard Times
Lake St. Joseph
XV
Grand Gulf
Evac. May 3
Willow Springs
De SHROON'S LANDING
North Fork Bayou Pierre
GRINDSTONE FORD
XIII
XVII
XIII
XIII
XVII
Bruinsburg
Port Gibson
South Fork Bayou Pierre
XVII
Crossed river Apr 29-30
Port Gibson May 1
Joseph

〈빅스버그 두 번째 전투〉

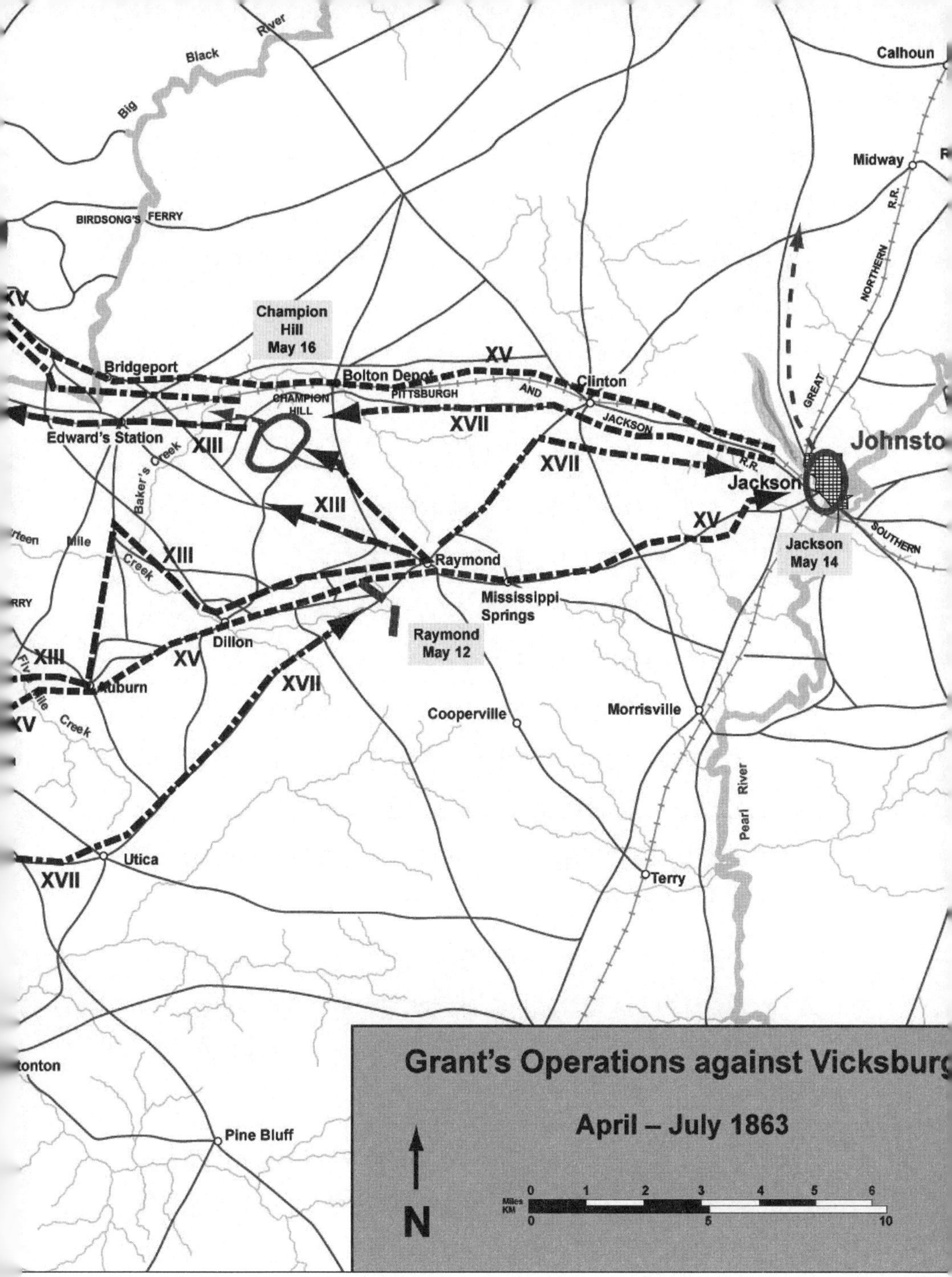

Big Black River
Calhoun
Midway
BIRDSONG'S FERRY
GREAT NORTHERN R.R.
Champion Hill May 16
Bridgeport
Bolton Depot
Clinton
XV
CHAMPION HILL
PITTSBURGH AND JACKSON R.R.
Edward's Station
XIII
XVII
Johnsto
Baker's Creek
Jackson
XIII
XV
SOUTHERN
Mile
Creek
Raymond
Jackson May 14
Mississippi Springs
Dillon
Raymond May 12
XV
Auburn
XVII
Five Mile Creek
Cooperville
Morrisville
Pearl River
Utica
Terry
XVII
Pine Bluff
Grant's Operations against Vicksburg
April – July 1863
N
Miles
KM

지휘관들과 기념식을 가졌다. 존스턴 장군은 북으로 퇴각하면서 펨버튼 장군에게 잭슨의 서쪽에 위치한 클린턴(Clinton)에서 북군을 저지하도록 명령했다. 그러나 팸버튼 장군은 그러한 계획이 위험하다는 판단 아래 레이먼드 방향으로 공격하여 북군의 보급로를 차단하기로 결심했다. 이후 다시 클린턴을 공격하라는 존스턴 장군의 명령이 하달되었고 펨버튼 장군은 할 수 없이 그의 부대를 클린턴으로 돌렸다. 그러나 북군의 일부가 방향을 전환하여 북으로 이동하자 펨버튼 장군은 측방이 노출될 위험이 있다고 판단하여 챔피언 고지(Champion Hill)에서 북군의 공격을 방어하도록 명령했다.

5월 16일 아침 북군은 챔피언 고지에 대한 공격을 개시했다. 수차례의 공격과 역습이 이어졌고 철수를 거듭하던 남군은 다시 빅 블랙(Big Black) 강 인근에서 북군의 진격을 지연시키기 위해 최소한의 병력으로 저항했다. 이후 펨버튼 장군은 최후 결전을 위해 전 부대를 빅스버그로 철수시켰다. 5월 18일 마침내 그랜트 장군의 북군은 빅스버그를 완전히 포위했다. 5월 19일과 20일 그랜트 장군은 방어선을 돌파하기 위한 공격을 시도했으나 성공을 거두지 못했다.

남군의 존스턴 장군은 펨퍼튼 장군에게 빅스버그로부터 철수하도록 명령했으나 펨버튼 장군은 부대가 안전하게 철수하기에는 너무 늦었다고 판단했다. 결국 포위된 펨퍼튼 장군의 부대를 구출하기 위해 존스턴 장군은 북군을 공격할 기회를 엿보았으나 좀처럼 기회를 만들기가 쉽지 않았다. 마침내 7월 1일 남군의 존스턴 장군은 펨버튼 장군을 구출하기 위해 빅 블랙 강 전방에 당도했다. 하지만 그랜트 장군은 빅스버그를 포위한 이후에도 동쪽으로부터 위협에 대비하기 위해 셔먼 장군을 이미 이곳에 배치했고 셔먼 장군을 유인하여 격멸하려는 수차례의 시도가 실패로 돌아가자 존스턴 장군은 결국 방향을 돌려 잭슨으로 철수했다. 빅스버그를 포위한지 6주가 지난 7월 4일 북군의 지속적인 포격으로 인한 피해와 식량 및 보급품의 고갈로 인해 남군은 항복했다. 북군의 포격으로 인하여 빅스버그 전투에 직접 참가한 장병은 물론 주민들까지 전투로 인한 고통과 기아를 견뎌내야 했다.

빅스버그 전투를 통해 북군은 1만 142명, 남군은 9,091명이 전사하거나 부상당했다. 빅스버그 전투의 승리와 더불어 7월 8일 뱅크스 장군이 허드슨 항구를 장악함으로써 미시시피 일대는 이제 완전히 북군의 손에 들어가게 되었고 남군은 양분되었다. 그랜트 장군은 핼렉 장군의 후임으로 북군 총사령관으로 임명되었으며 남부 조지아 주의 채터누가(Chatanooga) 작전을 위한 준비에 들어갔다. 한편 남군은 전날인 1863년 7월 3일 게티즈버그 전투에서 리 장군의 패배와 더불어 빅스버그 전투에 패배함으로써 기로에 놓이게 되었다. 더욱이 독립기념일인 7월 4일의 항복[8]은 남부인들에게 슬픔을 더해주었다.

---

8) 빅스버그 사람들은 독립기념일인 7월 4일에 남군이 항복하자 이후로부터 제2차 세계대전이 끝날 때까지 이 지역에서 독립기념일 행사를 열지 않았다.

5.
테네시 동부 전투(1863년 6월-12월)

1863년 1월 켄터키의 페리빌 전투 이후 테네시 군 사령관 브래그 장군은 그의 부대를 머프리보러 남동쪽의 툴라호마(Tullahoma)[9]로 철수시켰다. 북군 컴버랜드(Cumberland) 군[10]사령관 로즈크랜스 장군은 6개월 동안 머프리보러를 점령하고 차후 작전을 준비 중이었다. 브래그 장군은 툴라호마에서 휴식하면서 후방의 전략적 요충지인 채터누가로 전진하려는 북군에 맞서기 위해 기다란 방어선을 구축하고 있었다. 당시 서쪽의 미시시피 강 일대에서는 그랜트 장군의 빅스버그 전투가 실시되고 있었다.

툴라호마 일대는 좌 전방에 덕(Duck) 강이 흐르고 있고 우 전방에는 하이랜드 림(Highland Rim) 고지 군이 위치하고 있어 남군의 방어에 매우 유리했다. 브래그 장군은 로즈크랜스 장군이 요충지인 채터누가

---

9) 툴라호마는 그리스어의 합성어로 툴라(Tulla)는 진흙, 호마(Homa)는 더 많은 진흙을 의미하며 이 지역의 토양이 진흙으로 이루어져 붙여진 이름이다.

10) 컴버랜드(Cumberland)는 오하이오 주의 작은 도시이다. 1861년에는 오하이 군이었으나 로즈크랜스 장군이 취임하고 명칭을 컴버랜드 군으로 변경했다.

를 장악하기 위해 반드시 툴라호마를 통해 공격해올 것이라는 확신을 가졌다. 그러나 로즈크랜스 장군이 툴라호마를 우회하여 진격할 수 있을 가능성에 대비해 방어진지 전방에 기병대를 보내 차장(Screen)하도록 했다. 또한 로즈크랜스 장군이 공격해온다면 접근이 용이한 서측으로 기동할 것으로 판단하여 쉘비빌(Shelbyville)에 포크(Leodinas Polk) 장군으로 하여금 강력한 방어진지를 구축하도록 했다. 중앙에는 하디(William J. Hardee) 장군의 부대를 채터누가로 이르는 통로가 위치한 워트레이스(Wartrace)에 배치했다. 그러나 동측의 후버 갭(Hoover Gap)[11]은 협소한 지형으로 북군이 기동하기 제한될 것으로 판단하여 최소한의 병력만을 배치했다. 겨울 내내 워싱턴과 지휘부로부터 조기에 공격을 실시하라는 압박이 로즈크랜스 장군에게 가해졌으나 겨울에 기동하는 것은 제한된다는 이유로 이를 거절했다. 이러한 공격에 대한 압박은 만약 로제크렌스 장군이 공격을 하지 않는다면 브래그 장군이 빅스버그 전투에 투입될 수 있을 것이라는 링컨의 판단으로부터 기인한 것이었다.

로즈크랜스 장군의 공격을 기다리며 방어를 준비하고 있던 브래그 장군도 보급문제로 어려움을 겪고 있었다. 척박한 지형으로 인해 제대로 식량을 구할 수 없었고 그나마 남아 있던 식량과 보급품은 동부지역의 리 장군에게 보내졌다. 이러한 어려움은 북군의 로즈크랜스 장군의 부대에도 마찬가지였다. 2월부터 4월까지 양측은 기병대로 하여금 적의 보급기지를 습격하거나 보급로를 차단하는 작전에만 주력했다. 6월에 이르러 핼렉 장군은 다시 로즈크랜스 장군에게 공격하

11) 갭(Gap)은 군사용어로 저지대 사이에 발달된 회랑(Corridor) 또는 지뢰지대나 장애물이 설치된 지역에서 자유로운 통행이 가능한 일정한 공간을 의미한다. 널리 알려진 곳으로는 냉전 당시 동독이 구 소련군과 더불어 서독을 공격하기 위한 유리한 회랑이 위치해 있었던 독일의 풀다 갭(Fulda Gap)이다. 여기서 의미하는 갭은 일종의 협곡을 의미한다.

도록 촉구했다. 결국 6월 24일 로즈크랜스 장군은 공격을 위한 기동을 시작했다고 보고했다. 본격적인 공격에 앞서 6월 23일 로즈크랜스 장군은 브래그 장군을 기만하기 위해 마치 서측으로 공격할 것처럼 예비대로 있던 그랜거(Granger) 장군의 부대를 머피스보러의 서측 트리윤(Triune)으로 기동시켰다. 이와 동시에 브래그 장군의 동측 멀리 브래디빌(Bradyville) 지역으로 21군단 예하의 부대를 보냈다. 이때를 기하여 로즈크랜스 장군은 그의 예하 지휘관들에게 계획된 작전을 지시했다.

그의 계획은 지난 6개월 동안 실시된 훈련을 바탕으로 그랜거 장군의 부대가 쉘비빌을 통해 서측으로 크게 돌아가 브래그 장군의 주의를 끌고, 토마스(Thomas) 장군의 부대는 약하게 배치된 후버 갭(Hoover's Gap)을 통해 기동, 남군의 하디 장군의 부대를 공격하는 것이었다. 결국 후버 갭의 작전은 신속한 기동이 핵심이 되었다. 첫날의 전투에서 북군의 기병대는 후버 갭을 장악했다. 이어 리버티 갭(Liberty Gap)을 공격한 매쿡(McCook) 군단도 성공적으로 협곡을 빠져나갔다. 이제 북군은 하이랜드 림 일대를 장악하여 남군의 동측을 공격할 수 있는 여건을 마련했다.

브래그 장군은 6월 26일 우측의 상황이 심상치 않자 자신이 기만당했음을 알게 되었다. 그는 즉각 쉘비빌에서 방어 중인 포크 장군에게 쉘비빌 북쪽의 가이 갭(Guy's Gap)을 통해 머프리보러로 진입하여 후방에서 북군을 공격하도록 임무를 부여했다. 그러나 하디 장군 정면의 압박이 심해지자 작전을 취소했다. 이때 로즈크랜스 장군은 페어필드(Fairfield) 방향으로 공격 중이던 매쿡 장군에게 종심으로 기동하여 서측에서 병행 공격 중이던 토마스 장군의 돌파구를 확장하도록 명령했다.

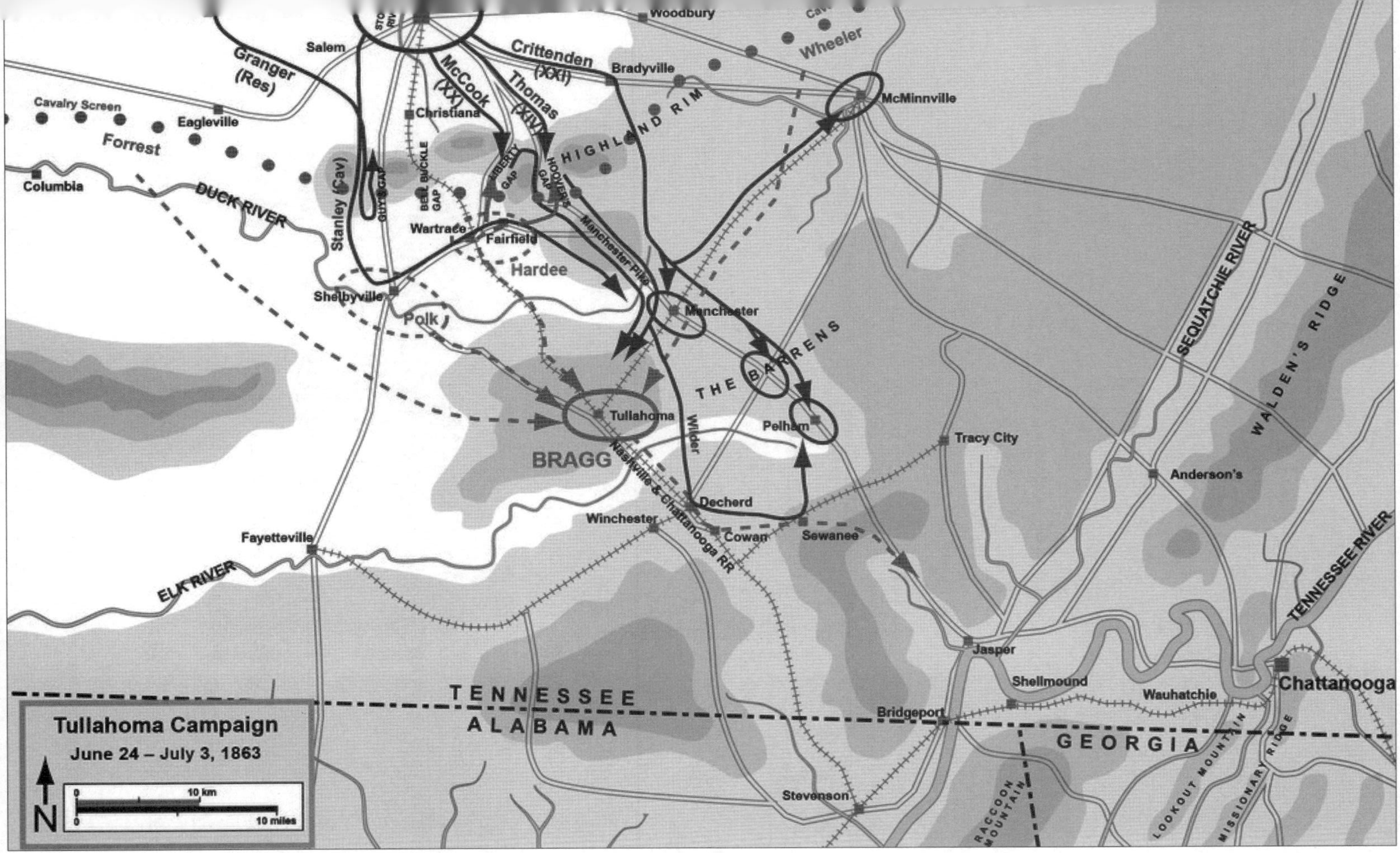
Tullahoma Campaign
June 24 – July 3, 1863
10 km
10 miles
N
Woodbury
Wheeler
Salem
Granger (Res)
Crittenden (XXI)
Bradyville
McMinnville
McCook (XX)
Thomas (XIV)
Christiana
Cavalry Screen
Eagleville
Forrest
HIGHLAND RIM
Columbia
DUCK RIVER
Stanley (Cav)
GUY'S GAP
BELL BUCKLE GAP
LIBERTY GAP
HOOVER'S GAP
Wartrace
Fairfield
Manchester Pike
Hardee
Shelbyville
Polk
Manchester
THE BARRENS
Tullahoma
Pelham
Wilder
BRAGG
Nashville & Chattanooga RR
Decherd
Winchester
Cowan
Sewanee
Fayetteville
ELK RIVER
Tracy City
Anderson's
SEQUATCHIE RIVER
WALDEN'S RIDGE
TENNESSEE RIVER
Jasper
Shellmound
Wauhatchie
Chattanooga
Bridgeport
TENNESSEE
ALABAMA
GEORGIA
Stevenson
RACCOON MOUNTAIN
LOOKOUT MOUNTAIN
MISSIONARY RIDGE

〈툴라호마 전투〉

이러한 상황에서 중앙에서 방어하고 있던 하디 장군은 그의 기병대를 워트레이스로 이동시키는 결정적 실수를 저지르게 되었다. 만약 그의 기병대를 맨체스터(Manchester) 방향으로 이동시켰다면 북군 토마스 장군의 부대를 보다 효과적으로 지연시킬 수 있었을 것이다. 결국 6월 27일 하디 장군과 포크 장군의 부대는 툴라호마로 철수했다. 6월 30일 남군은 툴라호마에 일대에 새로운 방어 진지를 편성했다. 이때 포크 장군은 남군의 후방이 차단될 위험이 있다며 코완(Cowan)까지 철수할 것을 건의했다. 이에 따라 30일 야간을 이용하여 남군은 철수를 시작했고 코완에서 7월 2일까지 머물렀다. 7월 3일 브래그 장군은 다시 한번 방어에 불리한 코완을 버리고 7월 4일 테네시 강을 건너 7월 7일 채터누가 전방의 룩아웃(Lookout) 산에 진지를 편성했다.

툴라호마 전투는 북군의 사상자만 569명이 발생한 비교적 성공적인 전투였다. 로즈크랜스 장군의 툴라호마 전투에 대해 링컨은 '가장 뛰어난 기만과 우회기동 전략'이라며 칭찬을 아끼지 않았다. 하지만 툴라호마의 전투가 동부의 게티즈버그 전투와 서부의 빅스버그 전투가 거의 같은 시기에 종료됨으로써 로즈크랜스 장군의 업적은 빛을 바랬다. 그럼에도 불구하고 이 전투로 북군은 테네시 중부까지 진출하게 되었다. 로즈크랜스 장군은 산악지역에서 브래그 장군의 추격보다는 다음 전투를 위한 부대의 재조직과 정비에 노력을 기울였다.

수 주 동안을 툴라호마에서 머무른 로즈크랜스 장군은 테네시 강을 건너 채터누가에 위치한 브래그 장군의 부대를 공격하기 위한 계획을 수립했다. 채터누가는 북으로 내슈빌과 녹스빌, 남으로는 애틀랜타로 연결되는 남부 교통의 중심지이며 철강과 코크(Coke)를 생산하는 산업의 중심지이기도 했다. 채터누가 전방에는 테네시 강이 흐

〈룩아웃 산에서 바라본 채터누가, 출처: en.wikipedia.org〉

르고 룩아웃 산과 래쿤(Raccoon) 산 등 중소 고지군들이 산재해 있는 지역이었다.

로즈크랜스 장군의 계획은 지형의 특성을 고려하여 3개 군단이 독립적으로 병진 공격하는 것이었다. 북쪽에서는 크리텐덴(Crittenden) 장군의 21군단이 시퀘치 강(Sequatchie River)을 건너 왈덴 능선(Walden's Ridge) 방향으로 공격하고, 중앙에서는 토마스 장군의 14군단이 재스퍼(Jasper)를 경유하여 트렌튼(trenton) 방향으로 공격하며 남쪽에서는 매쿡 장군의 20군단이 룩아웃 산을 넘어 알파인(Alpine) 방향으로 공격하는 것이었다. 각 군단은 40킬로미터의 거리를 두고 9월 9일까지 전 부대가 차타누로 이동하기 시작했다.

한편 남군의 지휘부는 공세를 계속할 것인지, 아니면 부대를

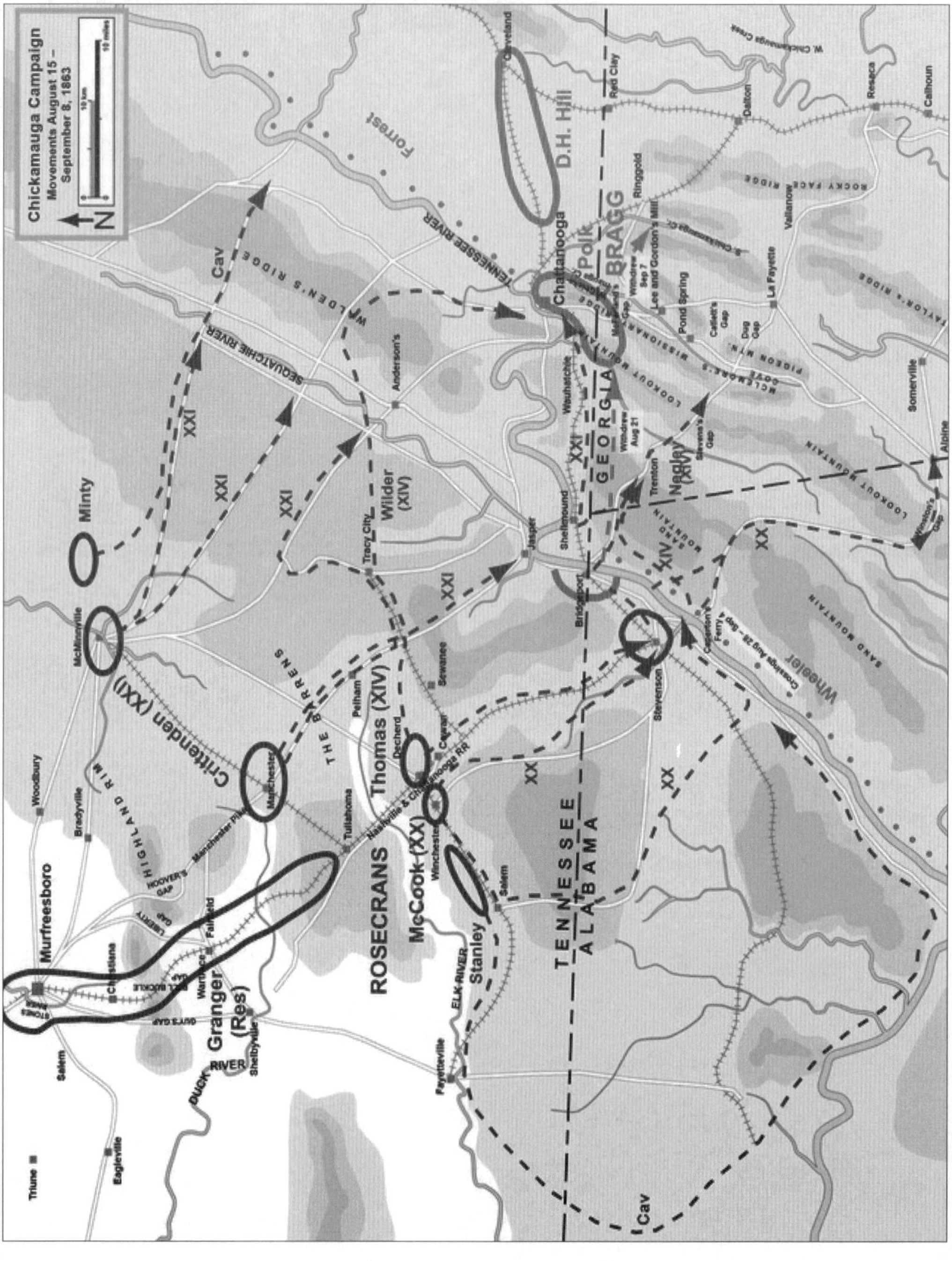
Chickamauga Campaign
Movements August 15 – September 8, 1863
ROSECRANS
BRAGG
Polk
D.H. Hill
Forrest
Wheeler
Minty
Crittenden (XXI)
Thomas (XIV)
McCook (XX)
Granger (Res)
Stanley
Wilder (XIV)
Negley (XIV)
TENNESSEE
ALABAMA
GEORGIA
Chattanooga
Murfreesboro
McMinnville
Manchester
Tullahoma
Winchester
Decherd
Stevenson
Bridgeport
Jasper
Tracy City
Cleveland
Ringgold
Dalton
La Fayette
Alpine
TENNESSEE RIVER
SEQUATCHIE RIVER
ELK RIVER
DUCK RIVER
LOOKOUT MOUNTAIN
SAND MOUNTAIN
MISSIONARY RIDGE
WALDEN'S RIDGE
HIGHLAND RIM
THE BARRENS
Cav

미시시피로 전환하여 존스턴 장군을 지원할 것인지 브래그 장군의 의사를 타진했다. 브래그 장군은 북군의 번사이드 장군[12]의 부대가 북서쪽의 녹스빌을 향해 진격하고 있는 상황에서 북쪽이 노출될 우려가 있었고 보급 사정도 여의치 않았기 때문에 추가적인 병력만 지원될 수 있다면 즉각 공격하는 것이 유리하다고 판단하여 지휘부에 병력 지원을 요청했다. 남군 지휘부는 1만 8,000여 명을 추가적으로 지원하여 브래그 장군의 5만 2,000명과 합류시켰다. 이와 더불어 동부지역 버지니아에서 전투를 실시한 롱스트리트 장군의 부대도 곧 전환될 예정이었다. 브래그 장군은 채터누가 인근의 치카마구아 강(Chickamauga Creek)[13] 주변에 방어진지를 편성했다.

북군의 기동을 지켜본 브래그 장군은 방어진지에서 로즈크랜스 장군의 부대를 기다리는 것보다 우선 북쪽의 크리텐덴 장군의 부대를 시작으로 각개격파하기로 계획했다. 9월 17일 브래그 장군의 부대가 먼저 공격을 실시했다. 그런데 중앙에서 공격하던 토마스 부대와 북쪽의 크리텐덴 장군의 부대 사이에 간격이 발생했고 이때 브래그 장군은 증원된 롱스트리트 장군의 부대를 투입했다.

9월 17일부터 북군 토마스 장군의 부대에 대한 포위망을 좁혀가던 남군은 마침내 9월 20일 토마스 장군의 부대를 섬멸시킬 기회를 포착했다. 하지만 토마스 장군의 부대는 미셔너리(Missionary) 능선 바로 남쪽 호스슈(Horseshoe) 능선에서 압도적인 남군의 공격에 맞서 물러나

12) 번사이드 장군은 1863년 1월 동부지역의 프레드릭스버그 전투에서 패한 뒤 해임되어 서부지역으로 전출되었다.

13) 치카마구아는 체로키(Cherokee) 인디언의 언어에서 유래되었으며 죽음의 강이라는 의미이다.

to McFarland's Gap
ROSECRANS
McDonald
Liddell
Forrest
Reed's Bridge Road
Breckinridge
Walker
Turchin
Granger
Thomas
Cheatham
Brannan
Steedman
HORSESHOE RIDGE
Snodgrass
Kelly
La Fayette Road
Cleburne
Polk
Jay's Mill
Brotherton Road
Jay's Mill Road
MISSIONARY RIDGE
Hindman
Kershaw
Stewart
Vittetoe
Johnson
Winfrey
Wilder
Poe
Law
Preston
Longstreet
Brotherton Road
Brock
Alexander's Bridge Road
Dyer
Dyer Road
Brotherton
Winfrey
Dry Valley Road
Glenn-Kelly Road
"Bloody Pond"
Weathers
Widow Glenn
Brock
Alexander
Weathers
Log School House
Viniard
Alexander's Bridge
Park
Osborn
Alexander Road
Hunt
Scott
La Fayette Road
Thedford's Ford
Hunt
BRAGG
Dalton's Ford
to Crawfish Springs
Lee and Gordon's Mills
N
1 km

〈치카마구아 전투 4일차〉

지 않고 진지를 성공적으로 사수했다. 이때 로즈크랜스 장군은 북쪽의 크리텐덴 장군의 부대를 중앙으로 전환하여 토마스 부대를 지원하면서 모든 부대를 채터누가로 철수시켰다. 채터누가 일대로 철수한 북군은 도시를 중심으로 반원형의 강력한 방어진지를 편성했다. 치카마구아 전투에서 브래그 장군은 내선(Interior Line) 작전을 통해 서부지역 전투에서 처음으로 북군에 대한 전술적 패배를 안겨주며 다음 전투를 준비할 수 있게 되었고 애틀랜타로 남진하는 북군의 진격을 다소나마 지연시킬 수 있었다.

채터누가 일대에 방어진지를 편성한 로즈크랜스 장군을 격멸하기 위해 브래그 장군은 치카마구아 전투에 이어 두 번째 공격을 구상했다. 그는 테네시 강을 건너 북쪽 또는 남쪽에서 측면 공격을 실시하는 방책과 북군의 방어진지를 정면 공격하는 방책, 또는 북군을 포위하여 항복을 받아내는 방책 등 세 가지의 방책을 놓고 고심했다. 첫 번째 방책은 남군의 탄약과 도하장비가 부족해 실현 가능성이 희박했고 두 번째 방책인 요새지에 대한 정면 공격은 막대한 피해가 발생할 수 있다는 우려가 있었다. 이러한 와중에 북군이 6일 정도의 식량만을 보유하고 있다는 정보가 입수되었고 이에 따라 브래그 장군은 세 번째 방책을 결심했다.

한편 빅스버그 전투 승리 이후 그랜트 장군은 앨라배마 주의 모바일을 점령하기 위한 계획을 수립하고 있었다. 그런데 로즈크랜스 장군의 패배 소식이 그랜트장군에게 전해졌고 링컨은 10월 17일 그랜트 장군에게 미시시피 일대를 포함한 서부지역의 모든 부대에 대한 지휘권을 부여하면서 채터누가 방향으로 공격할 것을 지시했다. 그랜트 장군은 우선 빅스버그에 있던 셔먼 장군의 부대 2만 명을 채터누가로 보내는 한편 자신도 9월 29일 채터누가로 이동했다. 로즈크랜스 장군이 치카마구아 전투의 패배로 인한 충격으로부터 벗어나지 못하자 그랜트 장군은 그를 해임하고 후임으로 14군단장 토마스(George H. Thomas) 장군을 임명했다. 그랜트 장군은 토마스 장군에게 자신이 도착할 때까지 진지를 사수할 것을 지시했다. 북군이 채터누가 지역에 전투력을 확장하는 동안 브래그 장군은 번사이드 장군의 진격을 막기 위해 롱스트리트 장군을 녹스빌로 급파했다.

10월에 접어들어 양측은 모두 식량과 보급 문제로 어려움을 겪고 있었다. 특히 북군은 서쪽의 미시시피 주와 테네시 주의 멤피스, 내슈빌로부터 이르는 보급로를 지속적으로 확보하기 위한 노력을 경주했다. 토마스 장군은 래쿤(Raccoon) 산에 방어진지를 편성하고 있던 후커 장군으로 하여금 채터누가 서쪽의 와하치(Wauhatchie)와 후방의 브라운 페리(Brown Ferry)를 확보토록 지시했다. 10월 27일 후커 장군의 예하부대가 브라운 페리 일대를 확보했고 이어 와하치 일대가 확보되었다. 이러한 북군의 움직임은 룩아웃 산에 위치한 롱스트리트 장군의 부대에 의해 감제되었다. 와하치 일대에서는 북군과 남군의 기병대 사이에 경미한 전투가 벌여졌으나 롱스트리트 장군은 이를 단순한 기만작전으로만 판단하고 곧바로 부대를 룩아웃 산으로 철수시켰다. 이로써 북군은 크래커 라인(Cracker Line)으로 명명된 보급로를 확보할 수 있게 되었다. 북군의 보급로 개방은 채터누가의 상황을 전환시키는 계기가 되었다. 브래그 장군은 더 이상 효과적인 포위작전이 어렵다고 판단하고 북군의 방어선을 압박하고 북쪽의 녹스빌로부터 이어지는 보급로를 확보하기 위해 북군의 동측을 공격하기로 계획을 수정했다.

한편 채터누가에 도착한 그랜트 장군은 토마스 장군에게 브래

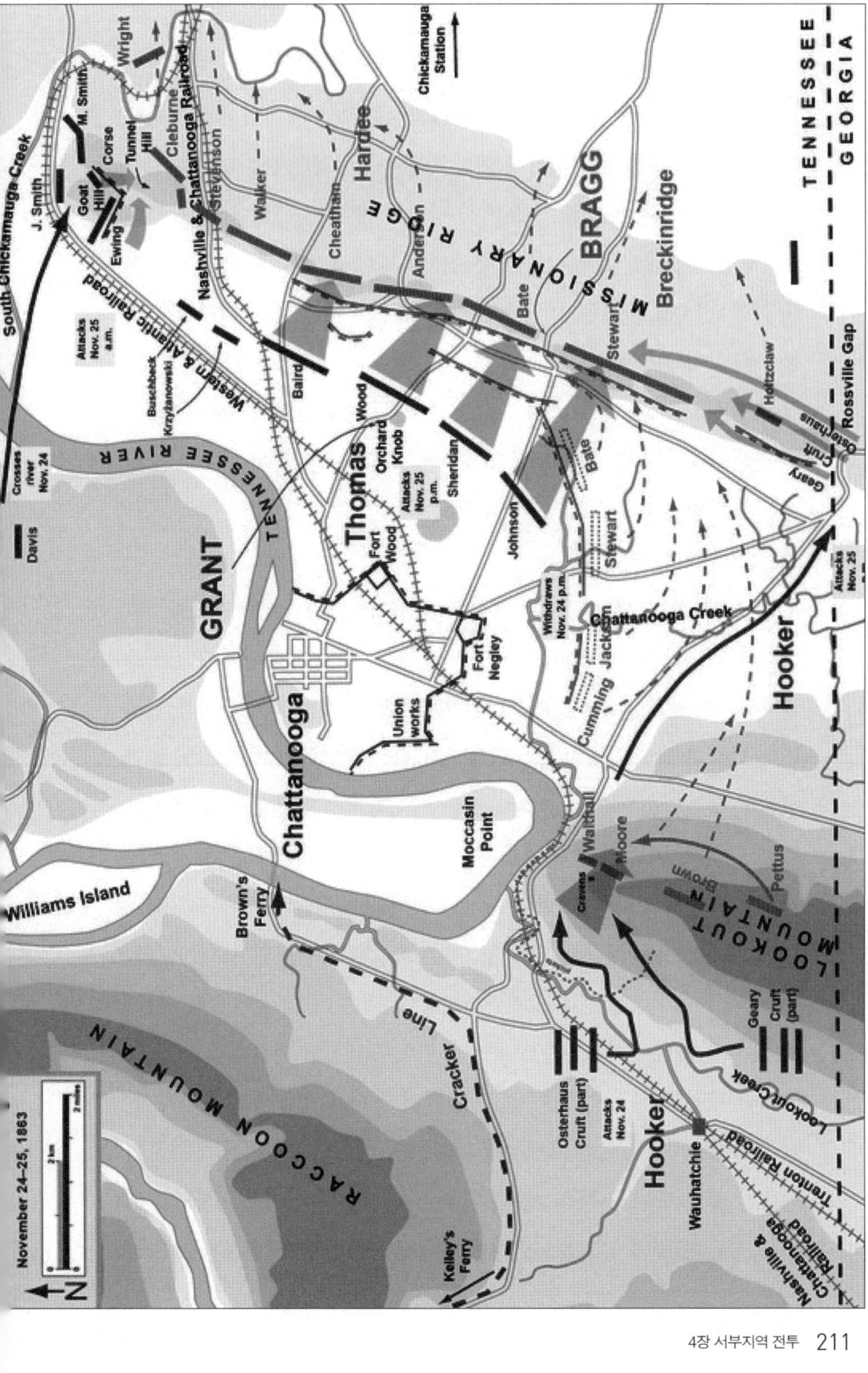
November 24–25, 1863
2 km
2 miles
N
RACCOON MOUNTAIN
Kelley's Ferry
Cracker Line
Brown's Ferry
Williams Island
Moccasin Point
Chattanooga
GRANT
TENNESSEE RIVER
Davis
Crosses river Nov. 24
Western & Atlantic Railroad
Buschbeck
Krzyzanowski
Attacks Nov. 25 a.m.
South Chickamauga Creek
J. Smith
Goat Hill
Ewing
Corse
M. Smith
Tunnel Hill
Cleburne
Wright
Nashville & Chattanooga Railroad
Stevenson
Walker
Cheatham
Hardee
Anderson
Chickamauga Station
Baird
Wood
Orchard Knob
Thomas
Attacks Nov. 25 p.m.
Sheridan
Fort Wood
Johnson
Bate
Stewart
MISSIONARY RIDGE
BRAGG
Breckinridge
Holtzclaw
Rossville Gap
Osterhaus
Cruft
Geary
TENNESSEE
GEORGIA
Union works
Fort Negley
Withdraws Nov. 24 p.m.
Chattanooga Creek
Jackson
Cumming
Attacks Nov. 25
Hooker
Walthall
Moore
Cravens
Brown
Pettus
LOOKOUT MOUNTAIN
Geary
Cruft (part)
Osterhaus
Cruft (part)
Attacks Nov. 24
Lookout Creek
Hooker
Wauhatchie
Trenton Railroad
Nashville & Chattanooga Railroad

〈채터누가 전투〉

그 장군을 공격하기 위한 계획을 수립해 2주 후에 보고하도록 지시했다. 토마스 장군은 채터누가에 대한 정찰을 실시한 이후 그의 계획을 그랜트 장군에게 보고했다. 토마스 장군의 계획은 우선 셔먼 장군이 채터누가에 도착하면 채터누가 북쪽에서 테네시 강을 건너 고트 고지(Goat Hill) 방향으로 기동하여 스미스(J. Smith) 장군과 함께 브래그 장군의 동측을 공격하고 이때 중앙에서는 가용한 모든 병력을 집중시켜 미셔너리 능선(Missionary Ridge)을 돌파하며 이와 동시에 남쪽의 후커 장군이 룩아웃 산을 공격한 다음 후방의 로스빌(Rossville)을 장악하여 남군의 퇴로를 차단하는 것이었다. 그랜트 장군은 셔먼 장군이 11월 14일 도착하자 이 계획을 승인했다.

전투가 실시되기 직전 북군의 번사이드 장군의 부대가 녹스빌을 압박해오자 남군 지휘부는 롱스트리트 장군과 그의 기병대 일부를 북쪽의 녹스빌로 전환하도록 지시했다. 이로 인해 브래그 장군은 전투력이 감소한 상태에서 정보를 획득하기 위한 수단마저 부족했다. 셔먼 장군의 움직임을 지켜본 브래그 장군은 이들이 녹스빌로 이동할 것으로 판단했다. 따라서 그는 북군의 주공이 남쪽의 룩아웃 산을 공격할 것으로 예상하여 11월 12일 추가적인 병력을 배치했다.

11월 24일 북군이 공격을 시작했다. 셔먼 장군의 부대는 11월 24일 북쪽에서 강을 건너기 시작했지만 일부 부대가 완전하게 도하하지 못한 상태였다. 따라서 토마스 장군은 중앙에서 정찰대를 보내 남군의 서측에 대한 방어 상태를 우선 확인한 다음 철수했고 이어 11월 25일 남군의 중앙에 대해 공격을 개시했다. 남쪽에서는 후커 장군이 공방전 끝에 룩아웃 산을 점령했다. 이어 북쪽에서도 셔먼 장군이 스미스 장군과 함께 공격을 시작했다. 상황이 이렇게 되자 브래그 장군은 룩아웃 산의 병력을 중앙으로 재배치하여 방어선을 좁혔다. 그날 저녁 브래그 장군은 하디(Hardee) 장군과 브레킨리지(Breckinridge) 장군을 불러 방어를 계속할 것인지, 아니면 철수할 것인지를 논의했다. 미셔너리 능선에서 방어가 가능하다는 브레킨리지 장군의 주장에 따라 브래그 장군은 진지를 재조정하여 방어를 계속하기로 결심했다.

미셔너리 능선 전방에 남군의 화력이 집중되는 상황에서 중앙을 공격하던 토마스 장군은 남군의 저항으로 진출이 어렵게 되자 후커 장군에게 지원을 요청했다. 후커 장군의 지원으로 토마스 장군의 부대는 공격을 계속하여 마침내 미셔너리 능선을 확보했다. 그랜트 장군은 후에 남군의 견고한 방어진지에 토마스 장군이 정면공격을 실시했음을 알고 격노했으나 작전의 성공으로 무마되었다. 11월 25일 오후 드디어 남군 방어선의 중앙이 돌파되었고 브래그 장군은 다시 병력을 철수시켜 동쪽으로 재배치했다. 한편 브레킨리지 장군은 서측 방어선이 무너지게 되자 퇴로를 확보하기 위해 일부 부대를 로즈빌 갭(Rossville Gap)으로 급파했으나 이미 후커 장군의 부대가 이곳을 장악한 후였다. 11월 25일 밤 브래그 장군은 철수 명령을 하달했다. 11월 26일 그의 부대는 치카마우가 역(Chickamauga Station) 방향을 통해 채터누가 남쪽의 조지아 주 달튼(Dalton)으로 철수했다.

그랜트 장군은 식량의 부족과 북쪽 켄터키 주 녹스빌에서 번사이드 장군의 부대가 롱스트리트 장군의 공격으로 위험에 빠지게 되자 브래그 장군에 대한 추격을 중지시켰다. 이로써 남군의 주력 부대 중 하나였던 테네시 군이 완전히 패배하게 되었고 12월 2일 브래그 장군의 후임으로 하디 장군이 잠정적으로 임명되었다. 한편 북쪽 녹스빌에서는 11월 29일 롱스트리트 장군이 북군의 번사이드 장군과 치열한 공방전을 치렀으나 녹스빌 확보에 실패했다. 당시 브래그 장군은 롱스트리트 장군에게 채터누가 전투에 증원하도록 명령했으나 롱스트리트 장군은 가능한 한 오랫동안 번사이드 장군을 묶어 두는 것이 유리하다고 건의하여 녹스빌 지역에 남게 되었다. 채터누가 전투가 종료되고 셔먼 장군의 일부 부대가 번사이드 부대를 증원하게 되자 12월 4일 롱스트리트 장군의 부대는 녹스빌을 떠나 동부지역의 전투를 위해 버지니아 주로 이동했다.

녹스빌 전투에서의 승리와 더불어 채터누가가 북군에 의해 장악됨으로써 정치적으로 민감했던 테네시 동부지역은 완전히 북군의 손에 넘어가게 되었고 이른바 '남부에 이르는 관문'을 확보하게 되었다. 그랜트 장군은 채터누가 전투를 마지막으로 서부지역을 떠나 1864년 3월 북군 총사령관에 임명되었으며 후임으로 셔먼 장군이 그 자리를 이어 받아 애틀랜타를 향한 전투 준비에 들어갔다.

6. 애틀랜타 전투(1864년 5월-9월)

북군의 총 사령관에 임명된 후 그랜트 장군은 자신이 총애하던 셔먼 장군을 서부지역 총사령관에 임명했다. 그랜트 장군은 총사령관으로서 전쟁을 조기에 종결짓기 위해 남부를 세 방향에서 동시 압박하는 작전을 계획했다. 그의 계획은 우선 동부지역에서는 버지니아에 위치한 남군의 리 장군을 격파하기 위해 미드(George G. Meade) 장군과 버틀러(Benjamin Butler) 장군, 그리고 시겔(Franz Sigel) 장군 등의 부대가 3개의 주요 축선을 따라 리치먼드와 셰넌도어 계곡 방향으로 공격하고 남부에서는 뱅크스(Nathaniel Banks) 장군이 앨라배마의 모바일을 확보하며 서부지역에서는 셔먼 장군이 애틀랜타로 진격하면서 존스턴 장군의 부대를 격멸하는 것이었다.

1863년 11월 채터누가 전투 이후 셔먼 장군이 담당한 서부지역의 북군[14)]은 맥퍼슨(James McPherson) 장군의 테네시 군, 스코필드(John

14) 여기서 서부지역은 공식적으로 '미시시피 군사구역(Military Division of the Mississippi)'이며 셔먼 장군은 미시시피 군사구역 사령관이었다. 북군은 군사조직을 구역, 지역(Depart-

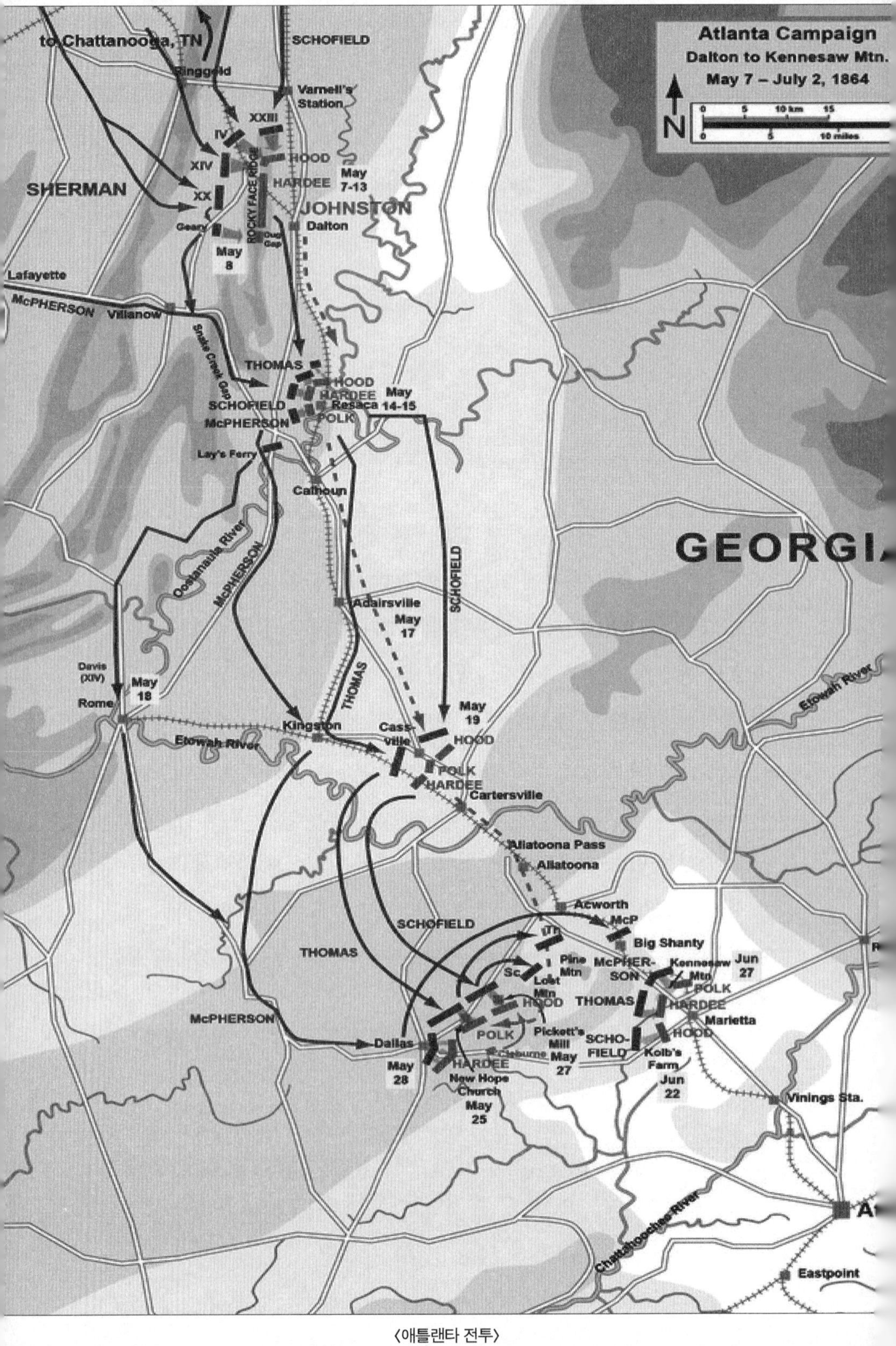
Atlanta Campaign
Dalton to Kennesaw Mtn.
May 7 – July 2, 1864
N
to Chattanooga, TN
Ringgold
SCHOFIELD
Varnell's Station
XXIII
IV
XIV
HOOD
HARDEE
May 7-13
SHERMAN
XX
ROCKY FACE RIDGE
JOHNSTON
Dalton
Geary
May 8
Lafayette
McPHERSON
Villanow
Snake Creek Gap
THOMAS
HOOD
HARDEE
Resaca
May 14-15
SCHOFIELD
POLK
McPHERSON
Lay's Ferry
Calhoun
GEORGIA
Oostanaula River
McPHERSON
SCHOFIELD
Adairsville
May 17
THOMAS
Davis (XIV)
May 18
Rome
May 19
Kingston
Cass-ville
HOOD
Etowah River
POLK
HARDEE
Cartersville
Etowah River
Allatoona Pass
Allatoona
Acworth
McP
SCHOFIELD
Big Shanty
THOMAS
Pine Mtn
McPHER-SON
Kennesaw Mtn
Jun 27
Lost Mtn
POLK
HOOD
THOMAS
HARDEE
McPHERSON
Marietta
POLK
Pickett's Mill
SCHO-FIELD
HOOD
Dallas
Kolb's Farm
May 28
HARDEE
May 27
New Hope Church
Jun 22
May 25
Vinings Sta.
Chattahoochee River
Eastpoint

〈애틀랜타 전투〉

Schofield) 장군의 오하이오 군, 그리고 토마스(George Thomas) 장군의 컴버랜드 군 등 3개 군으로 편성되어 있었다. 셔먼 장군은 9만 8,000명의 병력을 지휘했고 이에 맞선 남군의 테네시 군은 브래그 장군 후임으로 잠정적으로 사령관직을 수행해왔던 하디 장군이 군단장으로 다시 물러나고 존스턴 장군이 공식적으로 취임했다. 부대는 하디(William Hardee) 장군, 후드(Bell Hood) 장군, 포크(Leonidas Polk) 장군, 그리고 휠러(Joseph Wheeler) 장군 등이 이끄는 4개 군단 5만 명으로 구성되어 있었다.

셔먼 장군의 계획은 3개 군이 병진 공격하되 존스턴 장군에 대한 정면공격을 회피하여 측방으로 기동하면서 신속하게 애틀랜타를 장악하는 것이었다. 한편 남군의 존스턴 장군은 지나치게 신중한 성격으로 이전에도 결정적인 전투 국면에서 수차례 철수한 바 있었다. 그러나 매우 공세적인 성격의 셔먼 장군에 맞서게 되자 철수보다는 유리한 지형에서 강력한 방어진지를 구축하여 대응하는 방책으로 작전을 변경했다. 이에 따라 존스턴 장군은 우선 달튼(Dalton) 지역의 고지대와 능선을 연하여 방어진지를 편성했다. 1864년 5월 7일 북군의 공격이 시작되었다. 셔먼 장군은 우선 2개 군이 달튼 지역 정면에서 남군을 견제하다가 맥퍼슨 장군의 부대가 측방으로 기동하여 후방의 레사카(Resaca)를 공격할 때 동시에 달튼 지역을 탈취하고 레사카까지 진격하도록 했다. 맥퍼슨 장군이 레사카에 근접하자 이미 남군이 이곳에 방어진지를 편성하고 있어 고립될 위험에 빠지게 되자 셔먼 장군은 달튼을 공격하는 부대에서 일부 부대를 전환하여 맥퍼슨 장군의 부대를 지원하도록 했다. 달튼이 확보되었으나 셔먼 장군은 레사카를 공격하지 않고 대기했다.

셔먼 장군의 최초 공격은 일종의 남군을 시험하는데 목적을 두었고 레사카에 대한 공격은 5월 13일이 되어서야 실시되었다. 레사카에서 공방전이 펼쳐졌고 존스턴 장군은 아데어스빌(Adairsville)로 다시 철수했다. 존스턴 장군이 알라투나 통로(Allatoona Pass)의 협곡에 진지를 편성하자 셔먼 장군은 이를 우회하여 피켓 밀(Picket's Mill) 방향으로 공격했다. 그런데 피켓 밀에는 후드(Hood) 장군의 부대가 배치되어 있었다. 강력한 저항에 부딪힌 셔먼 장군은 일단 이 지역에 급편 방어진지를 구축했다.

전열을 가다듬은 셔먼 장군은 방향을 동쪽으로 돌려 키니소(Kennesaw) 산으로 공격했다. 셔먼 장군은 존스턴 장군이 이 지역에는 소수의 병력만을 배치했을 것으로 판단했다. 그러나 후드 장군이 이 지역으로 증원되었고 치열한 전투 끝에 키니스 산을 확보한 이후 피치트리 강(Peachtree Creek)에서 마지막으로 애틀랜타 공략에 들어갔다. 7월 20일 애틀랜타 외곽지역에 위치한 피치트리 강(Peachtree Creek) 전투 직전에 데이비스 대통령은 존스턴 장군이 아무런 전투도 실시하려 하지 않은 채 애틀랜타를 적에게 내주려 하고 있다며 결국 그에 대한 인내심을 상실하고 존스턴 장군의 후임으로 보다 공격적인 성향의 후드(John Bell Hood) 장군을 임명했다.

남군이 애틀랜타 방향으로 점차적으로 철수함에 따라 병참선은 축소되었고 반대로 셔먼 장군의 병참선은 신장되었다. 이에 따라 후드 장군은 본대로부터 고립된 것으로 보이는 셔먼 장군의 부대에 대한 공격을 수차례 실시하기도 했다. 그러나 각각의 전투 또한 실패로 돌아가게 되었고 많은 사상자가 발생하기도 했다. 한편 후드 장군은 퇴로 차단에 대비해 하디 장군으로 하여금 애틀랜다 후방의 조네스보러(Jonesboro)를 확보하도록 명령했으나 이미 북군이 이곳으로 진격하여

〈폐허가 된 애틀랜타, 출처: en.wikipedia.org〉

8월 31일 후드 장군의 병참선을 차단했다. 북군의 포위망에 빠지게 되자 후드 장군은 9월 1일 밤을 기해 애틀랜타로부터 철수했다. 이때 후드 장군은 남아 있는 군수품과 시설을 불태웠고 이로 인해 애틀랜타는 연기로 가득 차게 되었다.

애틀랜타 전투에서의 셔먼 장군의 승리와 더불어 패러거 제독은 8월 24일 앨라배마 주 모바일 만 해전에서 결정적인 승리를 거두게 되었다. 패러거 제독은 모바일 만 입구에서 항구를 방어하고 있던 남군을 공격하여 뷰캐넌(Franklin Buchanan) 제독을 포로로 잡고 남군 해군에게 항복을 요구했다. 그랜트 장군의 오랜 목표가 되었던 애틀랜타는 1865년까지 남군의 손에 남아 있었으나 남군의 항복으로 멕시코 만의 미시시피 동쪽에서 마지막으로 남아 있던 항구는 북군의 손에 넘어가게 되었으며 북군의 해상 봉쇄는 더욱 굳건해지게 되었다. 애틀랜타와 모바일 항구의 확보로 인하여 북군의 사기는 더욱 고양되었고 링컨의 재선에 지대한 영향을 미치게 되었다. 애틀랜타 전투 이후 주도권을 완전히 장악한 북군은 이제 프랭클린-내슈빌 방향으로 철수하는 후드 장군의 부대에 대한 추격과 이후 셔먼 장군의 바다로의 전진으로 이어지게 되었다.

7.
셔먼 장군의 바다로의 전진(1864년 11월-12월)[15)]

애틀랜타 전투에서의 승리 이후 북군 총사령관 그랜트 장군은 전쟁을 종결하기 위한 마지막 계획에 착수했다. 당시 동부지역 버지니아 주에서는 리 장군의 부대가 피터스버그(Petersburg)를 둘러싸고 북군과 교착상태에 놓여 있었다. 따라서 그랜트 장군은 셔먼 장군이 대규모의 우회 기동을 통해 캐롤라이나 주의 사바나(Savannah)를 확보한 이후 리 장군의 후방으로 진격한다면 남군에게 강한 압박을 가할 수 있을 것으로 판단했다. 그렇게 된다면 그랜트 장군도 동부지역에서 남군 방어선을 돌파할 수 있는 기회를 포착하거나 상황에 따라 최소한 남쪽으로부터 남군이 더 이상 리 장군을 증원하지 못하도록 차단할 수 있을 것으로 판단했다.

이와 더불어 그랜트 장군과 셔먼 장군은 남군의 전쟁 수행을 위한 전략적, 경제적 심리적 역량이 제거되어야만 전쟁을 끝낼 수 있다는데 의견을 같이 했다. 이에 따라 셔먼 장군은 진격 간에 이른바

---

15) 실제로 이 전투는 사바나를 목표로 한 공격계획으로 통상 '사바나 전투'(Savannah Campaign)로 명명되어지며 '바다로의 전진'은 일종의 이 전투에 대한 별칭이다.

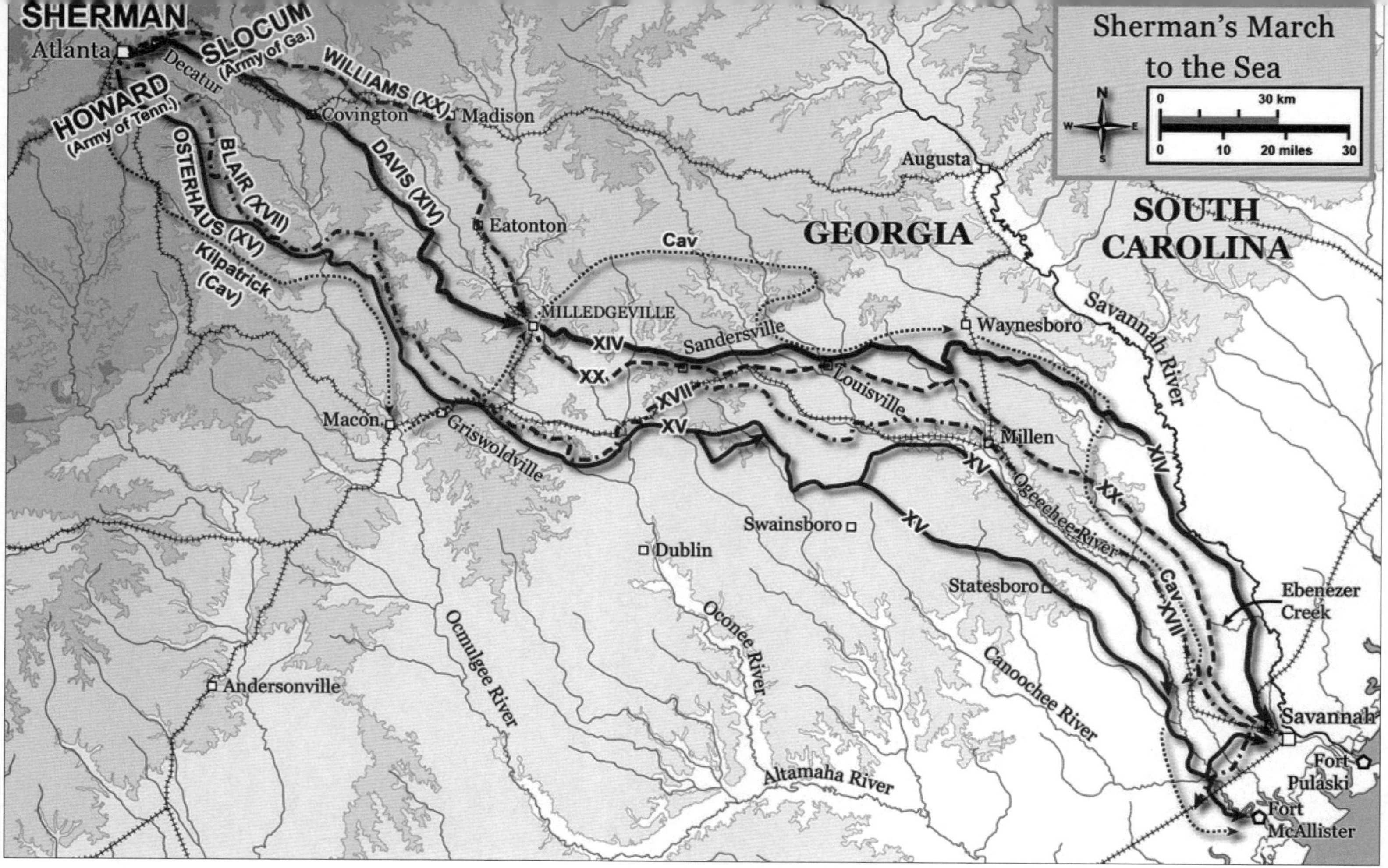
Sherman's March
to the Sea
N
W
E
S
0
30 km
0
10
20 miles
30
SHERMAN
Atlanta
SLOCUM
(Army of Ga.)
Decatur
HOWARD
(Army of Tenn.)
WILLIAMS (XX)
Covington
Madison
DAVIS (XIV)
OSTERHAUS (XV)
BLAIR (XVII)
Kilpatrick
(Cav)
Eatonton
Cav
GEORGIA
Augusta
SOUTH
CAROLINA
MILLEDGEVILLE
XIV
Sandersville
XX
Waynesboro
Savannah River
Louisville
XVII
XV
Macon
Griswoldville
Millen
Ogeechee River
Swainsboro
Dublin
Statesboro
Cav
Ebenezer
Creek
Ocmulgee River
Oconee River
Canoochee River
Andersonville
Altamaha River
Savannah
Fort
Pulaski
Fort
McAllister
〈바다로의 전진〉

'초토화(Scorched Earth) 작전'을 통해 남군의 물리적 타격은 물론 심리적 공포를 유발하기 위해 이동 간 모든 곡식과 가축 그리고 보급품과 기반시설을 파괴하도록 명령했다. 셔먼 장군은 그의 부대 진격로 상의 곡식과 가축의 현황을 파악하기 위해 전쟁 직전인 1860년 인구조사 자료를 활용하는 치밀함을 보였다.

셔먼 장군의 계획은 그의 6만 2,000명의 부대를 양분하여 좌측에서는 슬로컴(Slocom) 장군의 부대가 우측에서는 하워드(Howard) 장군의 부대가 각개 전진하는 것으로 양 부대 간의 간격은 약 100킬로미터였다. 첨병 부대는 제1 앨러바마 기병연대(Alabama Cavalry Regiment)가 맡았다. 셔먼 장군이 부대를 양분한 이유 중 하나는 남군으로 하여금 북군의 진격 방향이 남동쪽에 위치한 메이컨(Macon)인지, 아니면 북서쪽에 위치한 오거스타(Augusta)인지를 판단하기 어렵도록 하기 위해서였다.

링컨과 그랜트 장군은 셔먼 장군의 과감한 계획에 다소의 의구심을 가지고 있었지만 그랜트 장군은 여전히 셔먼 장군을 신뢰했다. 드디어 1864년 11월 2일 그랜트 장군은 셔먼 장군에게 '장군이 건의한 바대로 진군하시오(Go as you propose).'라는 단문의 전보를 발송했다. 셔먼 장군의 480킬로미터에 이르는 바다로의 전진은 11월 15일 시작되었다.

셔먼 장군이 사바나로 이동하는 동안 애틀랜타 전투에서 패배한 이후 후퇴했던 남군의 후드 장군이 내슈빌에 위치한 토마스 장군의 부대와 교전을 벌이고 있었다. 따라서 셔먼 장군의 진격에 저항했던 세력은 주로 조지아 주 민병대들이었다. 내슈빌에서는 후드 장군이 셔먼 장군의 보급로를 차단하기 위한 마지막 공격을 시도했다. 그러나 셔먼 장군이 토마스 장군의 부대를 내슈빌에 남겨 놓은 터였기 때문에 후드 장군의 공격은 실패로 돌아갔다. 후드 장군의 부대가 내슈빌 전투에서 패한 이후 생존자들은 인접한 미시시피 주로 탈출했고 결국 부대가 회복 불능의 상태에 놓이게 되자 후드 장군은 사임을 자청했고 후임 테네시 군 사령관으로 테일러(Richard Taylor) 장군이 임명되었다.

한편 셔먼 장군의 진격을 차단하기 위해 남군의 휠러(Joseph Wheeler) 장군의 기병대가 추가적으로 투입되었으나 큰 성과는 거두지 못했고 진격을 시작한 후 한 달여 만인 12월 17일 셔먼 장군은 사바나에 도착했다. 사바나에서는 애틀랜타 전투 이후 철수한 남군의 하디(William Hardee) 장군이 이끄는 1만 명의 부대가 방어진지를 편성하고 있었다. 사바나에 대한 포격이 장시간 동안 실시되자 하디 장군은 도시를 버리고 퇴각했으며 12월 22일 셔먼 장군은 사바나를 장악했다. 그리고 링컨 대통령에게 '성탄절 선물로 사바나를 대통령에게 선물하고자 한다.'라는 전보를 띄웠다. 링컨은 12월 26일 그에게 노고를 치하하는 간략한 답장을 보냈다. 사바나를 확보한 셔먼 장군은 잠시 휴식을 취한 후 계속해서 캐롤라이이나를 경유하여 북으로 향했다. 이후 2개월 동안의 전투가 남군과 북군 사이에 벌여졌고 1865년 4월 26일 남군의 존스턴 장군은 마침내 노스캐롤라이나에서 항복했다.

8. 캐롤라이나[16)] 전투와 전쟁의 종결(1865년 2월-4월)

사바나를 장악한 이후 셔먼 장군은 그랜트 장군으로부터 해상으로 이동하여 버지니아의 북군을 증원하라는 명령을 받았다. 하지만 셔먼 장군은 그랜트 장군이 명령한 해상으로 이동하는 대신 조지아 주를 가로 질러 진격할 때와 마찬가지로 캐롤라이나 주를 경유하여 북쪽으로 이동하면서 이동로 상의 모든 군사 물자를 파괴할 것을 그랜트 장군에게 건의했다. 특히 셔먼 장군은 연방으로부터 처음으로 탈퇴한 사우스캐롤라이나 주에 관심이 많았고 이를 초토화시킨다면 그 효과가 지대할 것으로 판단했다. 그랜트 장군은 그의 계획을 승인했다.

셔먼 장군의 계획은 조지아 주의 오거스타(Augusta)와 사우스캐롤라이나 주의 찰스턴(Charleston) 일대에 배치된 소규모의 남군은 우회하고 노스캐롤라이나의 골즈보로(Goldsboro)에 1865년 3월 15일까지 도

16) 캐롤라이나 주는 영국의 왕 찰스(Charles) 1세의 이름으로부터 유래했으며 1729년 두 개의 주로 분리되었다. 사우스캐롤라이나는 1861년 4월 12일 연방으로부터 최초로 탈퇴한 주이고 이에 노스캐롤라이나는 같은 해 5월 20일 연방으로부터 탈퇴했다.

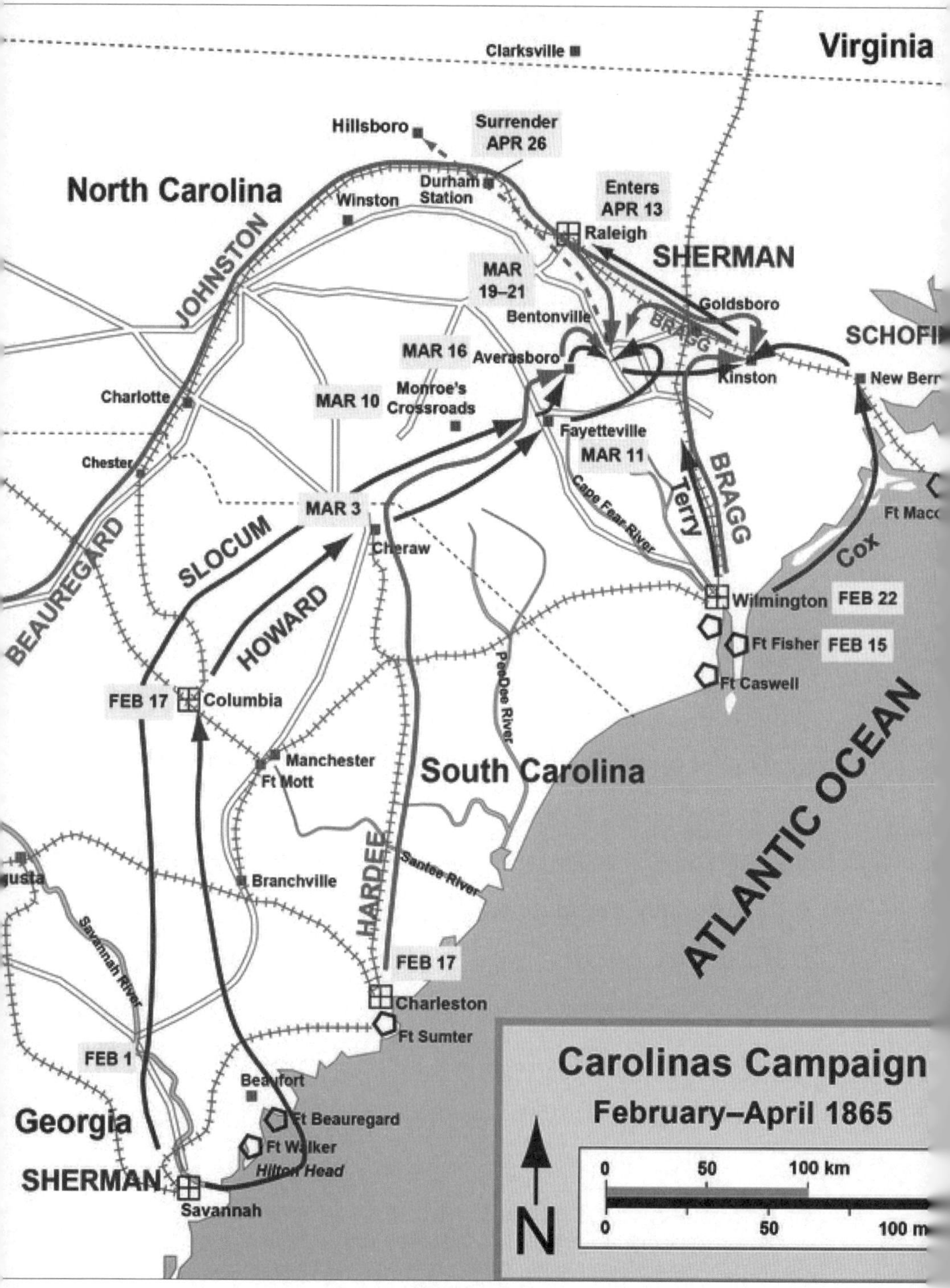
Virginia
Clarksville
Hillsboro
Surrender APR 26
North Carolina
Durham Station
Winston
Enters APR 13
Raleigh
SHERMAN
JOHNSTON
MAR 19–21
Bentonville
Goldsboro
BRAGG
SCHOFI
MAR 16
Averasboro
Kinston
New Berr
Charlotte
MAR 10
Monroe's Crossroads
Fayetteville
MAR 11
Chester
Cape Fear River
Terry
BRAGG
MAR 3
Cheraw
Ft Macc
SLOCUM
Cox
BEAUREGARD
HOWARD
Wilmington
FEB 22
Ft Fisher
FEB 15
Ft Caswell
FEB 17
Columbia
PeeDee River
Manchester
Ft Mott
South Carolina
ATLANTIC OCEAN
Branchville
Santee River
HARDEE
Savannah River
FEB 17
Charleston
Ft Sumter
FEB 1
Carolinas Campaign
February–April 1865
Beaufort
Georgia
Ft Beauregard
Ft Walker
Hilton Head
SHERMAN
Savannah
N
0
50
100 km
0
50
100 m

〈캐롤라이나 전투〉

착한다는 것이었다. 이전과 마찬가지로 셔먼 장군은 남군을 혼란스럽게 하기 위해 부대를 여러 통로로 동시에 이동하도록 했다. 남군의 존스턴 장군은 보러가드 장군과 하디 장군 그리고 브래그 장군에게 북쪽으로 기동하여 셔먼 장군의 진격을 적극적으로 차단하도록 명령했다. 그러나 연이은 전투에서의 패배로 이미 사기가 저하된 남군은 셔먼의 진격을 막아낼 수 없었다.

셔먼 장군의 첫 번째 목표는 사우스캐롤라이나 주의 수도인 컬럼비아(Columbia)였다. 2월 17일 컬럼비아는 항복했고 이어 셔먼 장군은 도시에 대한 포격을 지시했다. 포격으로 인해 대부분의 도시는 파괴되었다. 이어 2월 18일 셔먼 장군의 부대는 컬럼비아에 있는 군사적 가치가 있는 물건은 모두 파괴했다. 2월 22일 마지막으로 남아 있던 남부의 중요한 항구인 윌밍턴(Wilmington)도 항복했다.

존스턴 장군은 3월 19일부터 21일까지 벌어진 벤튼빌(Bentonville) 전투에서 셔먼 장군의 예하부대인 슬로컴 장군의 부대를 공격하여 격멸하고자 했으나 전투 초기의 성공에도 불구하고 북군의 기병대 증원으로 인해 작전은 실패로 돌아가게 되었다. 존스턴 장군은 전투 현장에 이틀 동안 더 머무르며 남군의 승리 소식을 기다렸지만 셔먼 장군의 추격을 피해 랠레이(Raleigh)로 철수했다. 1865년 4월 11일 존스턴 장군은 동부지역에서 리 장군이 항복했다는 전갈을 받았다. 소식을 접한 존스턴 장군은 결국 셔먼 장군에게 항복 의사를 전달했다. 링컨이 암살된 후 사흘이 지난 1865년 4월 18일 존스턴 장군은 사우스캐롤라이나 주의 유명한 농장이었던 베넷 플레이스(Bennett Place)에서 항복문서에 서명했다.

이때 셔먼 장군은 항복문서의 조항에 연방정부 및 그랜트 장군

〈베넷 플레이스 농장, 출처: en.wikipedia.org〉

의 승인 없이 군사적 문제뿐만 아니라 정치적 문제까지 포함시켜 논란을 야기했다. 이 문제로 인해 존스턴 장군은 4월 26일에 가서야 동부 지역에서 리 장군이 항복문서에 서명할 때와 마찬가지로 군사적 조건에 관한 항복만을 서명했다. 그의 항복으로 캐롤라이나 주와 조지아 주 그리고 플로리다 주가 항복하게 되었다.

5장

서부 인디언 영토 전투와 태평양 연안 전투

1.
서부 인디언 영토[1)] 전투

서부 인디언 영토 전투가 벌어진 지역은 통상 미시시피 횡단(Trans-Mississippi) 지역으로 불리는 지역에서 벌어진 전투로 미시시피 강 서쪽에서 이루어졌다.

남북전쟁 발발 당시 미시시피 서쪽은 본격적인 서부 개척 이전 영토로 캘리포니아 주와 오리건 주를 제외하고 대부분 공식적으로 연방에 가입하지 않은 지역이었다. 특히 인디언 영토(Indian Territory)는 현재 오클라호마 주에 해당하는 지역으로 연방정부로부터 특별한 행정적 조치 없이 토착 인디언 부족에게 맡겨진 땅이었다. 이들은 남북전쟁이 발발하기 30년 전에 원래 살던 곳에서 쫓겨나 이곳으로 정착했

---

1) 당시 서부지역의 인디언 영토(Indian Territory)는 미국의 연방으로 편입되지 않은 인디언들이 살고 있던 땅을 말한다. 남북전쟁 당시 미국의 연방 주는 북부가 20개 주, 남부가 11개 주로 구성되었으며 캔자스 주는 남북전쟁 직전 1861년 연방에 가입했고 미주리 주와 켄터키 주는 연방 탈퇴 여부를 두고 무력충돌이 발생한 국경지대 주(Border State)로 불렸으며 웨스트버지니아 주는 남북전쟁 중이던 1863년 버지니아 주로부터 분리되어 연방에 가입했다. 캘리포니아 주는 1859년 자유 주(Free State)로 연방으로부터 독립적인 지위에 있었다. 남북전쟁 기간 중 연방에 가입한 주는 네바다 주가 1864년에 가입했으며 나머지 아이오와(1867), 콜로라도(1876), 네브라스카(1890), 아이다호(1890), 워싱턴(1889) 등이 차례로 연방의 주로 가입되었다. 1959년 하와이가 연방에 가입함으로써 50개 주가 되었다.

〈1861년 남북전쟁 직전 미국의 주 현황, 출처: en.wikipedia.org〉

다. 연방정부는 소규모의 연방군 기지를 건설하여 서쪽으로 이주한 미국인들과 이들 인디언들을 보호했으며 이곳에서도 수차례에 걸쳐 전투가 벌여졌다. 인디언 부족들은 각자 남군과 연합하기도 했고 북군에 가담하기도 했다.

남군의 미시시피 횡단 군사 구역(Trans-Mississippi Department)은 남북전쟁이 시작되고 난 후 1862년 5월 26일 창설되었다. 여기에는 미주리 주, 아칸소 주, 텍사스, 인디언 영토(지금의 오클라호마 주), 그리고 루이지애나와 미시시피 강 서부가 포함되었다. 미시시피 횡단 군사구역은 같은 해 1월 10일 창설된 미시시피 횡단 군사 분구(District)를 흡수했다. 1861년 남북전쟁이 시작되자 남군은 애리조나 영토와 뉴멕시코 영토, 그리고 인디언 영토에 대한 군사작전을 개시했다. 애리조나 영토는 1862년 남군의 배일러(John Baylor) 대령이 뉴멕시코 영토의 디파이언스 기지(Ft. Defiance)에 주둔하고 있던 북군의 캔비(Edward R. S. Canby) 장군과 뉴멕시코 영토의 메실라(Mesilla)에서 벌어진 첫 번째 전투에서 승리한 이후 남부의 영토임을 선언했다.

이후 뉴멕시코 영토의 발버디(Valverde) 전투의 승리에 이어 북쪽의 글로리에타 통로(Glorieta Pass)까지 이르렀으나 캘리포니아로부터 북군이 증원되자 이내 애리조나 영토로 완전히 철수했다. 글로리에타 통로 전투는 전투에 참가한 병력면에서 소규모의 산병전에 불과했으나 그 전략적 파급효과는 컸다. 만약 남군이 북으로 진격해 콜로라도 영토의 덴버 기지(Ft. Denver)를 점령했다면 뉴멕시코 영토와 그 서쪽 땅을 확보할 수 있었으나 결국 실패로 돌아가게 되어 남부는 이 지역에서 더 이상 영향력을 발휘할 수 없었다.

인디언 영토를 장악하기 위한 전투가 절정에 이른 것은 1863

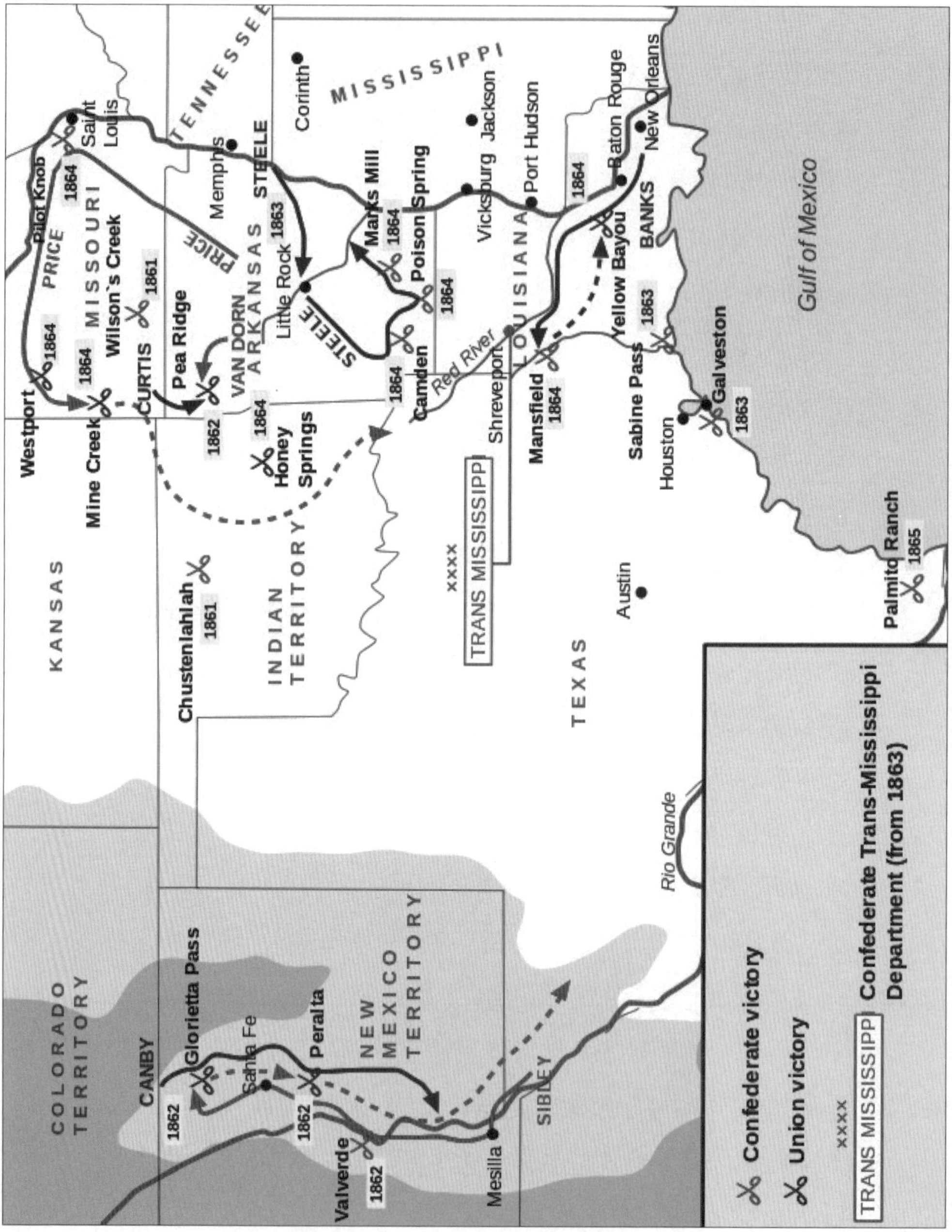

〈서부 인디언 영토 전투 출처: en.wikipedia.org〉

년 7월 17일 북군의 블런트(James G. Blunt) 장군과 벌어진 허니 스프링스(Honey Springs) 전투였다. 블런트 장군의 부대에는 인디언들이 포함되었지만 북군은 이들을 정규군으로 편입하지는 않았다. 남군에 가담한 인디언의 수는 7,800여 명으로 주로 체로키(Cherokee), 치카소(Chickasaw), 크리크(Creek), 그리고 세미놀(Seminole) 부족 출신이었다. 이들 중에는 제1 체로키 소총연대를 이끌고 북군을 공격했던 와티 준장(Stand Watie)이 있었으며 이 부대는 1865년 6월 25일 마지막으로 북군에 항복한 남군으로 기록되었다.

1865년 4월 미시시피 강 동쪽의 서부지역 전투에서 캐롤라이나 전투를 마지막으로 남북전쟁이 종결되었음에도 불구하고 캘리포니아 수비대(California Garrison)가 연방군으로 대치될 때까지 아파치(Apache), 나바호(Navaho), 코만치(Comanche) 등 인디언 부족과의 전투는 계속되었다.

한편 국경 주(Border State)[2)]로 불리던 미주리 주에서는 연방 탈퇴를 찬성하는 세력들과의 전투가 시작되었다. 1861년 8월 10일 윌슨 강(Wilson's Creek) 전투를 시작으로 1864년 웨스트포트(Westport) 전투에 이르러서야 끝이 났다. 연방 탈퇴를 지지하는 세력들은 일명 '습격자들'(Bushwhackers)로 불리며 북군의 정규군과 민병대를 대상으로 게릴라전을 수행했다. 이들은 민간인을 대상으로 한 적대행위를 포함하여 강제 이주, 살인 등을 이곳저곳에서 저질렀다. 대부분의 생존자들은 미주리 주를 떠나거나 또는 강제로 쫓겨나갔다. 악명을 떨친 이들 조직들은 전쟁이 끝난 이후에도 16년 동안 약탈과 살인을 저질렀다. 남북전쟁 기간 중의 이러한 게릴라 활동은 무려 2만 7,000명의 사망자를

2) 남북전쟁 당시 국경 주는 미주리 주를 포함하여 델라웨어 주, 메릴랜드 주, 웨스트버지니아 주, 켄터키 주 등 4개 주였다. 이들 주는 북부와 남부가 경계를 맞대고 있는 주를 일컫는다.

내어 미국 역사상 최악의 상황으로 기록되었다.

북부는 1862년부터 전쟁이 끝날 때까지 수차례에 걸쳐 텍사스 주와 루이지애나 주의 미시시피 횡단 지역을 장악하기 위한 노력을 기울였다. 동부로 향하는 주요 항구를 봉쇄하기 위해 텍사스 영토가 전진기지가 되었다. 남군의 '뒷문'(Back Door)으로 불렸던 텍사스와 루이지애나 서부에서는 목화 작물이 육로를 통해 멕시코 국경지역까지 운반되어 남부의 봉쇄된 항구에서 계속적으로 유럽에 수출되었다. 이때 항구의 봉쇄를 담당하고 있던 사람들과 수출하려는 사람들 사이에서 그 대가로 생필품을 제공하는 일종의 거래가 이루어지기도 했다.

이러한 거래를 완전하게 차단하기 위해 북부는 텍사스 영토를 수차례에 걸쳐 공격했으나 실패로 돌아갔다. 남부는 텍사스 영토의 갈베스톤(Galveston)을 포함해 여러 곳의 전투에서 승리를 거두었다. 루이지애나 서부에서 벌어진 레드 강(Red River) 전투에서 북부의 처절한 패배로 인해 북부는 더 이상의 공격을 실시하지 않았다. 동부지역 전투 상황과 무관한 이 지역에서는 리 장군이 1865년 4월 항복한 이후에도 수개월 동안 전투가 지속되었다. 마지막 전투는 남부 텍사스의 팔미투(Palmito)에서 벌여졌으며 역시 남부가 승리했다.

2.
태평양 연안 전투

태평양 연안 전투는 캘리포니아 주와 오리건 주, 네바다, 워싱턴, 유타 그리고 후에 아이다호를 포함하는 지역의 전투로 특히 캘리포니아 주와 오리건 주, 워싱턴 지역 출신의 의용군들은 북군에 가담하여 인디언 부족과의 전투에 참여했다. 이 지역에서 북군과 남군의 직접적인 충돌은 없었다. 그러나 연방분리주의자들을 통제하기 위해 캘리포니아 남부지역과 뉴멕시코 남부지역에 북군의 수비대가 배치되었다.

남북전쟁 이전인 1859년 연방정부의 과도한 세금 부여와 토지법에 불만을 품은 남부 캘리포니아 주민들이 캘리포니아 주로부터 분리해 새로운 주를 만들기 위한 '피코 법'(Pico Act)을 발의했고 이 법안은 75퍼센트가 넘는 지지로 주 의회에서 통과되었다. 하지만 이 법안은 남북전쟁의 발발로 인해 최종투표는 실시되지 못했다. 이 법안을 지지한 사람들은 대부분 연방 탈퇴 지지자들이었으며 연방정부는 법안이 투표에서 압도적인 지지를 받았다는 사실로 인해 이 지역에서의 분리독립 움직임을 주시하고 있었다.

이러한 와중에 1861년 3월 28일 애리조나 영토가 뉴멕시코 영토로부터 분리되어 남부에 정식으로 가입했다. 사태가 이렇게 되자 남부 캘리포니아 주민들의 독립 움직임도 다시 고개를 들기 시작했다. 남북전쟁의 출발점을 알리는 섬터 기지의 포격 소식이 이곳까지 전해지자 캘리포니아의 분리주의자들은 '태평양 공화국'(Pacific Republic)을 설립하기 위한 계획을 수립했다. 이 계획은 당시 캘리포니아 주의 베니시아(Benicia)에 사령부를 둔 북군의 태평양 구역 사령관인 존스턴(Albert Sidney Johnston) 준장과 협력 하에 이루어졌다. 존스턴 장군의 이러한 움직임을 알게 된 그의 참모 중 한 사람이 이 사실을 연방정부에 보고했다. 이에 따라 연방정부는 연방군을 이 지역에 증강시키는 한편 존스턴 장군의 후임으로 섬너(Edwin Vose Sumner) 장군을 임명하고 1861년 3월을 기해 파나마(Panama)를 경유하여 현지로 이동하도록 했다. 4월 25일 섬너 장군이 도착하자 존스턴 장군은 자진 사임하고 로스앤젤레스에 있는 가족에게 돌아갔다.

한편 연방정부 관료로부터 의심을 받고 있던 존스턴 장군은 체포를 피해 도주한 후 분리운동의 민병대에 가담했다. 존스턴 장군은 로스앤젤레스 소총부대의 병사로 재입대하였고 부대는 5월 27일 이곳을 출발, 텍사스 남서부 사막을 경유하여 콜로라도 강을 건너 마침내 7월 4일 애리조나 영토에 도착했다. 로스앤젤레스의 보안관 출신인 킹(A. J. King)과 이 지역에서 영향력 있는 인물로 평가되던 엘 몬트(El Monte)도 3월 23일 몬트(Monte) 소총부대를 창설하고 존스턴 장군과 합세했다.

샌 베르나디노와 샌디에고 그리고 산타 바바라(Santa Barbara) 지역을 담당하던 케첨(William Scott Ketchum) 소령은 8월 16일 샌프란시스코로부터 급파되어 샌 페드로(San Pedro)에 도착했고 지체 없이 행군을 시작해 8월 26일 샌 베르나디노에 도착했다. 9월에 이르러 제4 보병연대(The 4th Infantry Regiment)는 제90 포병부대로 증강되었다. 저격병들이 활동하는 가운데에서도 케첨의 부대는 인근의 분리운동을 진압했다.

1861년에 이르러 북군의 연방군은 캘리포니아 민병대로 교체되었으며 9월 25일 남부 캘리포니아 분구가 창설되었다. 이 분구는 남부 캘리포니아의 분리 독립을 지지하는 세력들이 가장 많이 거주하는 지역이었다. 케첨 소령의 부대는 제1 캘리포니아 기병대(The 1st California Cavalry)로 재편되었고 이어 샌디에고에도 민병대가 창설되어 분리 독립운동을 감시했다. 민병대 중 일부는 콜로라도 사막의 유마 기지(Ft. Yuma)에 배치되었고 이들의 임무 중 하나는 분리 독립 운동가들이 콜로라도를 가로 질러 남군에 가담하려는 것을 차단하는데 있었다.

1862년 3월 모든 연방군은 로스앤젤레스 지역을 감시하기 위해 이동을 시작했다. 캘리포니아 분구 사령부는 애리조나 주와의 전투를 위한 전진기지로 사용되었다. 캘리포니아 주는 남부 뉴멕시코 영토와 남부 텍사스의 엘파소(El Paso)에 위치한 남군을 공격하기 위해 민병대의 일부를 파견했다. 이때 캘리포니아 주에 주둔하고 있던 북군의 정규군은 나바호(Navajo), 코만치(Comanche), 아파치(Apache) 부족과의 전투를 위해 이곳에 머물렀고 남북전쟁 이후 1866년에 가서야 연방군에게 넘겼다. 1865년 3월 애리조나 군사 분구 통제 하에 있던 애리조나 주는 뉴멕시코 군사 지역으로부터 태평양 군사 지역으로 전환되었고 1865년에는 다시 캘리포니아 군사 지역으로 전환되었다.

한편 북군의 해군은 남군의 봉쇄를 위해 거의 모든 전력이 투입되어 태평양 연안의 항구를 방어할 수 있는 함정이 부족했고 소수

〈알카트라즈 기지의 현재 모습, 출처: en.wikipedia.org〉

의 함정으로 인해 작전에도 제한을 받게 되었다. 이 중에서도 파나마(Panama) 운하를 확보하기 위해 항상 파나마 시티에 해군이 잔류해야만 했다. 북부는 샌프란시스코 항구를 포함한 태평양 연안의 항구를 보호하기 위해 항구에 방어진지를 개선하거나 새롭게 구축했다. 당시 금문교(Golden Gate) 주변의 섬에 구축된 알카트라즈 기지(Ft. Alcatraz)는 후에 악명 높은 연방교도소가 되었다.

뉴멕시코 전투에서 패배한 이후 남부는 태평양에서 북부의 상선을 공격했다. 1863년 3월 15일 샌프란시스코 항구를 공격하려던 남군의 세력들이 북군에게 발각되었고 이로 인해 북군은 모든 항구에 경계를 강화하도록 지시했다. 1864년 봄, 남군은 해군 대령 호그(Thomas Egeton Hogg)에게 파나마 시티를 공격하도록 명령했다. 남군의 공격 기도를 파악한 북군은 파나마 시티에 정박하고 있던 피어슨(George F. Pearson) 제독에게 알렸고 피어슨 제독은 남군을 체포하여 샌프란시스코로 이송했다. 산발적인 남군의 상선 공격에 대비하기 위해 북군은 모든 승선 민간인들에게 무기 소지를 금지했고 동승한 장교들에게는 무장하도록 명령했다. 남군의 해군 함정인 앨라배마 호(CSS Alabama)와 셰넌도어 호(CSS Shenandoah)가 남북전쟁이 끝날 무렵까지 작전을 수행했으나 결국 대륙에서의 전쟁이 종결되었다는 소식이 전해지자 영국으로 떠났다.

6장

남북전쟁의 종결과 미국의 재건

1.
개관

남북전쟁이 시작될 당시 전쟁이 4년 동안이나 지속될 것이라고 생각한 정부나 국민들은 없었다. 1860년 기준 미국 총 인구의 2퍼센트인 60만 명이 전쟁에서 전사했으며 이는 미국의 전쟁 역사상 가장 많은 사상자로 기록되었다.

전쟁이 시작되자 북부나 남부 모두 수많은 사람들이 출신지역의 부대에 입대해 전쟁터로 나아갔다. 전쟁 초기 1863년까지 2년 동안은 남군이 모든 면에서 유리한 상황에 있는 것처럼 보였다. 남군은 자신들이 속한 지역에서 전투를 치렀고 북군보다 남군에 가담한 사람들이 더욱 헌신적인 듯 보였다. 남부의 지휘관들은 예외 없이 유능했던 반면 북군은 한 동안 실수를 피해갈 수 없었다. 그러나 점차 북부의 상황이 나아지기 시작했다.

북부는 미국의 역사상 가장 위대한 지도자를 정점으로 안정된 정치체제를 갖추고 있었다. 북부는 인구도 상대적으로 많았고 산업 경제도 더 발달했을 뿐 아니라 금융제도 또한 앞서 있었다. 이와 더불어 남부에 비해 발달된 철도망은 1863년 중반 전쟁의 흐름을 바꾸어 놓

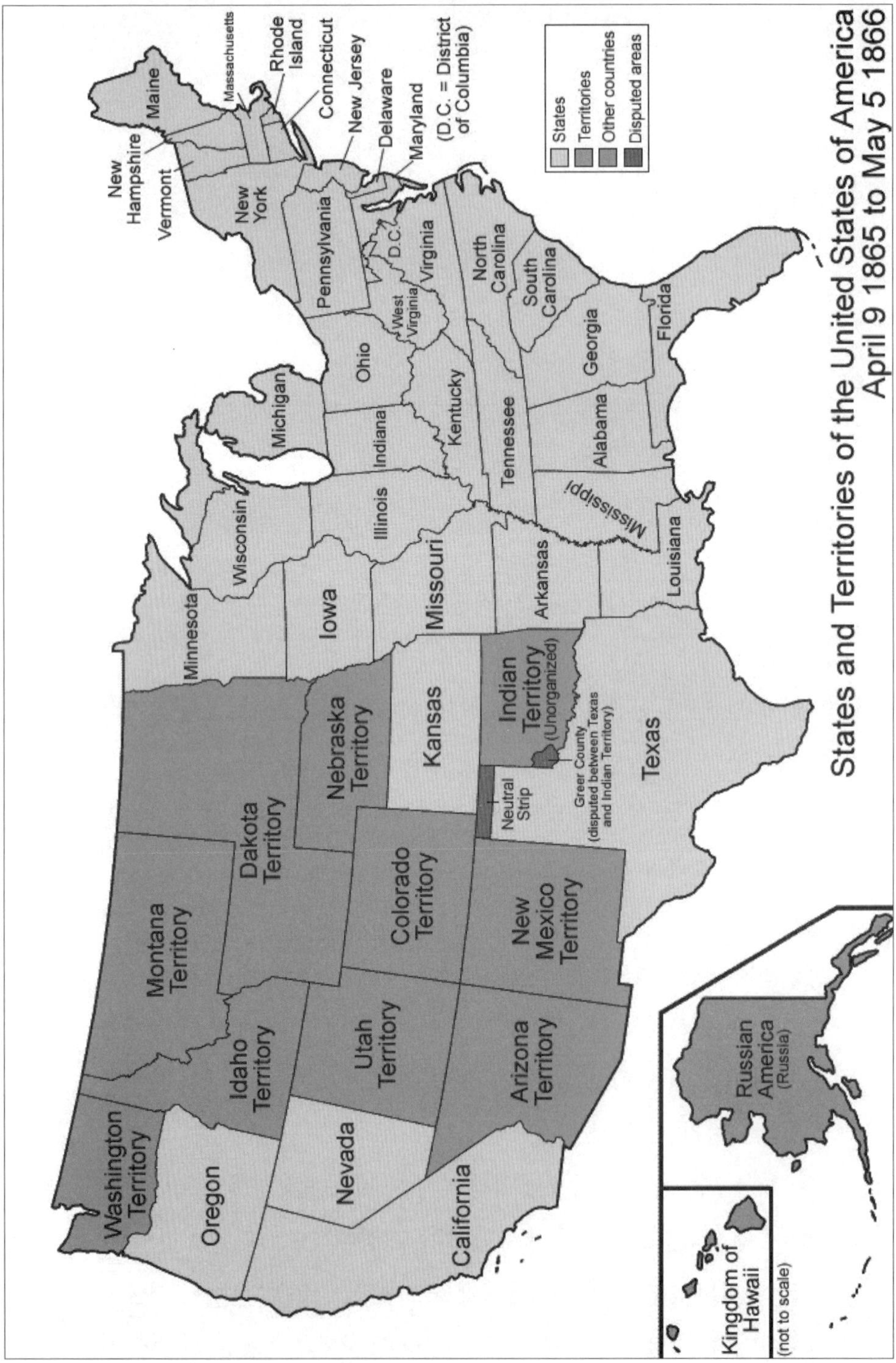

〈1865년 남북전쟁 직후 미국의 주 현황, 출처: en.wikipedia.org〉

을 수 있었던 기반이 되었다. 남부는 전쟁이 장기화되자 지쳐갔고 북부는 기세를 더해갔다.

남부의 연방 탈퇴로 인하여 국가의 통합을 유지하기 위해 전쟁도 불사하겠다는 링컨의 의지가 전쟁의 발단이 되었지만 전쟁의 또 다른 원인이 되었던 노예제도의 논란은 미국이 대륙의 서부로 진출해 그 지역을 자국의 영토로 삼으려 했던 시도로부터 발단되었다. 결국 미국은 남북전쟁을 통해 단순히 국가의 통합을 유지한 것뿐만 아니라 서부 지역으로의 진출로 완전한 국가로서의 통합을 향한 출발점이 되기도 했다. 이와 더불어 남북전쟁은 수백만 명에 달하는 노예의 승리이기도 했다. 링컨은 노예 해방령을 발표했고 후에 수정 헌법 13조가 제정되어 노예제도가 공식적으로 폐지되었다. 그럼에도 불구하고 전쟁의 후유증은 이후에도 쉽게 치유되지 않았다.

2.
남북전쟁의 군사적 평가

대부분의 국가와는 달리 전통적으로 미국은 전쟁이 없을 때 군에 대해 그다지 큰 지지를 보내지 않았다. 주변 국가로부터 심각한 위협이 없었고 세계 도처에서 전쟁을 피하기 위해 미국을 찾아온 이주자들로 구성된 미국 시민들은 어쩌면 당연히 대규모 상비군의 필요성을 의심스러워 할 수밖에 없었다. 더욱이 미국은 독립전쟁 이전 영국군이 보여준 행위에 의해 상비군에 대한 좋지 않은 기억과 경험을 가지고 있었다. 그 결과 정규 군대의 사용에 대한 제약, 그리고 그 반작용으로 민병대(Militia) 제도를 우선시 하는 조항을 헌법에 명시했다.

미국인들은 평화 시에 군을 지원할 의무를 느끼지 않았고 따라서 미군은 항상 전쟁에 대한 준비가 되어있지 않았다. 이에 따라 전쟁이 발발하면 그때서야 싸울 수 있는 준비를 위해 필사의 노력을 해야 했다. 결과적으로 미군은 항상 첫 전투에서 패했고 이를 극복하고 궁극적으로 상대를 압도하기까지 큰 손실을 감수해야만 했다.

미국으로 이주한 대부분의 사람들은 퀘이커(Quaker) 교도들처럼 비폭력 평화주의자들이었다. 사실상 이들은 자국에서 일어난 전쟁과 사회적 불안을 피하기 위해 미국을 찾아온 사람들이었고 특히 19세기의 이주민의 대부분은 이러한 이유에서 미국행을 택했던 것이다. 유럽에서 일어난 1848년 혁명, 그리고 19세기 말의 분쟁과 폭력, 호전적인 분위기는 수백만 명에 이르는 피난민과 징병기피자들을 북 아메리카 대륙으로 몰려들게 했다. 미국으로 건너온 최초의 영국 이주자들처럼 이들 역시 종교탄압을 피해 온 사람들이었고 이들이 선택한 나라는 자신들의 모국보다는 평화적이었다.

민병대가 생겨나게 된 주된 요인은 스스로 방어하기 위한 자위적 차원에서 처음으로 시작되었고 점차 오늘날의 주방위군(National Guard) 제도로 발전되었다. 몇 세기 동안 민병대의 주적은 인디언, 강도 그리고 도시의 폭도들이었다. 폭력의 유형은 다양했지만 심각한 수준은 아니었다. 그러나 독립전쟁이 발발한 이후 민병대가 대대적으로 전장에 투입되었고 이들이 잘 훈련된 영국 정규군을 대적할 수 없다는 것이 명확해졌다. 그러나 미국이 영국군의 전투능력을 따라잡기까지 훈련하기 위해서는 여러 해가 지나야했다. 프랑스의 라파예트(Lafayette) 장군처럼 유럽 여러 나라에서 자원해온 수많은 외국 군사고문들 덕분에 그나마 좀 더 빨리 전투능력을 향상시킬 수 있었다. 그렇다고 민병대가 쓸모없는 것은 아니었다. 경보병부대로서의 전투 과업이나 13개 식민지 주 변경지역을 순찰하는 비교적 단순한 임무를 수행하기 위해서는 미국 민병대가 영국군보다 더 나았다.

이처럼 미국은 평시에는 전문적인 군사훈련이 부족한 대신 비교적 돈이 적게 드는 민병대에 의존하다가 전시가 되어 첫 전투에서 패배하는 데 따르는 비용을 감수하는 전통이 시작되었다. 유럽의 대규모 상비군 제도와 다른 이러한 민병대 제도의 문제점은 1812년 영미

전쟁을 통해 최초로 부각되었다. 이 전쟁에서는 영국 정규군과 교전이 더욱 빈번했고 준비가 안 된 미군 측은 많은 손실을 입을 수밖에 없었다. 이후부터 전쟁 초기단계의 패배는 잊어버리고 전쟁이 진행되어 가면서 미군이 전세를 회복하여 얼마나 잘 해나가는지에 대한 관심을 갖는 습관이 생겨났다.

남북전쟁은 전투에서의 승리가 보다 나은 쪽이 아니라 덜 무능한 쪽으로 돌아간 일련의 비극적인 전투들로 시작되었다. 번사이드(Burnside)와 같은 장군들은 오늘날까지 어리석음의 표본으로 남아 있으며 향후 무능한 지휘관들을 평가하는 기준이 되었다. 남북전쟁은 한 명의 남군의 장군에 의해 패배하고 두 명의 북군 장군, 그리고 링컨이라는 위대한 인물에 의해 승리한 전쟁이라고 평가받기도 하지만 4년 동안의 전쟁을 통해 군대의 전투능력과 리더십은 분명히 발전되었다.

전략적 차원에서 북부의 전략은 크게 두 가지로 대별되었다. 우선 당시 국무장관 소워드(William Seward)를 중심으로 한 '경계선 전략'(Border Strategy)은 연방으로부터 탈퇴한 남부의 주들을 연하여 경계선을 설정하고 연방의 중요성에 대한 인식을 확산시켜 남부인들 스스로 협상에 임할 때까지 기다린다는 전략이었다.

두 번째 전략은 첫 번째 전략과는 반대의 전략으로 연방의 복원과 노예해방이라는 정치적 목표를 달성하기 위해서는 남부를 군사적으로 장악해야만 한다는 전략이었다. 다만 문제는 대부분의 북부인들이 여전히 군사적 해결방안에 대해 부정적인 의견을 가지고 있었다는 것과 침략을 하더라도 남부로부터 인접한 워싱턴이 위험해질 수도 있다는 것이었다. 특히 스콧 장군을 포함한 군 지휘부는 워싱턴 방어에 대한 우려를 표명했다. 그러나 링컨의 의지는 단호했고 단기간 내에 북부의 자원을 활용하여 남부를 동시에 압박하는 전략을 추구하고 자 했다.

이에 반해 남부의 대통령 데이비스는 전쟁 직전 북부에 비해 자원과 병력이 부족한 상태에서 단기결전 전략을 취할 것인지 아니면 산업과 인구 면에서 앞선 북부에 대해 수세적 소모 전략을 채택할 것인지 고민에 빠졌다. 그러나 데이비스의 머릿속에는 미국의 독립전쟁 당시 워싱턴 장군이 있었다. 워싱턴 장군은 영국에 대항하기 위해 대규모 전투를 회피하는 것이 영국군을 소모시키는 열쇠라고 생각했다. 리 장군 또한 데이비스의 이러한 전략에 동의했으나 양측의 수도가 근접한 상태에서 먼저 수도를 점령하기 위한 단기결전 전략의 유용성도 인식하고 있었다.

사실 남부로서는 정치적 목표가 연방으로부터의 독립이었기 때문에 북부의 전투력을 완전히 격멸시키거나 북부의 영토를 모두 점령할 필요가 없었다. 즉 상대적인 전력의 열세 상황에서 시간과 공간을 충분히 활용한다면 북부를 얼마든지 소모시킬 수 있었다. 이러한 전략은 각 지역에 위치한 부대들이 작전을 수행함에 있어 긴밀한 협력을 전제로 했다. 하지만 군사작전을 총괄하기 위한 총사령관의 임명도 전쟁 말기에 이르러서야 이루어졌고 리 장군의 초기 작전의 성공이 지나친 자신감으로 확대되어 전체적인 전략에 차질을 빚게 될 수밖에 없었다. 결국 남부의 패배는 이러한 전략적 일관성의 결여로부터 기인했다.

작전적 차원에서 리 장군은 만약 남부가 워싱턴 근교를 조기에 장악한다면 압박감을 느낀 링컨이 곧바로 타협에 임할 것이라는 판단 아래 1862년 8월 말 곧바로 공세에 나섰다. 그러나 예상과는 달리 링컨의 의지는 결연했다. 그는 맥클렐런 장군에게 워싱턴에서 북서부로 기동해 리 장군을 격파하도록 명령했다. 초기 남부의 동부지역 전투에서 승리에도 불구하고 시간이 지날수록 남과 북이 거의 비슷하게 사상자가 발생하자 이대로 간다면 혹여 모를 수세적 소모 전략에 차질을 가져올지도 모른다는 의구심이 일기 시작했다. 당시 남부의 인구는 900만 명으로 북부의 인구에 절반 정도였고 더욱이 이중에 3백만 명이 노예였다.

결국 1862년 9월 1일의 앤티탬 전투를 끝으로 리 장군은 병력을 리치먼드로 철수시켰다. 그러나 다소 조심스럽고 소극적인 성격의 맥클렐런 장군은 더 이상 남군을 추격하지 않았다. 만약 그가 리 장군을 추격했더라면 전쟁의 전개는 달라졌을지도 모른다. 결국 링컨은 맥클렐런 장군이 충분한 추격을 하지 않았다는 이유로 해임했다.

링컨은 맥클렐런 장군의 후임으로 보다 공세적 성격의 장군을 찾았고 결과적으로 서부지역 전투에서 성과를 올리고 있었던 그랜트 장군을 후임으로 임명했다. 서부지역 테네시 전투에서 도넬슨 기지를 공격하여 1만 5,000명의 남군을 포로로 잡은 전투가 북군의 첫 승전보였고 그 주인공이 바로 그랜트 장군이었다. 그랜트 장군은 전쟁의 흐름을 파악하는 능력을 가진 장군으로 결정적인 승리를 위해서 해야만 할 것과 패배하더라도 최소한으로 피해를 줄이기 위해 어떤 것을 해야 하는지를 알고 있었다. 그가 보여준 대표적인 전투가 바로 빅스버그 전투였다.

그랜트 장군은 미시시피 강을 장악해야만 남군을 양분할 수 있고 전쟁을 조기에 종결시킬 수 있다고 생각했다. 1862년 12월 말 그랜트 장군은 셔먼 장군을 통해 수차례 빅스버그를 공략했으나 심하게 굽은 지역에서 강력한 방어진지를 편성한 남군의 효과적인 방어로 작전은 실패로 돌아갔다. 거듭된 실패로 고심하던 그랜트 장군은 마침내 1864년 4월 육로로 남군의 요새를 공격하는 방법을 찾아내었다. 북군의 해군은 빅스버그 요새로부터 쏟아지는 포탄을 피해 빅스버그를 지나 미시시피 강 하류 80킬로미터까지 내려갔다. 하류에서 다시 상륙한 이후 셔먼 장군과 그랜트 장군은 잭슨을 장악하고 고립되어버린 빅스버그 요새를 향해 서쪽으로 공격했다. 결국 빅스버그 전투의 승리로 북군은 미시시피 강 전체를 장악할 수 있었다.

한편 동부지역인 게티즈버그 전투에서 미드 장군은 빅스버그 전투와 비슷한 시기에 리 장군을 상대로 결정적인 승리를 달성하고도 남군을 압박하지 못했고 결국 1863년 링컨은 남군과 리 장군을 공격하기 위해 그랜트 장군에게 중장 승진과 더불어 모든 부대를 지휘하도록 총사령관으로 임명했다. 이제 그랜트 장군은 총 17개 사단 53만여 명의 병력을 지휘하게 되었다.

동부지역 전투의 교착상태를 타개하고 전쟁을 조기에 종결하기 위한 그랜트 장군의 전략은 단순하고 무자비했다. 우선 그랜트 장군은 리 장군이 이끄는 북부 버지니아 군을 섬멸하기 위해 쉴 새 없이 전면공격으로 나섰다. 여기서 승리하면 남부의 정치적, 군사적 중심인 버지니아 주의 리치먼드를 장악할 수 있었다. 다음으로 그랜트 장군은 셔먼 장군으로 하여금 존스턴 장군에 맞서 남군을 테네시로부터 조지아 주로 몰아붙이도록 했다.

애틀랜타는 남부의 또 다른 정치적, 군사적 요충지였다. 그랜트 장군이 셔먼 장군에게 내린 명령은 군사적 가치가 있는 물자를 파괴하고 적 방향으로 진군하는 것이었다. 셔먼 장군 또한 그랜트 장군의 의도를 간파하고 무자비하게 바다로의 전진을 실시했다.

그랜트 장군은 여기에서 머무르지 않고 거의 1년 동안 무자비한 공격을 동부지역과 서부지역에서 동시에 실시했다. 결국 그는 3만 명도 채 남지 않은 리 장군의 부대를 포위하고 항복을 요구했다. 1865년 4월 9일 동부지역 전투에서 리 장군이 항복 문서에 서명했을 때 남군에게 제시한 비교적 관대한 항복 조항은 링컨의 정치적 능력을 보여주는 것이었다. 항복 조항은 3월 27일 링컨과 그랜트 장군, 셔먼 장군이 회동한 이후 작성되었으며 남군의 무장해제와 시민생활로의 복귀를 천명한 것으로 당시 서부지역 전투에 이 소식이 전해지자 여전히 전투 능력을 발휘하고 있었던 존스턴 장군에게도 영향을 미치게 되었다.

링컨은 존스턴 장군이 남부의 고지나 산악에서 장기적인 게릴라전을 수행할 수 있을 것으로 우려했다. 그러나 동부지역 전투에서의 항복 소식이 서부지역에도 전해졌고 4월 18일 존스턴 장군은 3만 7,000명의 병력과 함께 셔먼 장군에게 항복함으로써 4년여 동안의 전쟁은 종결되었다.

전술적 차원에서 기존의 전술 교리는 새로 등장한 무기체계로 인해 이를 적용하기에는 제한이 되었다. 민간 부분에서 시작된 철로와 수로, 그리고 전신의 발전은 군사사(Military History)에 있어 중대한 변화를 가져오는 계기가 되었고 특히 소총의 발전은 그간의 나폴레옹 식 선형대형전술(Linear Formations)이 오히려 엄청난 사상자를 발생하게 하는 재앙이 되었다.

남북전쟁이 시작되기 직전까지 미 육군사관학교에서는 주로 조미니(Antoine Henri Jominie)의 군사이론[1]을 연구했다. 그의 저서 《전쟁술》은 핼럭 장군에 의해 《군사술과 과학의 요소》(Elements of Military Arts and Science)라는 책으로 재탄생되어 육군사관학교 생도들은 공학과 수학, 야전축성, 행정 등을 이 책을 통해 학습했다. 전쟁술의 핵심이 되었던 약하게 배치된 적군에 대한 아군의 전투력 집중, 아군의 병참선 보호와 적군의 병참선 위협, 아군의 강점으로 적군의 약점을 공격하는 등의 이론은 실제로 북군의 셔먼 장군이 남북전쟁 기간 중 빈번하게 적용한 이론이었다.

조미니의 이론과 더불어 미국의 장교들에게 가장 영향을 끼친 인물은 당시 육군사관학교 교관이었던 마한(Dennis H. Mahan)[2]이었다. 그는 나폴레옹 전술의 신봉자로 남북전쟁 당시 장군들은 모두 그로부터 교육을 받았다. 마한은 특히 내선작전과 전투력의 집중, 우회기동을 역설했다. 특히 맥클렐런 장군은 그를 따랐던 인물로 버지니아 반도전투에 마한의 이론을 적용했다.

전술적 차원에서 군사력의 조직에 있어 중대한 변화 중의 하나는 사단(Division)이라는 조직이 새롭게 등장한 것이었다. 사단은 제한된 범위 내에서 독립작전이 가능한 조직으로 편성되었다. 사단의 등장으로 사단의 상급 제대인 군이나 군단의 지휘관은 전투력 운용에 있어 융통성을 보유할 수 있게 되었고 무엇보다도 지휘통제가 이전에 비해 보다 효과적으로 이루어질 수 있었다. 물론 이를 가능하게 한 것은 철

1) 조미니(1779-1869)는 스위스 태생으로 1805년 나폴레옹의 울름(Ulm) 전역에서 네에(Ney) 장군의 참모로 참전했다. 1807년에는 프랑스 군을 떠나 러시아 군에서 복무했다. 그의 저서 중 《전쟁술》(The Art of War)은 영어로 번역되어 미 육군사관학교에서 사용되었다.

2) 그의 아들인 마한(Alfred T. Mahan) 또한 군사이론가로 유명한 해양전략을 발전시킨 인물이다.

로와 전신의 발전이었다.

마지막으로 아메리카 대륙의 전쟁에 유럽의 군사이론가들은 산업기반시설이 전쟁에 얼마나 지대한 영향을 미칠 것인가에 주목했다. 철로와 수로의 발달로 대규모의 병력이 단기간에 이동할 수 있었고 원하는 곳에 용이하게 배치할 수 있게 되었다. 이와 더불어 전신의 발전은 지휘통제뿐만 아니라 분산된 작전을 수행할 수 있는 기반이 되었다. 남북전쟁 말기에 이르기까지 무기체계의 발전과는 무관하게 나폴레옹식 선형대형 전술로 엄청난 사상자가 발생하긴 했지만 남북전쟁은 나폴레옹 전쟁과 제1차 세계대전의 사이에서 전쟁사적 측면에서 매우 중대한 변화를 가져다준 것만은 분명했다.

3.
노예문제와 미국의 재건

남북전쟁이 끝난 후 남부의 땅은 황폐해졌다. 농토는 버려졌고 다리와 철도 등 사회기반시설은 대부분 파괴되었다. 남부인들은 노예 해방으로 인해 노예를 빼앗겼을 뿐 아니라 남부의 공채와 통화에 투자한 자본도 쓸모없게 되어 거의 모든 재산을 상실했다. 전쟁에 참여했던 수많은 사람들은 부상당하거나 병든 몸으로 귀향했으며 일부는 집을 잃고 기아에 허덕였다.

노예로부터 해방된 300만 명의 상황도 좋지 않았다. 남부의 흑인들은 전쟁이 끝나자마자 자유로운 새 삶을 찾아 떠났다. 그러나 대부분은 가진 것마저 없었으며 갈 곳도 마땅치 않았다. 재건(Reconstruction)은 흑인과 백인 모두에게 자유를 정의하는 투쟁이었다. 그러나 해방된 노예와 패배한 백인들은 자유가 무엇을 의미하는가에 대한 서로 다른 의견을 가지고 있었다. 일부 흑인들은 정부가 실질적으로 대부분의 토지를 소유한 백인들에게서 빼앗아 사실상 토지가 없는 흑인들에게 나누어 주는 것이 자유를 확보할 유일한 방안이라고 믿었다.

다른 흑인들은 흑인의 지위 개선을 가로막는 장애물이 사라진다면 미국 사회에서 성공할 수 있다는 자신감의 발로에서 법적인 평등을 요구하기도 했다. 그러나 각자의 요구와 상관없이 실질적으로 백인의 통제에서 벗어나려는 열망은 모든 흑인의 공통 관심사였다. 반면 남부의 백인들이 생각하는 자유는 흑인들과 달랐다. 그들의 자유란 곧 북부 혹은 연방정부로부터 벗어나는 것을 의미했다. 이에 따라 전쟁 이후에도 남부 사회를 전쟁 이전의 상태로 회복시키고자 노력했다.

〈애틀랜타 전투를 배경으로 한 영화의 한 장면,[3] 출처: en.wikipedia.org〉

3) 1936년 마거릿 미첼(Margaret Mitchell)이 쓴 소설《바람과 함께 사라지다》(Gone with the wind)는 셔먼의 바다로의 전진을 배경으로 한 영화로 당시 폐허화된 남부의 참상을 그린 책이며 후에 영화로 만들어졌다.

전쟁 이후 남부의 미래에 관한 문제를 해결하기 위해 연방정부 또한 노력을 기울였다. 연방군이 남부에 잔류하여 질서를 유지했고 흑인을 보호했다. 의회는 1865년 3월 하워드(Oliver Howard) 장군의 감독 아래 자유인 담당부서(Freemen's Bureau)를 창설했다. 이 부서는 남부의 노예들을 위해 식량을 지급하고 학교도 건립했으며 북부에서 파견한 선교사가 학교를 운영하기도 했다.

연방정부에서는 공화당이 재건에 관한 권한을 가지고 있었다. 그러나 공화당 내부에서도 재건의 방향을 두고 의견이 갈라졌다. 당내 보수파는 남부가 노예제 폐지를 수용해야 한다고 주장한 반면, 연방을 탈퇴했던 주의 재가입에 대해서는 별다른 조건을 부여하지 않았다. 그러나 급진파는 훨씬 가혹한 방법을 요구했다. 즉, 남부 백인들 다수의 시민권을 박탈하고 흑인의 인권을 보호하며 남부 연합을 지원한 부유한 남부 백인들의 재산을 몰수하여 그 토지를 노예에게 분배할 것을 주장했다.

링컨은 남부의 연방주의자들이 남부의 주 정부에서 중심적인 역할을 기대하면서 관대한 재건 정책을 선호했다. 링컨은 전쟁이 끝나기 2년 전인 1863년 12월 재건 계획을 발표했다. 이 계획에는 남부의 고위 관리들을 제외한 남부 백인들 중에서 연방정부에 충성을 맹세하고 노예제 폐지를 수용하는 사람들에게 일반 사면을 실시한다는 내용도 포함되었다. 이와 더불어 북군에서 복무한 경험이 있는 흑인들에게 선거권을 부여하자고 제안했다. 북부의 점령 하에 있었던 루이지애나, 아칸소, 테네시 등 3개의 남부 주는 링컨의 재건 계획에 따라 1864년 친 연방 주 정부를 다시 구성했다. 그러나 1865년 4월 14일 밤 링컨 부부는 연극을 보기 위해 워싱턴에 있는 포드 극장을 찾았고 이곳에서

부스(John Wilkes Booth)가 관람석 뒤쪽에서 쏜 총에 맞아 숨졌다. 결국 링컨의 재건계획도 미완으로 끝나게 되었고 이어 대통령직을 승계한 테네시 출신의 존슨(Andrew Johnson)이 그 중책을 맡게 되었다.

전쟁 이후 재건은 여러 가지 난관에도 불구하고 궁극적으로 상당한 소득의 재분배가 이루어졌으며 제한적이긴 했지만 토지 소유권의 재분배도 이루어졌다. 그리고 무엇보다도 흑인 스스로가 재건을 위한 노력에 동참했다. 남부의 백인들도 전쟁 이후 10여 년이 지나 정부기관을 안정적인 상태로 돌려놓았다. 연방정부 또한 남부에 대한 급진적인 경제개혁도 실시하지 않았으며 노예제 폐지를 제외하고 어떠한 정치적 변화도 강요하지 않았다. 그러나 분명한 한계도 있었다. 즉, 미국은 가장 오래되고 심각한 사회적 문제인 인종문제를 해결하려는 최초의 노력에 실패했다.

4.
남북전쟁, 미완에서 통합으로

24개 주로 출발한 미국이 13개 주와 11개 주로 분리된 후 다시 대서양으로부터 태평양에 이르는 완전한 미국으로의 성장과정에서 당시 노예문제만은 남과 북 사이에서 타협할 수 없는 사안이었다. 사실 노예문제는 1850년 '유혈의 캔자스'에서 서로가 무참히 피를 불렀던 충돌 속에서 이미 예고된 바 있었다. 이로 인해 미국의 헌법은 두 차례에 걸쳐 수정되었고 노예의 흔적을 완전히 지우기 위해서는 또 다른 100년을 기다려야만 했다. 그럼에도 불구하고 남북전쟁과 링컨의 노예해방 선언은 그 출발점이었음이 분명했다.

남북전쟁은 또한 미국의 헌법에 적시되어 있지 않은 문제인 연방의 합법성에 대해 단 한차례의 전쟁을 통해 비교적 분명하고 영구적인 해답을 제시하였다. 즉, 각 주가 소속 주민들의 의지에 따라 연방에서 탈퇴할 수 있는지의 여부에 대해 데이비스 대통령과 연방을 탈퇴한 11개 남부 주들은 합법성을 가진다고 생각했다. 반면 링컨 대통령은 분리 움직임을 대통령 선거를 무효화하려는 위헌적 시도라고 판단했다. 따라서 링컨은 이 문제를 민주주의적 절차를 보존하기 위한 단순한 문제로 인식했다. 링컨은 어떠한 정부도 그 철학 속에서 스스로를 파괴할 수 있는 수단을 가질 수 없다고 주장했다. 결국 헌법을 벗어나 버린 이 문제는 전쟁을 통해서만 해결할 수 있었다. 이러한 인식은 전쟁이 끝나고 다시 연방정부에 복귀함으로써 종결되었다.

전쟁이 비극적 사건임은 분명하지만 남북전쟁을 통해 미국은 군사적, 과학기술적 측면에서 급속하게 발전할 수 있는 계기가 되었다. 전쟁의 경험을 통해 미군은 부대이동과 보급, 그리고 무기체계 측면에서 거의 산업혁명에 버금가는 발전을 이룩했다. 특히 전쟁 이후 유니언 태평양 철로(Union Pacific Railroads)와 중앙 태평양 철로(Central Pacific Railroads)가 유타 주에서 이어져 대서양과 태평양 사이를 이어 주었다.

한편 유럽과의 관계에서 미국은 다시 한번 미국의 특권을 주장할 수 있는 계기를 마련했다. 그 대표적인 예로 1862년 당시 멕시코를 점령하고 있던 프랑스에게 미국은 내정 불간섭의 압력을 통해 프랑스군의 철수와 프랑스의 꼭두각시 정부를 붕괴시킬 수 있었다.

전쟁에서 인간의 비극은 피해갈 수 없는 것처럼 많은 미국의 가정이 그 아들과 딸들을 잃었고 남편을 잃었다. 그리고 그러한 비극은 그들의 생활양식마저 변하게 했다. 전쟁에서 살아남은 젊은이들도 그들 나름대로의 국가에 대한 변화된 인식을 가지게 되었다. 특히 지도부에 있었던 군 지휘관들은 전쟁을 통해 인기를 얻게 되었고 이는 곧바로 정치와 연결되었다. 남북전쟁 이후 그랜트, 헤이즈(Hayes), 가필드(Garfield), 아서(Arthur) 그리고 맥킨리(McKinley) 등 다섯 명의 군 지휘관 출신들이 대통령의 자리에 올랐다.

마지막으로 남북전쟁은 미국을 완전하게 하나의 국가로 통합하는 계기를 마련했다. 전쟁 이전에 각 주는 국가에 대한 특별한 인식이나 공통적인 관점이 없었다. 노예문제로부터 야기되었던 심각한 감정의 차이와 북부의 산업화와 이민으로 기인한 평등의 문제는 미국사회에서 독소와 같은 존재였고 이러한 독소는 전쟁을 통해 밖으로 분출되었다. 그러나 전쟁이 끝나고 '미합중국들은'(The United States ARE)이란 문구는 전쟁 이후 '미합중국은'(The United States IS)으로 바뀌게 되었다. 그리고 그 중심에는 링컨이라는 위대한 인물이 있었다. 링컨을 제외하고 남북전쟁을 말할 수 없을 것이다. 하나의 국가를 유지하고자 했던 링컨의 의지는 남북전쟁의 결과에 지대한 영향을 미쳤다. 남북전쟁 이후에 조차 패배한 남부를 포용하면서 연방으로 복귀하도록 했으며 남북이 서로 원한을 버리도록 촉구했다. 장기적인 게릴라전으로 갈 수 있었던 전쟁을 종결시키고 하나로 묶은 이가 바로 링컨이었다.

1863년 11월 19일, 격전지였던 펜실베이니아 주의 게티즈버그 전투에서 전사한 장병들을 위한 추도식이 열렸다. '지금으로부터 87년 전, 우리 조상들은 자유가 실현됨과 동시에 모든 인간은 천부적으로 평등하다는 원리가 충실하게 지켜지는 새로운 나라를 이 대륙에서 탄생시켰습니다.'로 시작된 그의 연설은 '우리가 그처럼 헌신적인 노력을 기울일 때, 하느님의 가호 속에서 우리나라는 새롭게 보장된 자유를 누릴 수 있고, 우리나라는 국민의 정부이면서, 국민에 의한 정부이면서, 국민을 위한 정부로서 결코 지구상에서 사라지지 않을 것입니다.'로 끝을 맺는 2분 동안의 그의 연설은 그 어떤 것보다 미국이 걸어왔던 길과 걷고 있는 길, 그리고 걸어갈 길을 제시해주었다. 그래서 남북전쟁은 비극이자 희망이 되었다.